普通高等教育土建学科专业"十二五"规划教材
高职高专规划教材

市 政 工 程 概 论（第二版）
〈道路 桥梁 排水〉

王云江　主编
白建国　赵国良　副主编
史文杰　主审

中国建筑工业出版社

图书在版编目（CIP）数据

市政工程概论〈道路 桥梁 排水〉/王云江主编. —2版.
北京：中国建筑工业出版社，2011.5
普通高等教育土建学科专业"十二五"规划教材．高职
高专规划教材
ISBN 978-7-112-13235-5

Ⅰ.①市… Ⅱ.①王… Ⅲ.①市政工程-高等职业教育-教材 Ⅳ.①TU99

中国版本图书馆CIP数据核字（2011）第089014号

　　本书根据高职高专工程造价专业、监理专业市政工程概论课程的教学大纲编写。全书由道路工程篇、桥梁工程篇、排水管道工程篇三部分组成，内容包括：道路工程概论、道路工程构造与识图、道路工程施工；桥梁工程概论、桥梁构造与识图、桥梁工程施工；排水工程概论、排水管道构造与识图、排水管道工程施工。

　　本书可作为工程造价专业和监理专业教材使用，也可供市政施工企业岗位培训和工程技术人员参考使用。

* * *

责任编辑：朱首明　王美玲
责任设计：李志立
责任校对：陈晶晶　姜小莲

普通高等教育土建学科专业"十二五"规划教材
高职高专规划教材
市 政 工 程 概 论（第二版）
〈道路 桥梁 排水〉
王云江　主编
白建国　赵国良　副主编
史文杰　主审

*

中国建筑工业出版社出版、发行（北京西郊百万庄）
各地新华书店、建筑书店经销
北京密云红光制版公司制版
世界知识印刷厂印刷

*

开本：787×1092毫米　1/16　印张：19　字数：460千字
2011年7月第二版　　2011年10月第七次印刷
定价：33.00元
ISBN 978-7-112-13235-5
（20651）

版权所有　翻印必究
如有印装质量问题，可寄本社退换
（邮政编码　100037）

第 二 版 前 言

第一版《市政工程概论》教材发行后沿用至今已使用4年，印刷了5次。原教材中有关陈旧、落后的技术有必要摒弃，新材料、新工艺、新技术、新设备、新规范内容需及时补充。为了进一步丰富教材内容，有必要写这本教材。

第二版教材修订在第一版基础上，根据国家行业标准《城镇道路工程施工与质量验收规范》CJJ 1—2008 国家行业标准、《城市桥梁工程施工与质量验收规范》CJJ 2—2008、国家标准《给水排水管道工程施工及验收规范》GB 50268—2008 以基础性、就业性、时效性、系统性为要求，进行改写整合。

在编写中加强了教材内容的针对性、实用性和可操作性，充分体现适应职业岗位需求为目标，以"应用"为主旨和特征构建课程体系。对强制性条文，必须严格执行，全书均用黑体字表示。

本教材是工程造价专业、监理专业的专业教材之一，通过该课程学习，熟悉道路、桥梁、排水有关构造知识；了解道路、桥梁、排水施工工艺和主要施工方法；掌握识读道路、桥梁、排水施工图，为工程造价专业学生学习后续增强市政工程计量与计价及监理专业学生学习后续课程市政监理打下良好基础。

本教材由王云江主编，白建国、赵国良副主编，史文杰主审。编写的具体分工为：第一篇第一、二章（一～六节）由刘江编写，第一篇第二章（第七节）、第三章由赵国良编写，第二篇由王云江编写，第三篇第七章由金帅编写，第三篇第八、九章由白建国编写。全书由王云江统稿。

虽经修订，限于编者的水平，书中不妥之处，恳请读者指正。

第一版前言

本教材是工程造价专业的专业教材之一。教材编写的依据是该课程的教学大纲；国家现行的有关规范、规程、技术标准。

本教材在编写过程中充分考虑到高等职业技术教育的教学特点，力求满足该专业毕业生的基本要求和业务范围的需要，侧重于学生工程素质能力的培养。教材编写摒弃了市政工程建设陈旧、过时的教学内容，吸纳了常用先进的施工方法。在内容选取、章节编排和文字阐述上力求做到：基本理论简明扼要、深入浅出、以必须够用为度；注意理论联系实际，重点突出道路、桥梁、排水管道工程的构造和实用的施工技术；以便于工程造价专业的学生编制市政工程造价。

本教材按 64 学时编写，共分三篇九章，主要内容为城市道路的组成、城市道路的构造和城市道路施工；桥梁的组成、桥梁的构造和桥梁施工；市政排水管道的组成、市政排水管道的构造和市政排水管道的施工；道路、桥梁、排水工程图的识读。

本教材由王云江主编，白建国、杨小平副主编，史文杰主审。编写的具体分工为：第一篇第一、二章（一～六节）由刘江编写，第一篇第二章（第七节）、第三章由杨小平编写，第二篇由王云江编写，第三篇第七章由黄允洪编写，第三篇第八、九章由白建国编写。全书由王云江统稿。

在本教材的编写过程中，参考并引用了有关院校编写的教材、专著和生产科研单位的技术文献资料，并得到了全国土建学科高等职业教育教学指导委员会、中国建筑工业出版社及编者所在单位的指导和大力支持，在此一并致以诚挚的感谢。

限于时间仓促和编者的水平，书中不妥之处，恳请广大读者指正。

目 录

第一篇 道 路 工 程

第一章 概论 ··· 1
- 第一节 城市道路的性质、作用与组成 ····························· 1
- 第二节 城市道路系统与分类 ······································· 2
- 第三节 城市交通对道路的基本要求 ······························· 5

第二章 城市道路构造与识图 ·· 7
- 第一节 城市道路宽度与车道布置 ·································· 7
- 第二节 城市道路横断面形式、横坡与路拱 ······················ 8
- 第三节 城市道路平面构造 ··· 10
- 第四节 城市道路纵断面构造 ······································ 11
- 第五节 城市道路的交叉 ·· 12
- 第六节 路基路面构造 ··· 12
- 第七节 道路工程图识读 ·· 21

第三章 道路工程施工 ·· 32
- 第一节 道路施工准备工作 ··· 32
- 第二节 路基施工 ·· 35
- 第三节 基层施工 ·· 45
- 第四节 面层施工 ·· 49
- 第五节 道路附属工程施工 ··· 63
- 第六节 道路雨、冬、夏期施工要求 ······························ 69
- 第七节 道路施工机械设备 ··· 71

第二篇 桥 梁 工 程

第四章 概论 ·· 77
- 第一节 桥梁的作用、组成与分类 ································ 77
- 第二节 国内外桥梁建筑概况 ······································ 80

第五章 桥梁构造与识图 ··· 83
- 第一节 简支板桥和简支梁桥的构造 ····························· 83
- 第二节 连续梁桥构造 ··· 89
- 第三节 拱桥构造 ·· 96
- 第四节 斜拉桥构造 ·· 100
- 第五节 悬索桥构造 ·· 104

第六节	桥面系构造	105
第七节	桥梁墩台构造	109
第八节	桥梁支座构造	115
第九节	桥梁工程图识读	117

第六章　桥梁工程施工 130
- 第一节　桥梁施工准备工作 130
- 第二节　桥梁基础施工 133
- 第三节　桥梁墩台施工 150
- 第四节　钢筋混凝土桥施工 157
- 第五节　预应力混凝土桥施工 184
- 第六节　其他体系桥梁施工 203
- 第七节　桥面及附属工程施工 216

第三篇　排 水 工 程

第七章　概论 221
- 第一节　排水工程的作用 221
- 第二节　排水系统的体制和组成 221

第八章　排水管道构造与识图 227
- 第一节　排水管道系统的布置形式 227
- 第二节　排水管道材料 229
- 第三节　排水管道的构造 231
- 第四节　排水管道系统上的附属构筑物 234
- 第五节　排水管道工程图识读 237

第九章　排水管道工程施工 243
- 第一节　排水施工准备工作 243
- 第二节　排水管道开槽施工 244
- 第三节　排水管道不开槽施工 279

参考文献 295

第一篇 道路工程

第一章 概论

第一节 城市道路的性质、作用与组成

一、城市道路的性质

城市道路是城市中组织生产、安排生活所必需的车辆、行人交通往来的道路；是连接城市各个组成部分：包括市中心、工业区、生活居住区、对外交通枢纽以及文化教育、风景浏览、体育活动场所等，并与郊区公路相贯通的交通纽带。

二、城市道路的作用

城市道路是组织城市交通运输的基础。城市道路是城市的主要基础设施之一，是市区范围内人工建筑的交通路线，主要作用在于安全、迅速、舒适地通行车辆和行人，为城市工业产生与居民生活服务。

同时，城市道路也是布置城市公用事业地上、地下管线设施，街道绿化，组织沿街建筑和划分街坊的基础，并为城市公用设施提供容纳空间。城市道路用地是在城市总体规划中所确定的道路规划红线之间的用地部分，是道路规划红线与城市建筑用地，生产用地，以及其他用地的分界控制线。因此，城市道路是城市市政设施的重要组成部分。

三、城市道路的组成

城市道路是由车行道、人行道、平侧石及附属设施四个主要部分组成。

（一）车行道

车行道即道路的行车部分，主要供各种车辆行驶，分快车道（机动车道）、慢车道（非机动车道）。车道的宽度根据通行车辆的多少及车速而定，一般每条机动车道宽度在 3.5～3.75m 之间，每条非机动车道宽度在 2～2.5m 左右，一条道路的车行道可由一条或数条机动车道和数条非机动车道组成。

（二）人行道

人行道是供行人步行交通所用，人行道的宽度取决于行人交通的数量。人行道每条步行带宽度在 0.75～1m 左右，由数条步行带组成，一般宽度在 4～5m，但在车站、剧场、商业网点等行人集散地段的人行道，应考虑行人的滞留、自行车停放等因素，应适当加宽。为了保证行人交通的安全，人行道与车行道应有所分隔，一般高出车行道 15～17cm 左右。

（三）平侧石

平侧石位于车行道与人行道的分界位置，它也是路面排水设施的一个组成部分，同时又起着保护道路面层结构边缘部分的作用。

侧石与平石共同构成路面排水边沟，侧石与平石的线形确定了车行道的线形，平石的平面宽度属车行道范围。

（四）附属设施

1. 交通基础设施

交通广场、停车场、公共汽车停靠站台、出租车上下客站、加油站等。

2. 排水设施

包括为路面排水的雨水进水井口、检查井、雨水沟管、连接管、污水管的各种检查井等。

3. 交通隔离设施

包括用于交通分离的分车岛、分隔带、隔离墩、护栏和用于导流交通和车辆回旋的交通岛和回车岛等。

4. 绿化

行道树、林荫带、绿篱、花坛、街心花园的绿化，为保护绿化设置的隔离设施。

5. 地面上杆线和地下管网

雨污水管道、给水管道、电力电缆、燃气等地下管网和电话、电力、热力、照明、公共交通等架空杆线及测量标志等。

6. 交通安全设施

路名牌、交通标志牌、标线、交通信号灯、电子信号显示设备、交通岛、护栏等。

7. 其他

邮筒、电话亭、清洁箱、公共厕所、行人坐椅等。

第二节　城市道路系统与分类

一、城市道路系统

城市道路系统是城市辖区范围内各种不同功能道路，包括附属设施有机组成的道路体系。

城市道路系统的功能不仅是把城市中各个组成部分有机的连接起来，使城市各部分之间有便捷、安全、经济的交通联系，同时它也是城市总平面布局的骨架，对城市建设发展是否经济合理起着重要作用。

城市道路系统一般包括：城市各个组成部分之间相联系、贯通的汽车交通干道系统和各分区内部的生活服务性道路系统。

城市内的道路纵横交织，组成网络，所以城市道路系统又称为城市道路网。

常用的道路网大体上可归纳成四种形式：方格式、放射环形式、自由式、混合式。

（一）方格式道路网

方格式道路网又称棋盘式道路网，是道路网中常见的一种形式。方格式道路网划分的街坊用地多为长方形，即每隔一定距离设一干路及干路间设支路，分为大小适当的街坊。

其优点是街坊整齐，便于建筑物布置，道路定线方便；交通组织简单便利，系统明确，易于识别方向等（图1-1）。方格式道路网的缺点是对角线两点间的交通绕行路程长，增加市内两点间的行程。

（二）放射环形式道路网

放射环形式道路网，是国内外大城市和特大城市采用较多的一种形式。放射环形式道路网以市中心为中心，环绕市中心布置若干环形干道，联系各条通往中心向四周放射的干道。其优点是中心区与各区以及市区与郊区都有短捷的道路联系，道路分工明确，路线曲直均有，较易适应自然地形（图1-2）。放射环形式道路网的缺点是容易把车流导向市中心，造成市中心交通压力过重。

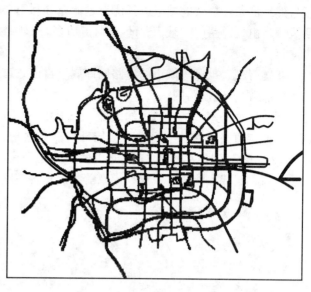

图1-1 方格式道路网

（三）自由式道路网

自由式道路网往往是结合地形布置，路线弯曲，无一定的几何图形。此种道路网适用

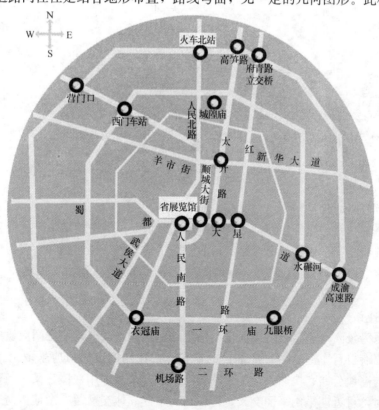

图1-2 成都道路网

3

于自然地形条件复杂的城市。其优点是能充分利用自然地形节省道路建设投资，形式自然活泼。自由式道路网的缺点是不规则街坊多，影响建筑物的布置，路线弯曲，不易识别方向。

我国青岛、重庆等城市的道路网即属于自由式道路网。

（四）混合式道路网

混合式道路网是结合城市的条件，采用几种基本形式的道路网组合而成；目前不少大城市在原有道路网基础上增设了多层环状路和放射形出口路，形成了混合式道路网（图1-3）。这种形式道路网，即可有前述几种形式道路网的优点，也能避免它们的缺点。如北京、上海、天津、沈阳、武汉、南京等均属这种道路网。

图1-3 天津市道路网

二、城市道路的分类

城市道路的功能是综合性的，按照城市道路在道路系统中的地位、交通功能以及沿街建筑物的服务功能等来划分城市道路。目前一般将其划分为快速路（一般为汽车专用路）、主干路（指全市性干道）、次干路（指地区性或分区干道）、支路（指居住区道路与连通路）。

（一）快速路

快速路系为较高车速较长距离而设置的道路。快速路对向车道之间应设中间带以分隔对向交通，当有自行车通行时，应加设两侧带。快速路的进出口应采取全控制或部分控制，快速路与高速公路、快速路、主干路相交时，都必须采用立体交叉，与交通量很小的次干路相交时，可近期采用平面交叉，但应为将来建立体交叉留有余地，与支路不能直接相交，在过路行人较集中地点应设置人行天桥或地道。

（二）主干路

主干路是构成道路网的骨架，是连接城市各主要分区的交通干道。以交通功能为主时，宜采用机动车与非机动车分流形式，一般均为三幅路或四幅路，主干路的两侧不宜设置吸引大量车流、人流的公共建筑物的进出口。

（三）次干路

次干路是城市的交通干路，与主干路组合成道路网，起集散交通的作用，兼有服务功能。次干路辅助主干路构成城市完整的道路系统，沟通支路与主干路之间的交通联系，因此起广泛连接城市各部分与集散交通的作用。

（四）支路

支路是联系次干路之间的道路，个别情况下亦可沟通主干路、次干路。支路是用作居住区内部的主要道路，也可作居住区及街坊外围的道路，为次干路与街坊路的连接线，主要作用为供区域内部交通使用，除满足工业、商业、文教等区域特点的使用要求外，尚应满足群众的使用要求，在支路上很少有过境车辆交通。

第三节　城市交通对道路的基本要求

一、汽车行驶对道路的要求

汽车在道路上行驶的要求是安全、迅速、经济、舒适，其中行车安全是基本前提，同时对汽车运输，力求做到行车迅速、运价低廉、乘客感到平稳舒适。为达到这些行车要求，道路运营中必须满足以下基本要求：

1. 保证汽车在道路上行驶的稳定性
（1）合理地设置弯道。
（2）车轮与路面有足够的附着力。

2. 保证行车畅通
（1）有足够的通行宽度和高度（净空）。
（2）有足够的行车安全视距。
（3）消除、限制或调节交叉性的交通。

3. 提高行车速度和汽车周转率，减少燃料和轮胎的消耗，对道路的平面和纵断面做出合理的布局。

4. 为满足行车舒适要求，应保持路面的平整粗糙，在道路两旁有绿化和适当的雕塑艺术处理。

二、汽车行驶的稳定性

道路受地形、地物、地质和建筑等条件的限制，需要恰当地调整。在纵向设置合理的上下坡；在平面上改变路线方面，产生转折的点，该曲线段称为路线转折点（IP）。为适应行车的需要，采用圆曲线形式与直线段连接，称为平曲线。

汽车行驶的稳定性是指汽车行驶时保证不翻车、不倒溜、不侧滑，汽车行驶在坡道上，能抵抗纵向倾覆和侧向滑移的能力。

三、行车视距

为了行车安全，道路应保证驾驶人员在一定的距离内能清楚地看到前面道路，以便遇到障碍物或迎面驶来的其他车辆，能及时采取措施或绕越障碍物，这个必不可少的最短距离，称为安全行车视矩，简称安全距离。

两辆相向行驶的汽车在相互发现后，已无法或来不及错车的情况下，双方采取制动刹车保证安全所必须的最短距离，称为会车视矩。

视距长度的依据是以设计行车速度、驾驶人员发现障碍物至采取措施的时间和车辆仍继续行驶的距离。驾驶人员制动刹车直至车辆完全停下来的距离，以及车辆停止后与前方障碍物必须保持的安全距离等组成停车视距，见表1-1。

城市道路最小停车、会车视距参考值　　　　表1-1

道路类别	最小安全视距（m）		道路类别	最小安全视距（m）	
	停车视距	会车视距		停车视距	会车视距
城市快速路	100~125	200~250	次干路	50~75	100~150
主干路	75~100	150~200	支路	25~30	50~60

四、通行能力和交通量

在城市道路上人流与车流的组成非常复杂，交通运输工具的类型也很多。如公共汽车、载重车辆、无轨电车、出租汽车、摩托车、自行车等等。作为城市交通基础之一的城市道路应为人、货、车很好地解决任其流动的问题，提供安全舒适、方便、经济而又快速的交通条件，提高道路的通行能力。

一条道路上的车辆通行能力，以一条车道为单位来计算。理论上计算一个车道的通行能力，是假定车辆保证一定车速，车辆与车辆之间最小的安全距离，一辆随着一辆连续行驶，在这样的情况下，每小时能通过的最大车辆数，即是一个车道的理论通行能力。

必须指出，在城市道路上妨碍行车的因素很多，使车辆不可能持续不断地、均匀地行驶，且速度及交通量也是在不停地变化，所以理论交通量的计算值比实际的通行车辆数要大，因此理论交通量只是一个参考数值。

交通量一般是以车辆/小时（人/小时）或辆/日（人/日）表示。一日中某一小时通过最大的车辆数或行人数，则称为高峰小时的车流量或人流量。

第二章 城市道路构造与识图

第一节 城市道路宽度与车道布置

城市道路的总宽度即道路规划红线之间的宽度，也称路幅宽度。它是道路用地范围，包括城市道路各组成部分：车行道、人行道、绿化带、分车带及预留地等所需宽度的总和。

城市道路宽度的设计，有两个概念。一是道路规划红线宽度的设计，其年限应有长远观点，要预测 50 年以上的交通量发展，来计算车道宽度，不受规划年限 20 年所限，做到 30 年不落后，50 年还可用，即一次确定，50 年以上不变。直至两侧房屋使用寿命 50 年以上，以免期间多次拆迁两侧民居。二是近期道路建设的宽度设计，按城市道路设计规范，规定的设计年限，预测 15～20 年的交通量，来计算车道宽度即可。因为路面的使用寿命只有 15～20 年，以免增加不必要的投资。

以上两种道路宽度的差值，作为城市道路预留地，可先绿化，以便道路分期拓宽，不必拆房。

确定车行道宽度最基本的要求是保证道路在设计年限，近期建设 15～20 年、远景规划 50～100 年内来往车辆安全顺利通过，车辆最多的时候也不致发生交通阻塞。

一、机动车道宽度的确定

机动车每条车道宽度，一般应为 3.75～4.0m 为宜；路面车道数，主要取决于道路等级和该路设计年限。一般从路面结构使用年限考虑，预测 15～20 年日平均和高峰小时机动车交通量。从目前城市交通量发展情况看，大中城市新建的主干路，宜采用八车道（双向），次干路则采用六车道（双向）；对小城市的主干路可采用六车道（双向），次干道采用四车道为宜，可为交通发展留些余地。

据我省各城市道路建设的经验：四车道采用 15～16m，六车道 23～24m，八车道 30～32m。

二、非机动车道宽度的确定

目前确定非机动车道宽度，一般都是根据各种非机动车辆行驶要求和实际观测的数据，直接进行横向的排列组合来确定。

单一非机动车道的宽度主要考虑各类非机动车的总宽度和超车、并行的横向安全距离确定，非机动车每条车道宽度一般为 1.0～2.5m。自行车为 1.0m，三轮车、板车为 2～2.5m。

根据我国各城市多年来的设计实践，非机动车道的基本宽度可采用 3.5m（或 4.0m）；5.5m（或 6.0m）；7.5m（或 8.0m）。

三、人行道宽度的确定

人行道的主要功能是满足行人步行交通的需要，还要供植树、地上杆柱、埋设地下管线之用。因此，人行道总宽度既要考虑地上步行交通、种行道树、立电线杆，还要考虑地下埋设工程管线所需用的宽度。大中城市在主次干路上一般不少于6m。小城市也不宜少于4m。

根据我国多年来城市道路建设实践，一侧人行道宽度与道路路幅宽度之比大体上在1∶8～1∶6范围内是比较合适的。

四、分车带宽度与长度

分车带是分隔车行道的，有时设在路中心，分隔两个不同方向行驶的车辆，有时设在机动车道和非机动车道之间，分隔两种不同的车行道。分车带最小宽度不宜小于1.0m。绿化分车带最小宽度不宜少于1.5m。如果在分车带上考虑设置公共交通车辆停车站台时，其宽度不宜小于2.0m。分段长度越长越好，最短不少于80m，以利行车安全。

第二节　城市道路横断面形式、横坡与路拱

一、道路横断面的形式

沿着道路宽度方向，垂直于道路中心线所作的剖面，称为道路横断面。

城市道路横断面由车行道、人行道和绿带等部分组成。根据道路功能和红线宽度的不同，它们之间可有各种不同形式的组合。

（一）基本形式（图2-1）

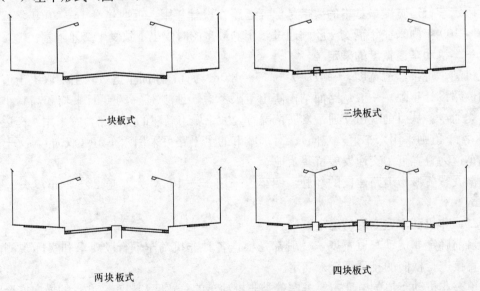

图2-1　道路横断面形式

1. 单幅路　双向机动车与非机动车混行，车行道不设分车带，机动车在中间，非机动车在两侧，按靠右侧规则行驶，这种横断面形式称单幅路，又称为一块板断面。

2. 双幅路　利用分车带分隔对向车流，将车行道一分为二，每侧机动车与非机动车混行，称为双幅路，又称为两块板断面。

3. 三幅路　用两条分车带分隔机动车与非机动车，将车行道一分为三，机动车道双向行驶，两侧非机动车道车辆为单向行驶，称为三幅路，又称为三块板断面。

4. 四幅路　利用三条分车带，使上、下行的机动车与非机动车全部隔开，各车道均为单向行驶，称为四幅路，又称为四块板断面，是最理想的道路横断面布置形式。

（二）郊区道路横断面的形式

郊区道路两侧多是菜地、仓库、工厂、住宅等，以货运交通为主，行人与非机动车很少。与市区道路相比，郊区道路横断面的特点是明沟排水，车行道为2～4条，路基基本处于低填方或不填不挖状态，无专门的人行道，路面两侧设置一定宽度的路肩，用以保护和支撑路面铺砌层或临时停车和步行交通用。

一般情况下，路基横断面的基本形式有三种（图2-2）：

(1) 填方路基（路堤）（图2-2a）；

(2) 挖方路基（路堑）（图2-2b）；

(3) 半填半挖路基（图2-2c）。

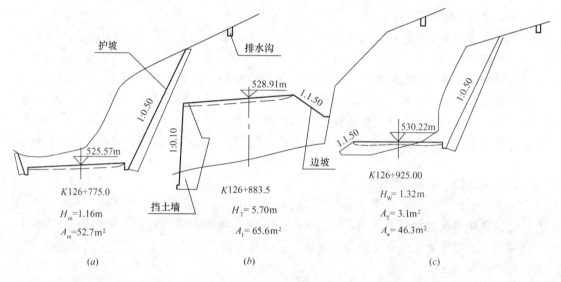

图 2-2　路基横断面图

(a) 挖方路基；(b) 填方路基；(c) 半填半挖路基

二、城市道路的横坡及路拱

为了使人行道、车行道与绿带上的雨水通畅地流入街沟，必须使它们都具有一定的横坡和路拱。

车行道一般都采用双向坡面，由路中线向两边倾斜，形成路拱。

人行道横坡通常都采用直线形向侧石方向倾斜。

（一）道路横坡

人行道、车行道、绿带，在道路横向单位长度内升高或降低的数值，称为横坡度。常以%或小数值表示。

横坡的大小主要决定于路面材料与道路纵坡度。

从行车安全角度看，车行道横坡应尽可能小，但从路面排水来要求，横坡就应做得大些。所以决定路拱横坡度时应综合考虑，合理解决这一矛盾，选用合适的路拱横坡。

（二）路拱的形式

路拱的基本形式有抛物线形，直线形和折线形三种。

抛物线形路拱为沥青路面所常用。路拱上各点横坡度是逐渐变化，比较圆顺，形式美观。且越到的两旁横坡越大，对排除雨水十分有利，其缺点是车行道中部过于平缓，易使车辆集中在路中行驶，从而造成中间部分的路面损坏较快。

直线形路拱多用于刚性路面，如水泥混凝土路面及其他预制大板铺装路面。这种路拱施工简单，但对行车颇为不便，多用于车行道较窄和单向排水的路面。

折线形路拱包括单折线形及多折线形两种，折线形路拱适用于水泥混凝土路面。这种路拱直线段较短，路面施工易摊压平顺，其缺点是在转折处有尖峰凸出，不利于行车。

第三节　城市道路平面构造

一、道路平面的布置

城市道路的平面布置涉及交通组织、沿街建筑、地上、地下管线、绿化、照明等的经济合理布置。

道路平面布置主要是根据路线的大致走向和横断面，在满足行车技术要求的情况下，结合自然地理条件与现状，考虑建筑布局的要求，因地因路制宜地确定路线的具体方向；选定合适的平曲线半径，合理解决路线转折点之间的曲线衔接；论证地设置必要的超高、加宽和缓和路段；并在路幅内合理布置沿路线车行道、人行道、绿带、分隔带以及其他公用设施等。

二、平曲线、超高及加宽

由于受地形、地物、地质条件和建筑物布局的限制，常需要恰当地调整、改变路线的方向。这些使路线在平面上方向发生转折的点，称为路线转向的折点。转向的直线之间，为适应行车的要求，总是用曲线段来连接，就成为道路上的平曲线。道路上的平曲线一般采用圆曲线（图 2-3）。

圆曲线几何要素关系如下：

$$T = R \cdot \tan \frac{\alpha}{2} \quad (2\text{-}1)$$

$$L = \frac{\pi}{180}\alpha R = 0.01745\alpha R \quad (2\text{-}2)$$

$$E = R\left(\sec \frac{\alpha}{2} - 1\right) \quad (2\text{-}3)$$

$$D = 2T - L \quad (2\text{-}4)$$

式中　T——切线长，m；
　　　L——曲线长，m；
　　　E——外距，m；
　　　D——切曲差（或校正值），m；
　　　R——圆曲线半径，m；
　　　α——转角，(°)。

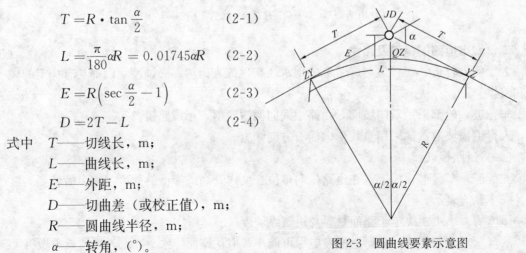

图 2-3　圆曲线要素示意图

当曲线受地形、地物限制，选用不设超高的平曲线不适宜时，就需要设置超高。超高即由双向坡外侧抬高变为单向坡。

为了使道路从直线段的双坡横断面转变到曲线段具有超高的单坡倾斜横断面，需要有一个逐渐变化的过渡段，称为超高缓和段。

汽车在平曲线上行驶时，各个车轮行驶的轨迹是不相同的。靠曲线内侧的后轮行驶的曲线半径最小；而靠曲线外侧的前轮所行驶的半径最大，因此，汽车在曲线路段上行驶时所占有的行车部分要比直线段大。为了保证汽车在转弯中不侵占相邻车道，曲线路段的车行道就需要加宽。

三、道路平面图

道路平面图的内容：一是道路的平面位置；二是在道路建筑红线之间的平面布置（包括车行道、人行道、分车带、绿化带、停车站、停车场等），以及沿道路两侧一定范围内的地形、地物与道路的相互关系（图 2-5）。

道路平面图的比例，在城市道路上一般采用 1：500，在公路上采用 1：2000～1：1000。

平面图应画明下列内容：

(1) 工程范围；
(2) 原有地物情况（包括地上、地下构筑物）；
(3) 起讫点及里程桩号；
(4) 设计道路的中线，边线，弯道及其组成部分；
(5) 设计道路各组成部分的尺寸；
(6) 检查井、雨水井的布置和水流方向，雨水口的位置；
(7) 其他（如道路沿线工厂、学校等门口斜坡要求，公用事业配合的位置以及附近水准点标志的位置、指北针、文字说明、接图线等）。

第四节　城市道路纵断面构造

城市道路纵断面，是指沿道路中心线所作的竖向剖面。

道路纵断面图，一般应包括下列内容：道路中线的地面线、纵坡设计线、竖曲线及其组成要素、道路起点和终点、主要道路交叉点，以及其他特征点和各中线桩的标高及施工填挖高度，此外尚需注明桥涵位置、结构类型、孔径和沿线土层地质剖面柱状图，以及地下水位、洪水位高程线、水准点位置与高程等。

为了使道路平面与纵断面线形相互关系明确，在纵断面图的下方，尚可绘出道路平面简要示意图。

纵继面图的比例尺，在技术设计阶段，一般采用水平方向为 1：1000～1：500，垂直方向为 1：100～1：50 的较大比例尺，对地形平坦的路段，垂直方向还可放大。

在纵断面图上表示原地面起伏的标高线称为地面线，地面线上各点的标高称为地面标高（或称黑色标高）。

表示道路中线纵坡设计的标高线称为设计线，它一般多指路面设计线，设计线上各点的标高，称为设计标高（或称红色标高）。

设计线上各点的标高与原地面线上各对应点标高（即高程）之差，称为施工高度或填挖高度。设计线高于地面线的需填土；低于地面线的需挖土；与地面线重合处可不填不挖。

在城市道路上，一般均以道路车道中心线的竖向线形作为基本纵断面。当道路横断面为两块板或设有专用的自行车道时，则应分别定出各个不同车道中心线的纵断面。

第五节 城市道路的交叉

城市中道路与道路（或与铁路）相交的部位称为城市道路的交叉口。交叉口的设置有利于城市道路上车行交通和人行交通的组织和转换，但也可会使行车速度下降、通行能力降低，因此需要合理设置。

根据各相交道路在交叉点的标高情况，城市道路的交叉可以分为两种基本类型：平面交叉和立体交叉。

一、平面交叉

平面交叉，系指各相交道路中心线在同一高程相交的道口。

常见的平面交叉口形式有：十字形、X字形、T字形、Y字形、错位交叉和复合交叉等几种。

进出交叉口的车辆，由于行驶方向不同，车辆与车辆相交的方式亦不相同。当行车方向互相交叉时可能产生碰撞的地点称为冲突点。当车辆从不同方向驶向同一方向或成锐角相交时可能产生挤撞的地点称为交织点。设置交叉口时应尽量设法减少冲突点和交织点，尤其应减少或消灭对交通影响最大的冲突点。

二、立体交叉

立体交叉，是指交叉道路在不同标高相交时的道口。特点是各相交道路上的车流互不干扰，可以各自保持原有的行车速度通过交叉口。既能保证行车安全，也可有效的提高道路通行能力。

立体交叉的主要组成部分包括：跨路桥，匝道，外环和内环，入口和出口，加速车道，减速车道，引道等。

根据立体交叉结构物形式不同可分为：隧道式和跨路桥两种。

根据相交道路上行驶的车辆是否能相互转换，立体交叉又可分为：分离式和互通式两种。

在互通式立交中，根据交叉口的立交完善程度和几何形式不同，又可分为部分互通式、完全互通式和定向式三种。

部分互通式立交常见的有：菱形立交，两层十字形立交，三层十字形立交和部分苜蓿叶式立交等。

完全互通式立交每一个方向都采用立体交叉，是立交的基本形式。常见的有：喇叭形立交，梨形立交，苜蓿叶式立交，环形立交等。

定向式立交是指每条匝道都从一指定的路口直接连接另一指定路口，不通向其他的道路。

第六节 路基路面构造

一、路基路面的作用与基本要求

路基是路面的基础，一般由自然土层所构成。为了保证各类车辆在路上的行驶安全与通畅，要求路基具有足够的密实度、强度和稳定性，从而能为路面的强度和平整度提供有力可靠的支承。

有了坚实牢固的路基，才能保证路面、路肩的稳固，才不致在车辆行驶荷载作用和自然因素影响下，发生松软、变形、沉陷、坍塌，所以路基也是整个道路的基础。

路面是专指为各类车辆，在规定车速、载重下，安全、平稳、通畅行驶的部分。它用坚固、稳定的材料直接铺筑在路基上的结构物。路面工程是道路建设中的一个重要组成部分，它的技术性能好坏，直接影响行车速度、安全和运营经济。因此，路面应具有充分的强度、刚度、耐久性、稳定性和平整度，并保持足够的表面粗糙度、少尘或无尘。

二、土路基的强度和稳定性

路基品质的好坏，主要取决于它的强度和稳定性。

路基的强度是指车辆行驶荷载反复作用下，对通过路面结构层传布下来的车轮压力及相应产生的垂直变形的抵抗能力。一般要求路基应承受这种压力而不产生超过容许限度的变形，从而给路面强度和平整度以足够支持。

路基的稳定性是指在外界自然因素变动作用影响下，路基强度能保持相对稳定，从而在最不利地质、水文与气候条件下，仍能保持一定强度，使由行车荷载引起的路基变形不超过容许限度的能力。

当填方路段经过水文条件不良的经常潮湿地带时，为了保证路基具有足够的强度，力求路基荷载应力工作区在最不利季节能处于干燥或中湿状态，应适当提高路基高程设计线，以保证路槽底或路基的路肩边缘距离地下水位和地表积水有相应的最小必要高度。此最小高度因自然区划、土组的不同，而有不同数值，通常称为路基的临界高度。

而路基的最小填土高度，是指路基顶面边缘距原自然地面的最小高度。为利于排水，干燥路基最小填土高度：砂性土为 $0.3 \sim 0.5 m$；黏性土为 $0.4 \sim 0.7 m$，粉性土为 $0.5 \sim 0.8 m$。

三、路基土的分类及性质

路基土的分类是根据粗细颗粒的组成和物理力学性质按统一分类法进行，一般分为：巨粒土、粗粒土、细粒土和特殊土。

1. 巨粒土、粗粒土均可填筑路基，但应注意填方的密实程度，以防空隙过大而造成路基内积水，粗细粒料局部集中，造成不均匀，引起沉陷或松散等病害。

2. 砂性土透水性强，毛细作用很小，强度和水稳定性均好，是比较理想的路基材料。

3. 粉性土含粉土细粒多，吸水能力很强，浸水后易成流动状态，干时易压碎，不宜作为路基用土。

4. 黏性土中细颗粒含量多，透水性很差，干时坚硬，不易挖掘，浸水后黏性土能较长时间保持水分，因而承载力较小。对于黏性土的路基只要控制好土的含水量，充分压实后也能达到路基的强度和稳定性。

总之，土作为路基建筑材料，砂性土最优，黏性土次之，粉性土属不良材料，最容易引起路基病害。

四、路面结构层

行车荷载和自然因素对路面的影响，随深度的增加而逐渐减弱。因此，对路面材料的强度、抗变形能力和稳定性的要求也随深度的增加而逐渐降低。为了适应这一特点，路面结构通常是分层铺筑的，按照使用要求、受力状况、土基支承条件和自然因素影响程度的不同，分成若干层次。通常按照各个层位功能的不同，划分为三个层次，即面层、基层和垫层。

1. 面层

面层是直接同行车和大气接触的表面层次，它承受较大的行车荷载的垂直力、水平力和冲击力的作用，同时还受到降水的浸蚀和气温变化的影响。因此，同其他层次相比，面层应具备较高的结构强度，抗变形能力，较好的水稳定性和温度稳定性，而且应当耐磨，不透水；其表面还应有良好的抗滑性和平整度。

修筑面层所用的材料主要有：水泥混凝土、沥青混凝土、沥青碎（砾）石混合料、砂砾或碎石掺土或不掺土的混合料以及块料等。

2. 基层

基层是路面结构中的承重层，基层主要承受由面层传来的车辆荷载的垂直力，并扩散到下面的垫层和土基中去。基层应具有足够的强度和刚度，并具有良好的扩散应力的能力。基层遭受大气因素的影响虽然比面层小，但是仍然有可能经受地下水和通过面层渗入雨水的浸湿，所以基层结构应具有足够的水稳定性。基层表面虽不直接供车辆行驶，但仍然要求有较好的平整度，这是保证面层平整性的基本条件。

修筑基层的材料主要有各种结合料（如石灰、水泥或沥青等）稳定土或稳定碎（砾）石、贫水泥混凝土、天然砂砾、各种碎石或砾石、片石、块石或圆石，各种工业废料（如煤渣、粉煤灰、矿渣、石灰渣等）和土、砂、石所组成的混合料等。

3. 垫层

垫层介于土基与基层之间，它的功能是改善土基的湿度和温度状态，以保证面层和基层的强度、刚度和稳定性不受土基水温状况变化所造成的不良影响。另一方面的功能是将基层传下的车辆荷载应力加以扩散，以减小土基产生的应力和变形。同时也能阻止路基土挤入基层中，影响基层结构的性能。

修筑垫层的材料，强度要求不一定高，但水稳定性和隔温性能要好。常用的垫层材料分为两类，一类是由松散粒料，如砂、砾石、炉渣等组成的透水性垫层；另一类是用水泥或石灰稳定土等修筑的稳定类垫层。

五、路面的等级与分类

1. 路面等级划分

通常按路面面层的使用品质，材料组成类型以及结构强度和稳定性，将路面分为四个等级，见表 2-1。

路面面层类型及其所适用的公路等级 表 2-1

路面等级	面层类型	所适用的公路等级
高 级	水泥混凝土、沥青混凝土、厂拌沥青碎石、整齐石块或条石	高速、一级、二级
次高级	沥青贯入碎（砾）石、路拌沥青碎（砾）石、沥青表面处治、半整齐石块	二级、三级
中 级	泥结或级配碎（砾）石、水结碎石、不整齐石块、其他粒料	三级、四级
低 级	各种粒料或当地材料改善土，如炉渣土、砾石土和砂砾土等	四级

2. 路面分类

路面类型可以从不同角度来划分,但是一般都按面层所用的材料区划,如水泥混凝土路面、沥青路面、砂石路面等。但是在工程设计中,主要从路面结构的力学特性和设计方法的相似性出发,将路面划分为柔性路面、刚性路面和半刚性路面三类。

柔性路面主要包括各种未经处理的粒料基层和各类沥青面层、碎(砾)石面层或块石面层组成的路面结构。

刚性路面主要指用水泥混凝土作面层或基层的路面结构。

用水泥、石灰等无机结合料处治的土或碎(砾)石及含有水硬性结合料的工业废渣修筑的基层,称为半刚性基层。这种基层和铺筑在它上面的沥青面层统称为半刚性路面。

六、路面基层

1. 级配碎(砾)石基层

级配碎(砾)石是以大小不同的碎(砾)石等材料,按一定的比例配合,逐级填充空隙,并借黏土结合而成。

级配路面的结构形式可采用单层或双层,单层结构多用于近期交通量很小和土基较稳定的路段上。面层的最小压实厚度不得小于 5cm,直接铺在砂层上的厚度不应小于 12cm。当超过 12cm 时,应分两层施工,下层厚度为总厚的 60%,上层为总厚的 40%。

基层和面层的作用不同,对材料的要求也有所不同,作为直接行驶车辆的面层,组成的级配材料可用稍细的颗粒,黏土的塑性指数可取 15 以上的,在缺少黏性土地区也可采用不低于 10 的塑性指数材料。作为承重和扩散轮压应力作用的基层,应考虑提高强度和水稳定性,所以组成的级配材料可用粗一些的颗粒,土的含量和塑性指数以低一些为宜,一般塑性指数可采用 10~15。

2. 工业废渣基层

废渣很多,在道路上使用的主要有煤渣、水淬渣、高炉渣、粉煤灰等,其中粉煤灰是燃煤发电厂的废渣,应用较为普通。由于此类材料填筑的基层其工作特性随时间增长而不断增加强度,因此属于半刚性基层,是沥青路面基层的一种良好形式。

通常把各种炉渣与石灰下脚料掺合使用称为"二渣",如在其中加碎(砾)石则称为"三渣"。如果再在二渣和三渣中掺入黏性土、粉性土,则又称为二渣土、三渣土。

二渣中由煤渣充当骨料,细粒填充空隙,石灰起填充和黏结作用,使混合料密实并有一定的早期强度。煤渣以有大小颗粒相杂,略具级配者为佳,但其中大于 40mm 颗粒,在行车荷载作用下易于破碎,应筛除或打碎,细颗粒的可稍多一些,因细粒活性大,对组成材料的后期强度有利。煤渣中的未燃烧尽的煤块,不利于形成水硬性物质,应不超过 20%。

三渣是在二渣中掺入碎(砾)石骨料,提高混合料的早期强度。三渣层厚度在干道为 30~35cm,常用配比为石灰:粉煤灰:碎石=0.1:0.4:1.0(重量比),混合料的最佳含水量为 25%~35%。

3. 水泥稳定砂砾碎石基层

在天然砂砾中,掺入水泥和水,经拌合、压实及养生而成的基层,称为水泥稳定砂砾基层。

要求组成材料中砂砾应符合一定的级配标准，水泥应选用终凝时间较长的，宜在 6h 以上。经济水泥掺用剂量一般为 5%左右，最佳含水量 6%左右（重型击实），水可取用一般饮用水。

用天然砂砾级配做成的基层，抗剪能力低，对荷载分布的能力也差，故易引起面层损坏，但由于掺入水泥由级配型变成整体型，稳定性和强度均有较大提高，因此适宜于各种气候环境和水文地质条件，还具有抗干缩、抗温缩能力，可减轻横向裂缝的产生，可用在高等级道路上。

七、沥青混凝土路面

1. 特点

柔性路面是由具有黏性、弹塑性的结合料和颗粒矿料组成的路面，这种路面的特点是在荷载作用下所产生的弯沉变形较大，抗弯强度很小，主要依靠抗压、抗剪强度来抵抗车辆荷载作用。柔性路面的破坏，取决于荷载作用下的极限垂直变形和水平弯拉应变。

柔性路面基本是多层结构，但由于使用要求，各地自然情况，土基条件，各结构层的作用和受力特点以及材料性能上的差异，各种路面的结构层次可以不同，而每一结构层也可由具有不同特性的材料组成，其厚度也可不一样。

沥青混凝土路面是一种常见的柔性路面形式。

沥青混凝土是由不同大小颗粒的石料（包括卵石）、石屑（砂）、石粉等，以沥青材料作为结合料，按合理的配合比，经工厂或工地加热拌制而成的混合料，这种混合料送到现场铺筑而成的路面称为沥青混凝土路面。

沥青混凝土路面具有高强度和较大的抵抗自然因素的能力，适应现代高速交通，能承受每昼夜 3000 辆以上的交通量，使用寿命一般可达 15~20 年。

2. 分类

沥青混凝土路面的分类，按摊铺层数可分为一层式和二层式两种。在二层式中下层主要是用以增大面层的强度，并用以整平基层以及保证面层与基层之间有良好的结合性，避免滑动。

沥青混凝土按所用石料的最大粒径尺寸可分为：粗粒式（最大粒径尺寸 35mm），中粒式（大粒径尺寸 25mm），细粒式（大粒径尺寸 15mm），沥青砂（大粒径尺寸 5mm）。

按混合料铺筑时的混合料温度而分，有热拌热铺和热拌冷铺两种。

3. 技术指标

加工拌合成的沥青混凝土，应该具有足够的强度、稳定性与耐久性。沥青混凝土路面施工前必须进行混合料组合设计，常见技术指标有：击实次数、稳定度、流值、空隙率、沥青饱和度、残留稳定度等。

八、水泥混凝土路面

水泥混凝土是由水泥、钢筋、碎石、砂和水按一定比例进行不同组合、配比，经拌合、浇捣、硬化而形成的。

水泥混凝土路面包括素混凝土路面，钢筋混凝土路面，连续配筋混凝土路面和预应力混凝土路面等。

常见的素混凝土路面指混凝土板除接缝区和局部范围（如角隅和边缘）外，不配置钢筋的水泥混凝土路面。

1. 水泥混凝土路面的优缺点

与其他类型路面相比，水泥混凝土路面具有以下优点：强度高，稳定好，耐久性好，养护费用少，有利于夜间行车等。

但是，也存在一些缺点：水泥和水的需要量大，有接缝，开放交通较迟，修复困难，施工前准备工作较多。

2. 水泥混凝土材料

水泥是混凝土产生强度的主要来源。选择水泥强度等级时应与混凝土的设计强度等级相匹配，一般取水泥强度等级为混凝土强度等级的1.5~2.0倍。

砂是水泥混凝土中的细骨料，有天然砂和人工砂两种。天然砂可分为河砂、海砂、山砂。人工砂由碎石筛选后而得到。混凝土中的砂，要求颗粒具有锐角、表面粗糙、清洁、有较合理的级配、有害杂质含量少，通常采用河砂。

碎石是混凝土中的粗骨料（粒径大于5mm以上），常用的有碎石和卵石两种。碎石是由天然硬质岩石轧碎并筛分而得。卵石按产地不同分为河卵石、海卵石和山卵石。

在拌合、养护水泥混凝土时，通常使用饮用的自来水和洁净的天然水。在钢筋混凝土和预应力混凝土结构中，不得用海水拌合。

3. 构造组成

水泥混凝土路面面层按荷载应力分析应采用中间薄两边厚的形式，但考虑到这样将给基层施工带来不便，目前都采用等厚度的面层断面。

面层所需厚度，按路上交通的繁重程度，由计算确定，但其最小厚度不得小于18cm。

水泥混凝土路面受气温影响较大，当板块很大时，由于热胀冷缩产生过大的温度应力会导致混凝土板的破坏，因此必须设置垂直相交的纵向和横向接缝，将混凝土面层划分为较小的矩形板块。

（1）纵缝构造

纵缝可分为纵向缩缝与纵向施工缝。板的纵缝必须与道路中线平行。

纵向缩缝间距即板的宽度，当一次铺筑宽度大于4.5m时，应设置纵向缩缝。板的宽度可按路面总宽、每个车道宽度以及板厚而定。可采用3.5m、3.75m，最大为4.0m。纵向缩缝采用假缝形式，并宜在板厚中央设置拉杆。

当一次铺筑宽度小于路面宽度时，应设置纵向施工缝。纵向施工缝可分为平缝和企口缝。纵缝内宜加设拉杆。

（2）横缝构造

横缝可分为胀缝、横向缩缝和横向施工缝。横缝应与纵缝垂直布置，且相邻板块的横缝应对齐，不得错缝。

设置胀缝的目的是为混凝土面层的膨胀提供伸长的余地，从而避免产生过大的热压应力。在胀缝处混凝土板完全断开，故称为真缝。从施工和使用上考虑，胀缝宜尽量少设或不设。胀缝处宜设置滑动传力杆，传力杆平行于板面及路中心线。在邻近桥梁或其他固定构筑物或与其他道路相交处应设置胀缝。

横向缩缝间距即板的长度，板长应根据当地气象条件、板厚、路基稳定状况和经验确定。一般认为，板长应是板厚的25倍左右，故板长一般为4~5m，最大不得超过6m。而且板的宽长比以 1∶1.3 为宜。缩缝采用假缝形式，缝宽 3～8mm，缝深 1/4～1/5 板厚，板下部混凝土仍连在一起。横向缩缝处一般不设传力杆。

每日施工终了或遇浇筑混凝土过程中因故中断时，必须设置横向施工缝。其位置宜设在缩缝或胀缝处。胀缝处的施工缝同胀缝施工，缩缝处的施工缝应采用传力杆的平缝形式。

九、侧平石与人行道

（一）侧平石

侧平石是设置在路面边缘的界石，可分侧石、平石、平缘石三种。侧石又叫立缘石，一般高出车行道边缘 15cm，侧石是设在路面边缘的界石，也称为道牙或缘石，它是人行道、绿化带、安全带（岛）与车行道分界线的构筑物。起保障行人、车辆交通安全和保证路面边缘齐整的作用。侧石对人行道、绿化带土壤起支撑作用。所以侧石必须有足够的强度，施工时要埋设牢固，线形高低整齐。侧石可用混凝土预制或用花岗岩凿制，目前城市侧石以混凝土预制为主，规格如图 2-4 所示。

平石是铺筑在路面与立缘石（侧石）之间的平缘石，采用混凝土预制，有标定路面范围、整齐路容、保护路面边缘的作用。当道路采用两侧明沟排水时，设平石时有利于排水，也方便施工中的碾压作业。其规格如图 2-5 所示。

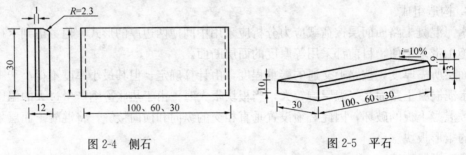

图 2-4 侧石　　　　　　　　图 2-5 平石

沥青混凝土路面，平石常与侧石联合设置在路面边缘，平石铺在沥青路面与侧石之间，形成锯齿形街沟。水泥混凝土路面边缘仅设置侧石，同样也起到街沟的作用。

（二）人行道

1. 一般人行道

人行道设在城市道路的两侧，是城市居民出行必经之道。它起到人车分流的作用，给步行者安全舒适，给盲人步行安全方便，因此人行道是城市道路附属设施中的重要分部工程。

人行道由路基、基层与面层组成。人行道路基常为压实土路基，人行道常用的基层有：碎石基层、石灰稳定砂砾基层、水泥稳定砂砾基层、石灰粉煤灰三渣基层等。其要求与车行道大致相同。

人行道按面层材料分，有料石铺砌人行道、混凝土预制块铺砌人行道、沥青混合料铺筑人行道。目前以混凝土预制块铺砌人行道使用较为普遍，通常在基层上用黄砂、水泥砂浆、或石屑作为整平层，再铺砌面层。

人行道具有以下特点：

（1）结构层较薄，地面障碍物较多，不易机械化施工；

（2）没有进一步压密实的条件；

(3) 有较多的公用事业专用设施，检查井及绿化；

(4) 有些地段易受屋檐水及落水管水冲刷；

(5) 单向排水，横坡一般为 2‰～3‰；

混凝土预制人行道板常用规格

(1) 压纹道板：单色 25cm×25cm×5cm 或 25cm×25cm×6cm；

彩色 25cm×25cm×5cm 或 25cm×25cm×6cm 花纹各异，色彩各异；

(2) 大板：基本都为单色，规格有：40cm×40cm×7.5cm 或 40cm×40cm×10cm

49cm×49cm×10cm

50cm×50cm×10cm

2. 人行道无障碍通道

按照以人为本构建和谐社会的理念，城市市区道路建设及改造时应符合乘轮椅者、拄盲杖者及助行器者的通行与使用要求，建设行进盲道、提示盲道和缘石坡道等无障碍设施，如图 2-6 所示。

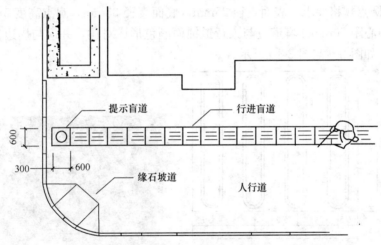

图 2-6　行进盲道、提示盲道和缘石坡道（三面坡）

具体要求如下：

(1) 人行道在交叉路口、街坊路口、单位入口、居住区入口、人行横道等处应设置缘石坡道，缘石坡道可根据道路两头条件采用单面坡缘石坡道、三面坡缘石坡道、扇面式缘石坡道、全宽式缘石坡道。单面坡缘石坡道和扇面式缘石坡道如图 2-7 与图 2-8 所示。

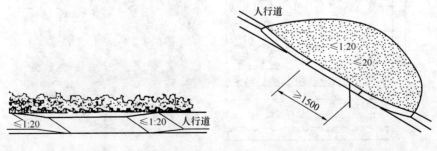

图 2-7　单面坡缘石坡道　　　　图 2-8　扇面式缘石坡道

(2) 三面坡缘石坡道正面及侧面坡度不应大于1∶12，其他形式的缘石坡道的坡度均不应大于1∶20；三面坡缘石坡道的正面坡道下口宽度不应小于1.2m，扇面式缘石坡道下口宽度不应小于1.5m，其他形式的缘石坡道下口宽度不应小于1.2m；缘石坡道下口高出车行道的地面不得大于2cm；缘石坡道应与人行横道对齐。

(3) 人行道在3m（含）以上的必须设置行进盲道、提示盲道和缘石坡道。3m（含）以下人行道，应根据道路实际情况建设、改造无障碍设施。

①人行道上有树池、城市家具（路边凳椅、邮筒、垃圾筒之类）等，而且人行道供市民行走实际使用的路幅不足1.2m的，不宜设置行进盲道（行进盲道与两侧的围墙、花台、绿地带间应确保有0.25m至0.5m的间距），须在距人行横道入口0.25～0.50m处设提示盲道和缘石坡道。

②人行道供市民行走实际使用的路幅在1.2m以上（减去无树池等障碍物的路幅），须按要求设置道路无障碍设施，其中包括盲道、缘石坡道等。

(4) 行进盲道触感条规格要求：面宽25mm，底宽35mm，高度5mm，中心距62～75mm；触感圆点规格要求：表面直径25mm，底面直径35mm，圆点高度5mm，圆点与圆点之间的中心距50mm。盲道应与人行道铺面颜色形成对比，并应与周边景观相协调，宜采用黄色，如图2-9与图2-10所示。

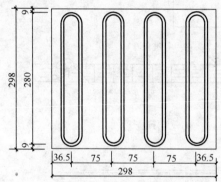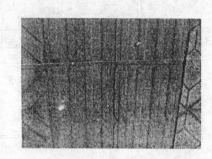

图2-9 盲道触感条尺寸与实物图

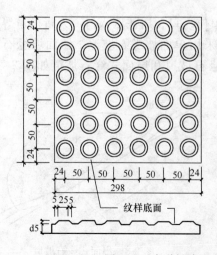

图2-10 盲道触感圆点规格尺寸与实物图

(5) 人行道外侧有围墙、花台或绿地带，行进盲道宜设在距围墙、花台或绿地带 0.25～0.50m 处，人行道内侧有树池，行进盲道可设在距树池 0.25～0.50m 处。

(6) 盲道的宽度应根据人行道的宽度而选择低限或高限，人行道宽度在 3～6m，盲道的宽度宜为 0.40～0.60m。人行道成弧线形路线时，行进盲道宜与人行道走向一致。

(7) 行进盲道的起点和终点处应设提示盲道，其长度应大于行进盲道的宽度，提示盲道的宽度宜为 0.30～0.60m。行进盲道在转弯处应设提示盲道，其长度大于行进盲道的宽度。

(8) 距人行横道入口、广场入口、无障碍公厕入口、公用电话亭入口、公交车站入口、人行天桥入口、人行地道入口和政府办公楼、银行、大型商场、大型超市、星级宾馆、体育场馆、纪念馆、博物馆等公共建筑入口处 0.25～0.50m 处应设提示盲道，提示盲道的长度与各入口的宽度应相对应。

(9) 在公交站牌一侧应设提示盲道，其长度宜为 4.00～6.00m，提示盲道的宽度为 0.30～0.60m，提示盲道距路边应为 0.25～0.50m。

(10) 在车道之间的分隔带设公交车站的，由人行道通往分隔带的公交车站，设宽度不应小于 1.50m，坡度不应大于 1∶12 的绿石街道。

第七节 道路工程图识读

城市道路主要由机动车道、非机动车道、人行道、绿化带、分隔带、交叉口及其他各种交通设施所组成。城市道路工程图主要包括道路平面图、纵断面图、横断面图、路面结构图等。

一、道路工程平面图

道路路线平面图表示道路的走向、平面线形、两侧地形地物情况、路幅布置、路线定位等内容，如图 2-11 所示。道路平面设计部分内容包括道路红线、道路中心线、里程桩号、道路坐标定位、道路平曲线的几何要素、道路路幅分幅线等内容（图 2-12）。道路红线规定道路的用地界限，用双点长画线表示；里程桩号反映道路各段长度和总长度，如 K1+580，即距路线起点为 1580m；道路定位一般采用坐标定位；道路分幅线分别表示机动车道、非机动车道、人行道、绿化隔离带等内容。

道路圆曲线的几何要素的表示，如图 2-3 所示，JD 点表示路线转点。$α$ 角为路线转向的折角，它是沿路线前进方向向左或向右偏转的角度。R 为圆曲线半径，T 为切线长，L 为曲线长，E 为外矢距，ZY "直圆点"，QZ "曲中点"，YZ "圆直点"。

二、道路工程纵断面图

道路纵断面图主要反映道路沿纵向（即道路中心线前进方向）的设计高程变化、道路设计坡长和坡度、原地面标高、地质情况、填挖方情况、平曲线要素、竖曲线等，如图 2-13 所示，图中水平方向表示道路长度，垂直方向表示高程，一般垂直方向的比例按水平方向比例放大 10 倍，这样图上的图线坡度比实际坡度要大，看上去较为明显。图中粗实线表示路面设计高程线，反映道路中心高程；不规则细折线表示沿道路中心线的原地面线，根据中心桩号的地面高程连接而成，与设计路面线结合反映道路大的填挖情况。设计路面纵坡变化处两相邻坡度之差的绝对值超过一定数值时，需在变坡点处设置凸或凹形竖曲线。图中为凸形竖曲线，符号处注明竖曲线各要素（曲线半径 R、切线长 T、外矢距 E）。

图 2-13 中纵断表主要表示内容如下：

1) 坡度及距离：是指设计高程线的纵向坡度和其水平距离。表中对角线表示坡度方向，由下至上表示上坡，由上至下表示下坡，坡度表示在对角线上方，距离在对角线下方。

2) 路面标高：注明各里程桩号的路面中心设计高程，单位为米。

3) 路基标高：为路面设计标高减去路面结构层厚度。

4) 原地面标高：根据测量结果填写各里程桩号处路面中心的原地面高程，单位为米。

5) 填挖情况：反映设计路面标高与原地面标高之间的高差。

6) 里程桩号：按比例标注里程桩号、构筑物位置桩号及路线控制点桩号等。

7) 直线与曲线：表示该路段的平面线形，通常画出道路中心线示意图；如"——"表示直线段，"⌐⌐"，表示右偏转的平曲线"⌐⌐"表示左偏转的平曲线，并注明平曲线几何要素。

三、道路工程横断面图

道路横断面图是指沿道路中心线垂直方向的断面图，一般采用 1：100 或 1：200 的比例，表示各组成部分的位置、宽度、横坡及照明等情况，反映机动车道、非机动车道、人行道、分隔带、绿化带等部分的横向布置及路面横向坡度情况。根据机动车道和非机动车道的布置形式不同，道路横断面布置形式有：单幅路(一块板)、双幅路(两块板)、三幅路(三块板)、四幅路(四块板)。图 2-14 中所示断面为四幅路(四块板)布置形式。用机非分隔带分离机动车道和非机动车道，再用中央分隔带分隔机动车道，机非分离、分向行驶。

四、道路路面结构图及路拱详图

路面是用各种筑路材料铺筑在路基上直接承受车辆荷载作用的层状结构物。道路路面结构按路面的力学特性及工作状态，分为柔性路面（沥青混凝土路面等）和刚性路面（水泥混凝土路面等）。路面结构分为面层、基层、底基层、垫层等。结构图中需注明每层结构的厚度、性质、标准等内容，并标注必要的尺寸（如平侧石尺寸）、坡向等。

1. 沥青混凝土路面结构图

沥青面层可由单层或双层或三层沥青混合料组成。选择沥青面层各层级配时，至少有一层是密级配沥青混凝土，防止雨水下渗。图 2-15 所示机动车道面层由三层沥青混合料组成，非机动车道由双层沥青混合料组成，其中最上层均为密级配沥青混凝土。

2. 水泥混凝土路面结构图

水泥混凝土路面结构图，如图 2-16 所示。水泥混凝土路面面层厚度一般为 18～25cm，为避免温度变化使混凝土产生裂缝和拱起现象，混凝土路面需划分板块，如图 2-17 所示。

分块的接缝有下列几种，如图 2-17、图 2-18 所示。

（1）纵向接缝

1) 纵向施工缝：一次铺筑宽度小于路面宽度时，设纵向施工缝，采用平缝形式，上部锯切槽口，深度 30～40mm，宽度 3～8mm，槽内灌塞填缝料。

2) 纵向缩缝：一次铺筑宽度大于 4.5m 时设置纵向缩缝，采用假缝形式，锯砌槽口深度宜为板厚的 1/3～2/5。纵缝应与路中心线平行，一般做成企口缝形式或拉杆形式；拉杆采用螺纹钢筋，设在板厚中央，拉杆中部 100mm 范围内进行防锈处理。

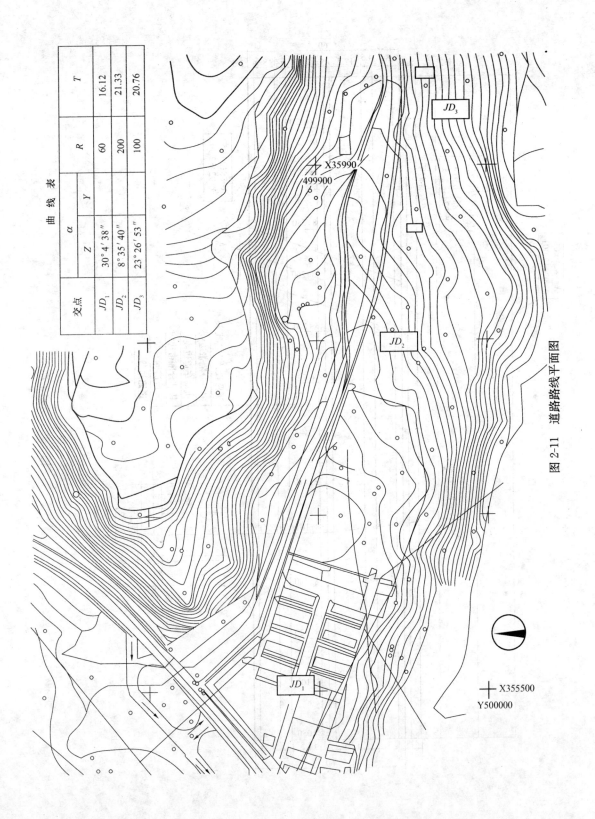

图 2-11 道路路线平面图

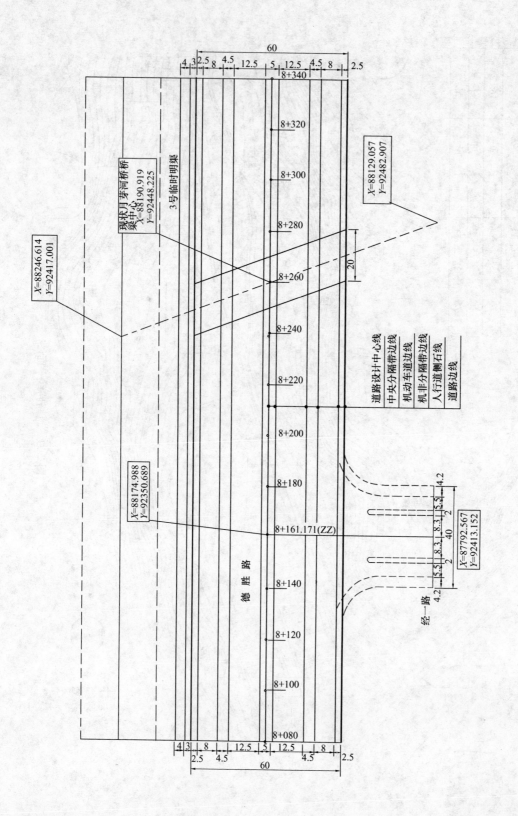

图 2-12 道路平面图

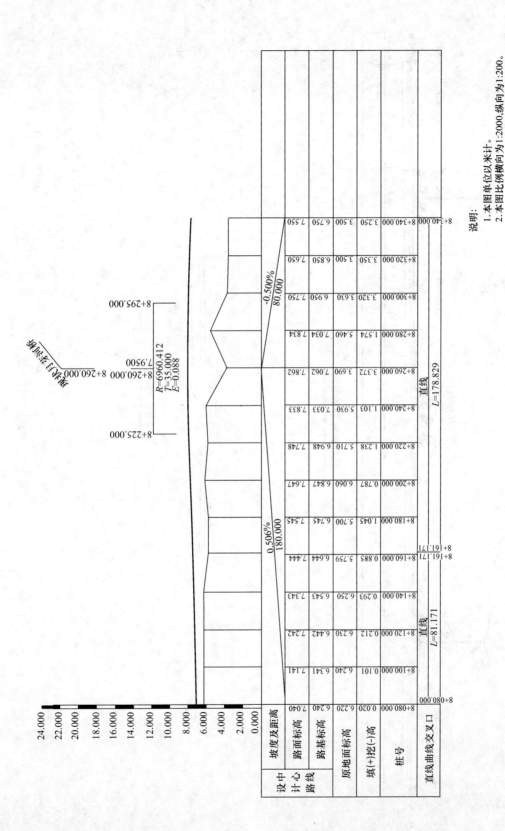

图 2-13 道路纵断面

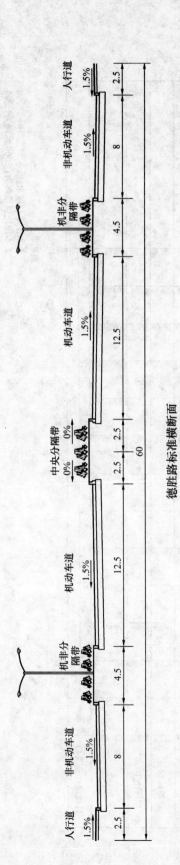

图 2-14 道路标准横断面

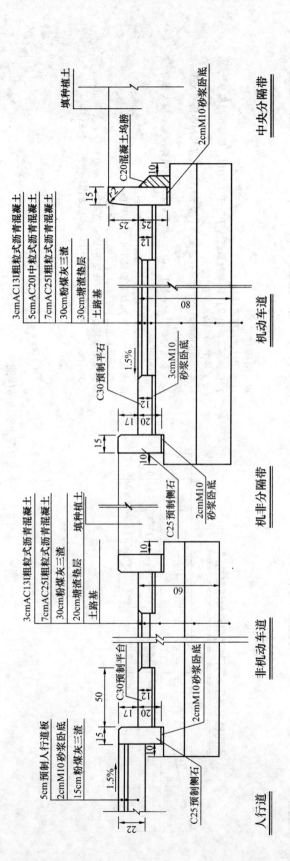
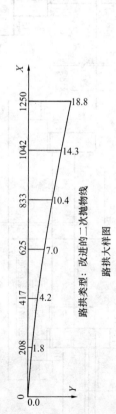

说明：
1. 本图尺寸以厘米计。
2. 机动车道沥青混凝土路面顶面允许弯沉值为0.048cm，基层顶面允许弯沉为0.06cm。
3. 非机动车道沥青混凝土路面顶面允许弯沉值为0.056cm，基层顶面允许弯沉值为0.07cm。
4. 粉煤灰三渣基层配合比（重量比）为粉煤灰：石灰：碎石＝32:8:60。
5. 土基模量必须大于25MPa，塘渣顶面回弹模量必须大于35MPa，塘渣须有较好级配，最大粒径不大于10cm。
6. 中央绿带采用高侧石，机非隔离带采用普通侧石。

图 2-15 沥青混凝土路面结构图

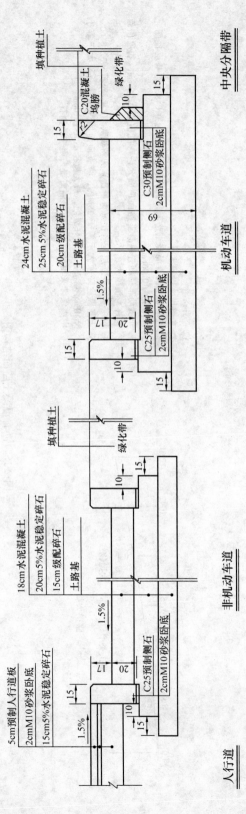

说 明：
1. 本图尺寸以厘米计。
2. 机动车道路面设计抗弯拉强度大于等于4.5MPa，基层回弹模量大于等于100MPa。
3. 非机动车道路面设计抗弯拉强度大于等于4.5MPa，基层回弹模量大于等于80MPa。
4. 土基模量必须大于等于25MPa，级配碎石顶面回弹模量必须大于等于30MPa。
5. 中央分隔带采用高侧石，侧石每节长1m。
6. 水泥稳定碎石7d抗压强度不小于3.0MPa。
7. 混凝土土路基面养护28d后方可开放交通。
8. 路基土回填，基层下30cm范围内，塘渣粒径不大于10cm，30cm以下，塘渣粒径不大于15cm，填方固体率不小于85%。

图 2-16 水泥混凝土路面结构图

水泥稳定基层碎石材料集料的级配范围

方筛孔尺寸(mm)	40	31.5	19	9.5	4.75	2.36	0.6	0.075
通过质量百分率(%) 基层	—	100	88~99	57~77	29~49	17~35	8~22	0~7
通过质量百分率(%) 垫层	100	93~98	74~89	49~69	29~52	18~38	18~22	0~7

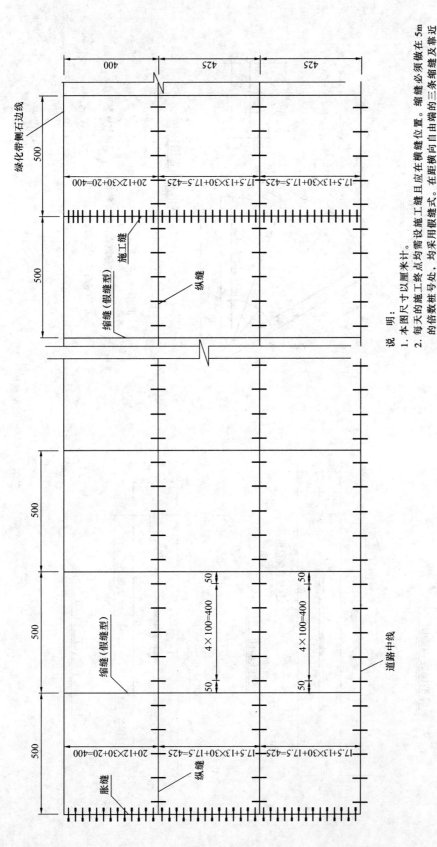

图 2-17 车道路面板块划分示意图

说明：
1. 本图尺寸以厘米计。
2. 每天的施工终点均需设施工缝且应在横缝位置。缩缝必须做在 5m 的倍数桩号处，均采用假缝式。在距横向自由端的三条缩缝及靠近胀缝的三条缩缝均为设传力杆的缩缝。施工胀缝间距为 100～200m。混凝土板与交叉口相接以及混凝土板厚度变化处、小半径平曲线、竖曲线处，均应设置胀缝。
3. 纵缝为平缝，板块纵向长度可适当调整。
4. 水泥板块如遇胀缝、板块纵向长度可适当调整。

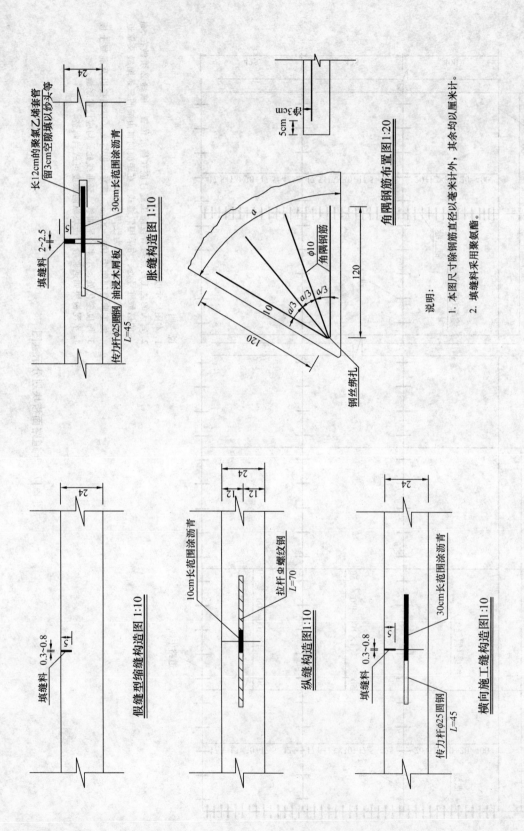

图 2-18 路面配筋图

(2) 横向接缝

1) 横向施工缝：每日施工结束或临时施工中断时必须设置横向施工缝，位置尽量选在缩缝或胀缝处。设在缩缝处施工缝，应采用加传力杆的平缝形式，设在胀缝处施工缝，构造与胀缝相同。

2) 横向缩缝：采用假缝形式，特重或重交通道路及邻近胀缝或自由端部的 3 条缩缝，应采用设传力杆假缝形式，其他情况可采用不设传力杆假缝形式。传力杆应采用光面钢筋，最外侧传力杆距纵向接缝或自由边的距离为 150～250mm。横向缩缝顶部锯砌槽口，深度为面层厚度的 1/5～1/4，宽度为 3～8mm，槽内灌塞填缝料。

3) 胀缝：邻近桥梁或其他固定构造物处或与其他道路相交处应设置横向胀缝。

3. 路拱

路拱根据路面宽度、路面类型、横坡度等，选用不同方次的抛物线形、直线接不同方次的抛物线形与折线形等路拱曲线形式。图 2-15 中所示为改进二次抛物线路拱形式。路拱大样图中应标出纵、横坐标，供施工放样使用。

第三章 道路工程施工

道路工程施工程序如图 3-1 所示。

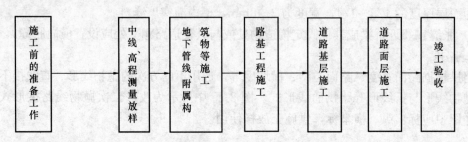

图 3-1 道路工程施工程序

第一节 道路施工准备工作

一、组织准备

为了使工程全面开展后能顺利地按计划进行。主要是建立和健全施工组织管理机构，制定施工管理制度，明确施工任务，组织人力确立施工应达到的目标等。

（一）组建施工组织机构（项目经理部）

项目经理部的机构设置应根据项目的任务特点、规模、施工进度、规划等方面条件确定，施工项目经理部的设置和人员配备，要根据项目的具体情况而定，一般应设置如图 3-2 所示几个部门。

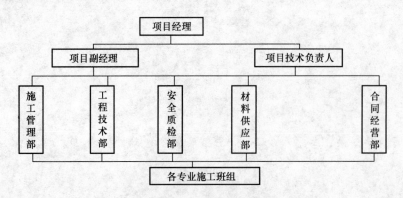

图 3-2 项目经理部机构

项目经理应挑选精干、高效、具有实践经验的人选；再由项目经理选择具有事业心、责任感、懂生产、会经营的成员并制定各级岗位责任制。

（二）组建专业施工队伍

（1）选择施工班组

路面施工中，面层、基层和垫层除构造有变化外，工程量基本相同。因此，我们便可以根据不同的面层、基层、垫层，不同的工作内容选择不同的施工队伍，按均衡的流水作业施工。

（2）劳动力的调配

劳动力的调配一般应遵循这样的规律：开始时调少量工人进入工地做准备工作，随着工程的开展，陆续增加工作人员；工程全面展开时，可将工人人数增加到计划需要量的最高额，然后尽可能保持人数稳定，直到工程部分完成后，逐步分批减少人员，最后由少量工人完成收尾工作。尽可能避免工人数量骤减、骤增现象的发生。

二、物资准备

（一）材料：制定材料分期分批供应计划。各类原材料、成品、半成品，必须经过选择和检验。

（二）机具：配备足够的施工机具，分期分批进场备用。

（三）劳保生活用品：重视安全生产，配备足够的安全、消防、劳保生活用品。

三、技术准备

（一）图纸会审、技术交底

图纸会审、技术交底是基本建设技术管理制度的重要内容。工程开工前，在总工程师的带领下集中有关技术人员仔细审阅图纸，将不清楚或不明白的问题汇总通知业主、监理及设计单位及时解决。对所有控制点、水准点进行复核，与图纸有出入的地方及时与设计人员联系解决，施工测量、施工放样。工程开工后对每一工序由工程施工项目技术负责人向施工人员及作业班组交底，讲清设计意图、工程特点、相关技术规程、规范要求、施工难点和重点以及采取的技术措施和安全措施。

（二）调查研究、收集资料

市政工程涉及面广，工程量大，影响因素多，所以施工前必须对所在地区的特征和技术经济条件，进行调查研究，并向设计单位、勘测单位及当地气象部门收集必要的资料。主要包括：

（1）有关拟建工程的设计资料：技术设计资料和设计意图；测量记录和水准点位置；原有各种地下管线位置等。

（2）各项自然条件的资料：气象资料和水文地质资料等。

（3）当地施工条件资料：当地材料价格及供应情况；当地机具设备的供应情况，当地劳动力的组织形式、技术水平；交通运输情况及能力等资料。

（三）编制施工组织设计

施工组织设计是施工前准备工作的重要组成部分，又是指导现场准备工作，全面部署生产活动，对于能否全面完成施工生产任务，起着决定性作用，因此在施工前必须收集有关资料，编制施工组织设计。施工组织设计由工程概况、施工方案、施工进度计划、劳力安排计划、材料机具供应计划、施工现场平面布置图、质量计划、安全措施、文明施工和环境保护措施等内容组成。

1. 工程特点

（1）路基、路面工程要用许多材料混合加工，因此道路的施工必须和采掘、加工与储存这些材料的基地工作密切联系。组织道路施工，也应考虑混合料拌合站的情况，包括拌合站的规模、位置等。

（2）在设计道路施工进度时必须考虑道路施工的特殊要求。例如，沥青类路面不宜在气温过低时施工，这就需安排在温度相对适宜的时期内施工。

（3）道路施工的工序较多，合理安排工序间的衔接是关键。垫层、基层、面层以及隔离带、路缘石等工序的安排，在确保养生期要求的条件下，应按照自下而上，先附属后主进行。

2. 道路施工组织设计的编制程序

（1）根据设计路面的类型，进行现场勘察与选择，确定材料供应范围及加工方法。
（2）选择施工方法和施工工序。
（3）计算工程量。
（4）编制流水作业图，布置任务，组织工作班组。
（5）编制工程进度计划。
（6）编制人、料、机供应计划。

（四）编制施工预算

施工预算是施工单位单位内部编制的预算，是单位工程在施工时所需要人工、材料、施工机械台班消耗数量和直接费的标准，以便有计划、有组织的进行施工，从而达到节约人力、物力和财力的目的。其内容主要包括编制说明书和工程预算书。

四、现场准备

（一）开工前的准备

工程开工前，必须派遣人员提前进入现场，做好以下工作：

（1）线路复测、查桩、认桩。
（2）组织施工材料及机具进场。
（3）做好季节性的施工准备。
（4）如遇旧路改造，需拆迁，要以人为本，依据政策、法规办事。
（5）根据施工现况，在不影响道路、管道施工以及水、电、热供应方便的地区较宽处搭建施工管理用临时设施（或租借现房）。
（6）合理建好施工便线，做好导行交通方案，注意施工和交通安全。
（7）为了保证工程用水、电和生活用水、电的需要，还要修建临时的给水、用电设施。
（8）做好现场"六通一平"（强电通、弱电通、给水通、排水通、暖气通、蒸汽通和场地平整）。
（9）施工中必须建立安全技术交底制度，并对作业人员进行相关的安全技术教育与培训。作业前主管施工技术人员必须向作业人员进行详尽的安全技术交底，并形成文件。

（二）季节施工准备

路基、路面的施工均为露天作业，受季节变化的影响很大，为使工程施工能保证质量、按期开工，必须做好以下准备工作：

① 冬期施工的准备工作。
② 雨期施工的准备工作。

③ 高温季节要做好降温防暑工作。

五、测量放样

核对路线中线、控制点、转角点、水准点、三角点、基线等是否准确无误；重点地段的路基横断面是否合理；做好设计、勘测的交桩、交线工作；恢复道路中线、补钉转角桩、路两边外边桩；恢复道路中线标高等。

六、外部协作准备

签订工程合同，填报开工报告，施工许可证，申请接电接水，召开水、电、燃气、交通等管线配合协调会议。

七、其他准备工作

施工前必须储备正常施工用的水泥、砂石料，备齐道路施工一般机具与工具。还必须对机械设备、测量仪器、基准线或模板、机具工具及各种试验仪器等进行全面地检查、调试、校核、标定、维修和保养。

第二节　路基施工

一、路基施工程序

（一）施工测量

从道路路线勘察到正式动工要隔一段时期，标桩难以保存完整，所以在开工前要进行施工测量。施工测量内容：一是中线的复测和固定；二是路线高程复测与水准点的增设。

路基放样在原地面上标定出路基边缘、路堤坡脚及路堑堑顶、边沟等具体位置，根据横断面设计的具体尺寸，标定中线桩的填挖高度，并将横断面上的特征点位置在实地定出来，便于施工。

（二）修建小型构筑物与埋设地下管线

小型构筑物（小桥、涵洞、挡土坪、盲沟等）和地下管线是城市道路路基中必不可少的部分。小型构筑物可与路基（土方）同时进行，但地下管线必须遵循"先地下，后地上"、"先深后浅"的原则先完成以利于路基工程不受干扰地全线展开。修筑排除地面水和地下水的设施，为土、石方工程施工创造条件。

（三）路基（土、石方）工程

该项工程是整个路基工程的主体工程，包括开挖路堑、填筑路堤、整平路基、压实路基、修整边坡、修整路肩、修建排水沟渠及防护加固工程等。

（四）质量检查与验收

路基工程竣工检查与验收应按竣工验收规范要求进行，其检查与验收的项目主要包括：路基及有关工程的位置、标高、断面尺寸、压实度或砌筑质量等，要求其应满足容许误差的范围，凡不符合要求的工程应分析原因，并采取相应的措施予以纠正，必要时返工重建。**施工中，前一分项工程未经验收合格严禁进行后一分项工程施工。**

二、路基施工方法

（一）填筑路堤

原地面标高低于设计路基标高时，需要填筑土方——填方路基。

为了保证路堤的强度和稳定性，在填筑路堤时，要处理好基底，保证必须的压实度及正确选择填筑方案。

1. 基本要求

(1) 用透水性良好的材料（如碎石、卵石、砾石、粗砂等）填筑路堤时，可不受含水量限制，但应分层填筑压实。用透水性不良及不透水的土填筑路堤时，需使其含水量接近最佳含水量时方可进行压实。路基填料粒径应符合有关规定。

(2) 路基填土不得使用腐殖土、生活垃圾土、淤泥、冻土块和盐渍土。填土内不得含有草、树根等杂物，粒径超过10cm块应打碎。

(3) 排除原地面积水，清除树根、杂草、淤泥等，妥善处理坟坑、井穴。

(4) 填方段内应事先找平，当地面坡度陡于1∶5时，需修成台阶形式，每级分阶宽度不得小于1.0m。

(5) 填土长度达50m左右时，检查铺筑土层的宽度与高度，合格后即可碾压。

(6) 填方高度内的管涵顶面还土50cm以上才能用压路机碾压。

(7) 根据测量中心线桩和下坡脚桩，分层填土、压实。填土到最后一层时，应按设计断面、高层控制土方厚度，并及时碾压调整。

2. 基底的处理

路堤基底是指土石填料与原地面的接触部分。为使两者结合紧密，防止路堤沿基底发生滑动，或路堤填筑后产生过大的沉陷变形，则可根据基底的土质、水文、坡度和植被情况及填土高度采取相应的处理措施。

(1) 密实稳定的土质基底

当地面的横坡度不陡于1∶10，且路堤高度超过0.5m时，基底可不做处理，路堤高度低于0.5m的地段，应将原地面草皮等杂物清除。地面横坡为1∶10～1∶50需铲除地面草皮、杂物、积水和淤泥。当地面横坡度陡于1∶5时，在清除草皮杂物后，还应将原地面挖成台阶，台阶宽度不小于1m，高度为0.2～0.3m。台阶顶面做成向内倾斜2%～4%的斜坡。若为砂质土斜坡，则不宜挖台阶，只要把土层翻松即可。

(2) 覆盖层不厚的倾斜岩石基底

当地面横坡为1∶5～1∶2.5时，需挖除覆盖层，并将基岩挖成台阶。当地面横坡度陡于1∶2.5时，应进行个别设计，特殊处理，如设置护脚或护墙。

(3) 耕地或松土基底

当地面横坡缓于1∶5上时，若松土厚度不大，需将原地面夯压密实再填土；若松土厚度较大，应将松土翻挖至紧密层，再分层填筑夯实。对于水田、池塘或洼地需先将基底疏干、铲除淤泥、换土等措施，将基底加固后再行填筑。

3. 填料选择

为保证路堤的强度和稳定性，应尽可能选择当地稳定性良好的土石作填料。

4. 填土压实

填料压实是保证路堤填筑质量的关键，必须充分重视，有关压实的理论与要求，将在后面叙述。

5. 填筑方法

(1) 分层填筑法

路堤填筑必须考虑不同的土质，从原地面逐层填起并分层压实，每层填土的厚度可按压实机具的有效压实深度确定。分层填筑法又可分为水平分层填筑和纵向分层填筑两种。

水平分层填筑是按照横断面全宽分成水平层次，逐层向上填筑。如原地面不平，应由最低处分层填起，每填一层经过压实后再填下一层，如图3-3所示。

纵向分层填筑在原地面纵坡大于12%的地段，可采用纵向分层法施工，沿纵坡分层，逐层填压密实。

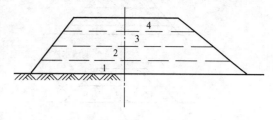

图3-3 水平分层填筑法

（2）挖台阶填筑法

地面横坡陡于1∶5时，原地面应挖成台阶（台阶宽度不小于1m），并用小型夯实机加以夯实。填筑应由最低一层台阶填起，然后逐台向上填筑，分层夯实。

6. 不同土质混合填筑规则

（1）不同性质的土填筑路堤时，应分层填筑，分层压实，层数应尽量减少，每层总厚度应大于0.5m。填筑路床顶最后一层时，压实后的厚度应不小于0.1m。不得混杂乱填，以免形成水囊或滑动面。

（2）透水性较小的土（黏性土）填筑路堤下层时，其顶面应做成4%的双向横坡，以保证来自上层透水性大的填土层的水分及时排出。

（3）每种填料的松铺厚度应通过试验确定。

（4）土质路基应适当增加宽度（以每侧各增加0.25m为宜），保证全断面的压实质量，保证每一填筑层压实后的宽度不小于设计宽度。

（5）填方分几个作业段施工时，接头部分如不能交替填筑，则先填路段应按1∶1坡度分层留台阶；如能交替填筑，则应分层投互交替搭接，搭接长度不小于2m。

（6）路堤表面不宜被透水性差的土层封闭，以利水分的蒸发和排除。

（7）凡不因潮湿及冻融而变更其体积的优良土应填在上层，强度（变形模量）较小的土应填在下层。用不同土质填筑路堤的正确与错误方案如图3-4所示。

7. 桥头及涵洞填土

为保证桥头路堤稳定防止产生不均匀沉陷，应选择透水性好的砂性土填筑。桥台后面填土应与锥坡填土同时进行，轻型桥台填土应在桥两端同时进行。涵洞两侧应水平分层对称地向上填筑，分层夯实，每层的松铺厚度不得超过20cm。

8. 地下排水等管道填土

严禁带水覆土，大于10cm的石料等硬块应剔除，大的泥块应打碎。若管道敷设后，需即铺设高等级路面，则在管道两侧及管顶以上50cm范围内，均匀回填粗砂，洒水振实拍平，其干重度不应小于16kN/m³。管顶50cm以上直至路面基层底范围内，应采用砾石与原状土间隔回填，并分层夯实。对全原土回填，管道两侧胸腔部位密实度应达到轻型击实≥90%，管顶以上50cm以内密实度应≥85%，管顶以上50cm至地面密实度应达到98%。

（二）路堑开挖

1. 路堑开挖方式

（1）横挖法

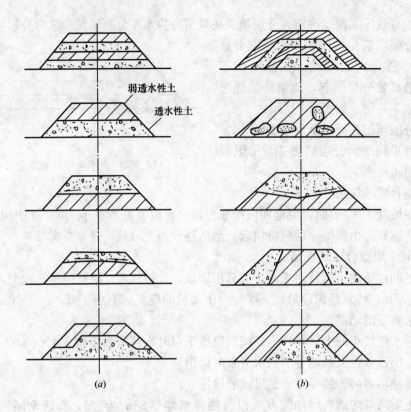

图 3-4 路堤分层填筑法
(a) 正确方案；(b) 错误方案

横挖法是指按路堑整个横断面从其两端或一端进行挖掘的方法，适用于短而深的路堑，如图 3-5 所示。掘进时逐段成形向前推进，运土由向反方向送出。

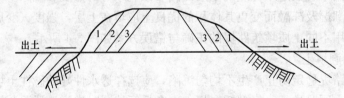

图 3-5 横挖法

为了增加工作面，加台阶高度视工作便利与安全而定，一般为 1.5~2.0m。挖掘时上层在前，下层随后，下层施工面上应留有上层操作的出土和排水通道，如图 3-6 所示。

（2）纵挖法

纵挖法可分为分层纵挖法和通道纵挖法。

分层纵挖法沿路堑分为宽度及深度都不大的纵向层次挖掘，如图 3-7 所示。挖掘工作可用各式铲运机。在短距离及大坡度时，可用推土机；在较长较宽的路堑，可用铲运机，并配备运土机具进行工作。

通道纵挖法是先沿路堑纵向挖一通道，然后开挖两旁，如路堑较深可分几次进行，用此法挖路堑，可采用人力或机械挖掘，如图 3-8 所示。

（3）混合式开挖法

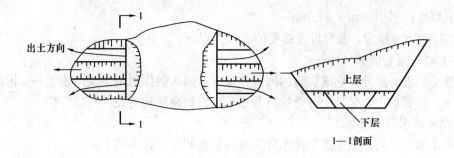

图 3-6 横挖法工作面

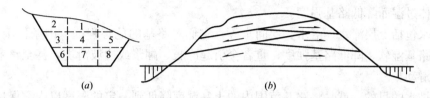

图 3-7 分层纵挖法

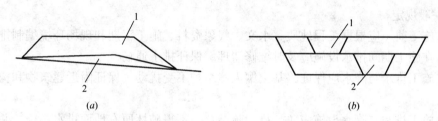

图 3-8 通道纵挖法
(a) 第一次通道；(b) 第二次通道

对于特别深而长的路堑，土方量很大，为扩大施工操作面和加速施工，可采用上述两种方法的混合开挖。即先顺路堑挖通道，然后沿横向坡面挖掘，以增加开挖坡面。每一开挖坡面应容纳一个施工组或一台机械。在较大的挖土地段可集中较多的人力和机具，沿纵横向通道同时挖土。

挖方地段有含水层时，在挖掘该层土前，应设置好排水系统。若挖方路基位于含水较多以致翻浆的土上时，则应换以透水性良好的土，其厚度应不小于 0.8～1.0m，为换土所挖的凹槽底面应适当整平，并设纵向盲沟以利排水。

2. 路堑开挖应注意的问题

(1) 必须根据测量中线和边桩开挖，一般每侧要比路面突出 300～500mm。

(2) 挖方段不得超挖。

(3) 不论采用何种方法开挖，均应保证开挖过程中及竣工后能顺利排水。

(4) 路堑开挖需考虑土层分布及利用，如利用挖方填筑路堤时，应按不同的土层分层挖掘，以满足路堤填筑的要求。

(5) 路堑挖出的土方，除应尽量用作填方外，余土应有计划地弃置，以不妨碍路基排水和路堑边坡稳定为原则，并尽可能用于改地造田，美好环境。

(6) 若挖方路基位于含水较多易导致翻浆的土层上（如粉性土），应换以透水性良好的土，其厚度应不小于0.8～1.0m。

（7）注意边坡稳定，及时设置必要的支挡工程。

（三）路基施工排水

路基的病害有多种，形成病害的因素亦很多，但水的作用是主要因素之一，因此路基设计、施工和养护中，必须十分重视路基排水，以提高路基的强度与稳定性。

1. 路基排水目的和要求

根据水源的不同，城市道路排水分为地面排水和地下排水两大类。

地面水包括大气降水（雨和雪）以及海、河、湖、水渠、水库水。地面水对路基产生冲刷和渗透，冲刷可能导致路基整体稳定性受损害，形成水毁现象，渗入路基土体的水分，使土体过湿而降低路基强度。

地下水包括上层滞水、潜水、层间水等，它们对路基的危害程度，因条件不同而异。轻者能使路基湿软，降低路基强度；重者会引起冻胀、翻浆或边坡滑坍，甚至整个路基沿倾斜基底滑动。

路基排水的目的，就是将路基范围内的土基湿度降低到一定的限度以内，保持路基常年处于干燥状态，确保路基、路面具有足够的强度与稳定性。

2. 一般规定

（1）施工前，应根据工程地质、水文、气象资料、施工工期和现场环境编制排水与降水方案。在施工期间排水设施应及时维修清理、保证排水通畅。

（2）施工排水与降水应保证路基土壤天然结构不受扰动，保证附近建筑物和构筑物的安全。

（3）施工排水与降水设施应防、排、疏结合，不得破坏原有地面排水系统，并与现况地面排水系统及道路工程永久排水系统（包括路面排水、路基防护、地基处理以及特殊路基地区（段）的其他处治措施等）相互协调，形成完善的排水系统。

（4）排水困难地段，可采取降低地下水位、设置隔离层等措施，使路基处于干燥、中湿状态。

（5）施工场地的临时性排水设施，应尽可能与永久性排水设施相结合。各类排水设施的设计应满足使用功能要求，结构安全可靠，便于施工、检查和养护维修。

3. 地表排水设备

常用的路基地表排水设备，包括边沟、截水沟、排水沟、跌水与急流槽等，必要时还有渡槽、倒虹吸及积水池等。这些排水设备，分别设在路基的不同部位，各自的排水功能、布置要求或构造形式，均有所差异。各类地表排水设施的断面尺寸应满足设计排水流量的要求，沟顶应高出沟内设计水面0.2m以上。

（1）边沟

边沟设置多与路中线平行，用以汇集和排除路基范围内和流向路基的少量地面水。

边沟修筑时应线形美观，直线顺直、曲线圆滑，无突然转弯等现象；纵坡顺势，排水通畅。边沟纵坡较大时可采用浆砌片石、栽砌卵石、水泥混凝土预制块防护等进行加固。边沟出水口附近，水流冲刷比较严重，必须慎重布置和采取相应措施。

边沟的排水量不大，一般不需要进行水文、水力计算，依据沿线具体条件，选用标准横断面形式。边沟紧靠路基，通常不允许其他排水沟渠的水流引入，亦不能与其他人工沟渠合并使用。

(2) 截水沟

当路堑边坡上侧流向路基的地表径流流量较大，或者路堤上侧倾向路基的地面坡度大于1∶2时，应在路堑或路堤上方设置截水沟，以拦截流向路基的地面径流水。截水沟应设置在路堑边坡顶5m以上或路堤坡脚2m以外，结合地形和地质条件尽量顺着等高线布设，并与绝大多数地面水流方向垂直，以提高截水效能和缩短沟的长度。截水沟应保证水流畅通，就近引入自然沟内排出，必要时配以急流槽或涵洞等泄水结构物将水流引入指定地点。截水沟水流不应引入边沟，当必须引入时，应增大边沟横断面，并进行防护。

(3) 排水沟

由边坡出水口、路面拦水堤或开口式缘石泄水口通过路堤边坡上的急流槽排放到坡脚的水流，应汇集到路堤坡脚外1~2m处的排水沟内，再排到自然水体中。排水沟应具有合适的纵坡，以保证水流畅通，且不致流速太大而产生冲刷，亦不可流速太小而形成淤积，为此宜通过水文水力计算而择优选定。一般情况下，可取0.5%~1.0%，不小于0.3%，亦不宜大于3%。

(4) 跌水与急流槽

跌水与急流槽是路基地面排水沟渠的特殊形式，用于陡坡地段，沟底纵坡可达45°。由于纵坡陡、水流速度快、冲刷力大，要求跌水与急流槽的结构必须稳固耐久，通常应采用浆砌块石或水泥混凝土预制块砌筑，浆砌块石或水泥混凝土预制块的底厚为0.2~0.4m，施工时做成粗糙面；壁厚0.3~0.4m，底宽至少为0.25m，并具有相应的防护加固措施。

跌水两端的土质沟渠，应注意加固，保持水流畅通，不致产生水流冲刷和淤积，以充分发挥跌水的排水效能。

4. 地下排水设备

常用的路基地下排水设备有暗沟、渗沟和渗井等，其特点是排水量不大，主要是以渗流方式汇集水流，并就近排出路基范围以外。对于流量较大的地下水，应设置专用地下管道予以排除。

由于地下排水设备埋置地面以下，不易维修，在路基建成后又难以查明失效情况，因此要求地下排水设备能牢固有效。

(1) 暗沟

当地下水位较高，潜水层埋藏不深时，可采用暗沟截留地下水，降低地下水位。

暗沟一般采用混凝土浇筑或浆砌块石砌筑，在沟壁与含水地层接触面的高度处，设置一排或多排向沟中倾斜的渗水沟，沟壁外侧应填以粗粒透水材料或土工合成材料作反滤层，沿沟槽每隔10~15m或当沟槽通过地质变化处应设置伸缩缝或沉降缝。盲沟的排水能力较小，不宜过长，沟底具有1‰~2‰的纵坡，出水口底面标高应高出沟外最高水位20cm，以防水流倒渗。寒冷地区的暗沟，应做防冻保温处理或将暗沟设在冻结深度以下。

(2) 渗沟

渗沟用于降低地下水位或拦截地下水，尽量布置为与渗流方向垂直。渗沟内部用坚硬的碎石、卵石或片石等透水材料填充，沟顶及沟底应设封闭层，一般用浆砌块石砌筑并勾缝。当地下水流量较大，要求埋置更深，可在沟底设洞或管，前者称为洞式渗沟，后者称为管式渗沟。

渗沟施工时,应从下游向上游开挖,随挖随支撑。填筑反滤层时,各层间用隔板隔开,同时填筑,至一定高度后向上抽出隔板,继续分层填筑至设计位置。

(四) 路基压实

1. 路基压实的意义

路基压实是指采用碾压设备(机具)对路基进行的人工压实。路基压实是为了提高路基土体的密实程度,降低填土的透水性,防止水分积聚和浸蚀,避免土基软化及因冻胀而引起不均匀的变形,并为减薄路面提供条件。因此,路基的压实是路基施工极其重要的环节,亦是提高路基强度与稳定性的根本措施之一。实践表明,土基的充分压实是提高路基路面质量最经济有效的技术措施之一。

2. 影响压实的因素

影响路基压实效果的主要因素有土的含水量、碾压层厚度、压实机械的类型和功能、碾压遍数和地基的强度。

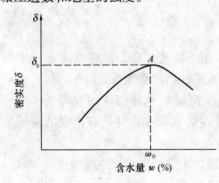

图3-9 密实度与含水量关系曲线

(1) 含水量对压实的影响

通过击实试验绘制的密实度(干密度)与含水量之间的关系曲线如图3-9所示。在一定压实工作下,密实度δ随水量增加而增加。当含水量增大到ω_0时,密实度达到最大值δ_0,则δ_0称最大密实度,ω_0为最佳含水量。若含水量再增加,ω大于ω_0时,则密实度反而下降了。

上述现象的产生是由于土中水分过少时($\omega<\omega_0$),土粒间的润滑作用差,所做的压实功不足以克服土粒间的摩擦力,土中的空气难排除,土粒之间不能紧靠,因而难以达到最大密实度;当土中含水量$\omega>\omega_0$时,由于水分过多,土粒被水膜包围而拉开距离,含水量越大,水膜越厚,因此,土的密实度反而降低了。只有当含水量为ω_0时,水分既提高了润滑力又不把土粒过分隔开,在同样压实功作用下,容易达到最大密实度。

由此可见,土在一定的压实功作用下,只有在最佳含水量时,才能压实到最大密实度。

(2) 土质对压实的影响

试验表明:

1) 各种不同土的最佳含水量和最大干密度是不相同的,如图3-10所示。

2) 土中粉粒和黏粒含量愈多,土的塑性指数愈大,土的最佳含水量就愈大,同时其最大干密度愈小。因此,一般砂性土的最佳含水量小于黏性土的最佳含水量,而最大干密度则大于黏性土的最大干密度。

3) 砂质粉土和粉质黏土的压实性能较好,

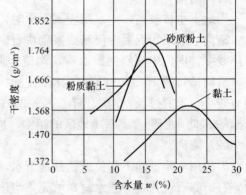

图3-10 最佳含水量和最大干密度

而黏性土的压实性能较差。

(3) 压实功对压实的影响

试验表明,对于同类土,压实功能增加,其最佳含水量减少,而最大密实度增加;当含水量一定时,压实功越大,则密实度越高。根据这一特性,在施工中,如果土的含水量低于最佳含水量,加水又有困难时,可采用增加压实功能的办法来提高其压实度,即采用重碾或增加碾压次数。然而,用增加压实功能的办法,来提高土的密实度是有限度的,当压实功能增加到一定程度后,土的密实度增加较缓慢,在经济效益和施工组织上不够合理。相比之下,严格控制最佳含水量,要比增加压实功能收效大得多。

(4) 压实机具、施工方法对压实度的影响

压实工具不同,压力传播的有效深度也不同。夯击式机具压实传播最深,振动式压路机次之,碾压式压路机最浅。同一种机具的作用深度,在压实过程中不断变化,土体松软时压力传播较深,随着碾压次数增加,上部土层逐渐密实,土的强度相应提高,其作用深度也就逐渐减少。当压实机具的重量不很重时,荷载作用时间越长,土的密实度越高,但密实度的增长速度随时间而减少。当机具过重,以致超过土的强度极限时,会引起土体的破坏,荷载越重,破坏时间越短。此外,碾压速度越高,压实效果越差。

3. 含水量与强度、水稳定性的关系

当含水量很小,但因土层颗粒中保留有较多的空隙,在潮湿的条件下由于水的渗入,颗粒间摩阻力减小,密实度减低,强度也大大下降,这就是通常所说的水稳定性差。当土层在最佳含水量 ω_0 时进行压实,在潮湿条件下其强度的降低却不大,因为此时土粒被挤紧,土的孔隙减小,土粒所处的相对位置适当,相邻土颗粒表面的水膜交叠在一起,阻碍水在土中的移动,使水分不易渗入,因此强度损失较小,也就是说土的水稳定性最好。

根据上面的试验分析可以得出结论:1) 含水量是影响压实效果的决定性因素;2) 在最佳含水量时,最容易获得最佳压实效果;3) 压实到最大密实度的土体水稳定性最好。

4. 土基压实施工

(1) 土基压实标准

压实的唯一目的是使土基接近最大干密度标准,因此干密度是土基压实的重要标准也是唯一指标。

为了便于检查和控制压实质量,土基的压实标准常用压实度来表示。所谓压实度是指土压实后的干密度与该土的标准最大干密度之比,用百分率表示。按照标准击实试验法,土在最佳含水量时得到的干密度就是它的标准最大干密度。压实度用式 (3-1) 计算:

$$k = \frac{\rho_\mathrm{d}}{\rho_\mathrm{o}} \times 100\% \tag{3-1}$$

式中 k——压实度,%;

ρ_d——压实土的干密度,g/cm³;

ρ_o——压实土的标准最大干密度,g/cm³。

压实施工需首先确定压实度。正确选定压实度 k 值,关系到土基受力状态、路基路面设计要求、施工条件,必须兼顾需要与可能,讲究实效与经济。

(2) 压实机具选择

土基压实机具的类型较多,常用的压实机具可分为静力碾压式、夯实式和振动式三大

类。静力碾压式包括光面碾（普通两轮或三轮压路机）、羊足碾和气胎碾等几种。夯击机具中有夯锤、夯板、风动夯及蛙式夯机等。振动机械有振动器、振动压路机等。此外，运土工具中的汽车、拖拉机等亦可用于路基压实。

不同的压实机具，对不同土质的压实效果不同，这是选择压实机具的主要依据。

一般情况下，对于砂性土，以振动式机具压实效果最好，夯击式次之，碾压式较差；对于黏性土，则以碾压式和夯击式较好，而振动式较差甚至无效。此外，压实机具的单位应力不应超过土的强度极限，否则会立即引起土基破坏。一般土的含水量小、土层厚、压实度要求高，应选择重型机具，反之可选择轻型机具。工作面较大时可采用碾压机具，较窄时宜采用夯实机具。

(3) 压实的基本原则

①压实的基本原则

压实的基本原则以压实原理为依据，以尽可能小的压实功能获得良好的压实效果为目的，填土层在压实前应先整平，可自路中线向路堤两边作 2%～4% 的横坡。压实工作应遵循"先轻后重、先慢后快、先边后中、先低后高、轮迹重叠"的原则。

a) 先轻后重：压实机具应先轻后重，以适应逐渐增长的土基强度。最后碾压不应小于 12t 级压路机。

b) 先慢后快：碾压速度应先慢后快，以免松土被机械推走。

c) 先边后中：压实机具的工作路线，应先两侧后中间，以便形成路拱，再从中间向两边顺次碾压。

d) 先低后高：在弯道部分设有超高时，由低的一侧边缘向高的一侧边缘碾压，以便形成单向超高横坡。

e) 轮迹重叠：前后两次轮迹（或夯击）须重叠 15～20cm。压实时应特别注意均匀，否则可能引起不均匀沉陷。

②压实程序

路基压实作业一般按初压、复压和终压三个步骤进行。

a. 初压

初压是指对铺筑层进行的最初 1～2 遍的碾压作业。初压的目的是使铺筑层表层形成较稳定平整的承重层，以利压路机以较大的作用力进行进一步的压实作业。

一般采用重型履带式拖拉机或羊脚碾进行路基的初压，也可用中型静压式压路机或振动式压路机以静力碾压方式进行初压作业。

初压时，碾压速度应不超过 1.5～2km/h。初压后，需要对铺筑层进行整平。

b. 复压

复压是指继初压后的 8～10 遍的碾压。复压的目的是使铺筑层达到规定的压实度，它是压实的主要作业阶段。

复压应尽可能发挥压路机的最大压实功能，以使铺筑层迅速达到规定的压实度。轮胎压路机可通过增加压路机配重、调节轮胎气压，使单位线荷载和平均接地比压达到最佳状况；振动压路机可通过调整振频和振幅，使振动压实功能达到最佳值。

复压碾压速度应逐渐增大。静光轮压路机取 2～3km/h，轮胎式压路机为 3～4km/h，振动压路机为 3～6km/h。

复压作业中，应随时测定压实度，以便做到既达到压实度标准，又不过度碾压。

c. 终压

终压是指继复压之后，对每一铺筑层竣工前所进行的 1~2 遍的碾压。终压的目的是使压实层表面密实平整。一般分层修筑路基时，只在最后一层实施终压作业。

终压作业，可采用中型静力式压路机或振动压路机以静力碾压方式进行碾压，碾压速度可适当高于复压时的速度。

采用振动压路机或羊脚碾压路机进行分层压实时，由于表层会产生松散层（约 10cm 左右），在压实过程中，可将该厚度算作下一铺筑层之内进行压实，这样就可不进行终压压实。

③含水量与密实度的目测

目测土层含水量时，可用手使劲捏土，如果能成团而不松散，轻敲后土又能散开，此时土的含水量大致符合要求；如果土捏成团敲不散，表明土太潮湿。目测土层的密实度，可注意观测压实后的轮迹，如轮迹已不明显，或下沉量微小，表明土层已基本密实；如轨迹还较明显或下沉量较大，则应继续压实。遇有土层表面松散，推挤时开裂或有回弹现象，应放慢碾压速度；对于有严重松散的还宜洒水润湿或减轻碾压重量；对于有回弹现象（称为弹簧土）的，要翻挖土层，晒干再压或换土或掺拌石灰重新压实；对过干土均匀加水。

④土方路基施工

（a）人机配合土方作业，必须设专人指挥。机械作业时，配合作业人员严禁处在机械作业和走行范围内。配合人员在机械走行范围作业时，机械必须停止作业。

（b）挖土时应自上向下分层开挖，严禁掏洞开挖。作业中断或作业后，开挖面应做成稳定边坡。

（c）机械开挖作业时，必须避开构筑物、管线，在距管道边 1m 范围内应采用人工开挖；在距直埋缆线 2m 范围内必须采用人工开挖。

（d）严禁挖掘机等机械在电力架空线路下作业。需在其一侧作业时，垂直及水平安全距离应符合规定。

⑤压实质量检查

土质路基施工前，采用重型击实试验方法测定拟用土料的最佳含水量和最大干密度。压实中经常检查土的含水量，均应控制该种土最佳含水量的±2%以内压实，并视需要采取相应措施。压实后，实测压实密度和含水量，求得压实度，与规定的压实度对照，如未满足要求，应采取措施提高。

第三节 基 层 施 工

一、级配碎石基层（底基层）施工

路面下管道施工全部完毕，并验收合格，基底填方全部或局部完成，并且路基高程、宽度及压实、平整度，弯沉测检合乎设计及规范要求。并跟监理认可，路基工程检查合格，检验资料齐全后，碎石基层方可开工。

1. 准备工作

(1) 准备下承层

基层的下承层是底基层及其以下部分,底基层的下承层可能是土基,也可能包括垫层。下承层的表面应平整、坚实、具有规定的路拱,没有任何松散的材料和软弱地点。下承层的平整度和压实度应符合规范的规定。土基不论是路堤或路堑,必须用12～15t三轮压路机或等效的碾压机械进行碾压(压3～4遍)。在碾压过程中,如发现土过干,表层松散,应适当洒水;如土过湿,发生"弹簧"现象,应采用挖开晾晒、换土、掺石灰或粒料等措施进行处理。

(2) 施工放样

在下承层上恢复中线,直线段每15～20m设一桩,平曲线段每10～15m设一桩,并在两侧路边缘的0.3～0.5m设指示桩。进行水平测量,在两侧指示桩上用红漆标出基层或地基层边缘的设计高程。

(3) 计算材料用量

根据各路段路基层或底基层的宽度、厚度及预定的干压实密度并按确定的配合比计算各段需要的干集料数量,对于级配碎石,分别计算未筛分碎石和石屑的数量。

2. 拌合

在中心站(厂拌)用多种机械进行集中拌合级配碎石混合料前,应反复调试拌合设备,使混合料的颗粒组成和含水量均达到规定要求。计量准确,拌合均匀,没有粗细颗粒离析现象。

3. 运输

拌合料采用大吨位自卸汽车运至施工现场,运输车辆数量应与摊铺能力相适应。尽可能避免因缺少拌合料而造成摊铺机停顿及运输车辆大量滞留的现象。减少中途停车和颠簸,确保混合料不产生离析,卸车时应避免撞击摊铺机。

4. 摊铺

摊铺可用沥青混凝土摊铺机、水泥混凝土摊铺机或稳定土摊铺机,摊铺时应注意消除粗细集料离析现象。机动车道碎石基层采用12t自动找平的摊铺机全幅均匀将材料铺设在预定的宽度上,表面力求平整,并符合设计要求。非机动车道采用小型摊铺机铺设。事先应通过试验路段确定集料的摊铺系数并确定摊铺厚度,一般人工摊铺混合料时,其松铺系数为1.40～1.50,摊铺机摊铺混合料为1.25～1.35。

5. 碾压

当混凝土的含水量等于或略大于最佳含水量时,立即用12t以上三轮压路机(每层压实厚度不应超过15～18cm)、振动压路机或重型轮胎压路机(每层压实厚度最大不应超过20cm)进行碾压。直线段由两侧路肩开始向路中心碾压。碾压时,后轮应重叠1/2轮宽;后轮必须超过两段的接缝处。后轮压完路面全宽时,即为一遍。一般需碾压6～8遍。压路机的碾压速度,头两遍以采用1.5～1.7km/h为宜,以后用2.0～2.5km/h。路面的两侧应多压2～3遍。严禁压路机在已完成的或正在碾压的路程上调头和急刹车。

6. 接缝处理

1) 横向接缝。用摊铺机铺混合料时,靠近摊铺机当天未压实的混合料,可与第二天摊铺的混合料一起碾压,但应注意此部分混合料的含水量。必要时,应人工补洒水,使其含水量达到规定的要求。

2) 纵向接缝。应避免产生纵向接缝。如摊铺机的摊铺宽度不够，必须分两幅摊铺时，宜采用两台摊铺机一前一后相隔约5~8m同步向前摊铺混合料。在仅有一台摊铺机的情况下，可先在一条摊铺带上摊铺一定长度后，再开到另一条摊铺带上摊铺，然后一起进行碾压。在不能避免纵向接缝的情况下，纵缝必须垂直相接，不应斜接。

7. 养护

碎石基层铺设后，要对成品进行保护，严禁车辆通行。

二、水泥稳定碎石基层施工

水泥稳定碎石基层宜采用厂拌料，汽车分运至施工现场摊铺，着重应抓好混合料的搅拌、摊铺、碾压这三个主要环节。

1. 准备工作

对原材料进行抽样试验，合格后方可用于施工，提前进行混合料的配合比试验，并将试验配合比最佳含水量提供给施工现场。配合比应准确，使其7d浸水抗压强度达到3~5MPa（城市主干路、快速路基层）或2.5~3MPa（城市一般道路基层）。水泥剂量不宜超过6%，水泥稳定碎石基层用厂拌料从加水拌合到碾压终了的延迟时间不应超过2h。为此，应选用初凝时间3h以上和终凝时间6h以上的水泥，宜采用42.5级和32.5级的普通硅酸盐水泥、矿渣硅酸盐水泥等。

摊铺前应测量放样，将设计标高测设在控制钢丝上，并调整松铺厚度（松铺系数由试验路段确定，一般为1.2~1.4），将垫层表面杂物整形处理，清除表面杂物、脏物，洒水湿润。

宜在春末和夏季组织施工，施工最低气温为5℃。

2. 拌合

水泥稳定碎石采用稳定土拌合站集中拌合。使用前认真调试拌合，使其运转正常，拌合均匀，计量准确。并在料斗下面设置筛子，防止超标块状材料混入，拌合前应测量集料的含水量，加水量应有所用碎石的实际含水量和试验室所确定的混合料最佳含水量等具体情况确定，拌合好的混合料含水量应处于最佳含水量1%~2%的误差范围。拌合好的混合料应颜色一致，无成团结块及离析现象。

3. 运输

拌制合格的混合料用大吨位的自卸车运至施工现场，如果气温较高且路途较远时则应覆盖，且运输时间一般在30min以内。

4. 摊铺

摊铺可采用沥青混凝土摊铺机、水泥混凝土摊铺机或稳定土摊铺机。混合料摊铺时采用1台摊铺机一次性半幅全宽摊铺。

摊铺机作业时，一要控制好行驶的匀速性，二要安排专人清扫摊铺机行走轨道，做到匀、平、快，三要严格控制好平整度、高程等，避免出现离析现象。现场人员对个别混合料离析处清除后补洒细料，对有缺陷的地方进行修补。

5. 整形

混合料摊铺均匀后必须进行整形，使表面具有规定的路拱，并用两轮压路机碾压1~2遍，使集料的表面平整和密实。

6. 碾压

水泥稳定碎石平整后应立即在全宽范围内进行碾压，混合料应在等于或略大于最佳含水量（1%～2%）时碾压。厚度不超过15cm时，选用12～15t三轮压路机碾压，厚度超过20cm时，可选用18～20t三轮压路机和振动压路机碾压，碾压时先轻型后重型。含水量合适时，碾压不得少于6遍。碾压时应由两侧向路中心，由曲线内侧向外侧进行碾压。严禁用薄层贴补法进行找平。

7. 养生

水泥稳定碎石经碾压后，必须保湿养生不少于7d，可以用帆布、粗麻袋、稻草或农用地膜湿润养生，防止忽干忽湿。养生期应封闭交通，施工车辆可慢速（<30km/h）通行。

三、石灰工业废渣稳定碎石基层（三渣）施工

石灰工业废渣稳定碎石基层集中拌合施工流程如图3-11所示。

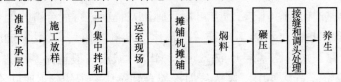

图3-11 石灰工业废渣稳定碎石基层施工流程

1. 准备工作

配合比应准确，通过配合比试验确定必需的石灰、粉煤灰含量及混合料的最佳含水量和最大干密度。用作基层的二灰混合料的7d浸水强度达到：城市主干路、快速路0.8～1.1MPa，城市其他道路0.6～0.8MPa。对底基层或土基，必须按规范规定进行验收，要求下承层平整、坚实，具有规定的路拱，没有松散材料和软弱地点。

摊铺前在底基层或土基上恢复中线。直线段每15～20m设一桩，平曲线段10m设一桩，并在两侧边缘外0.3～0.5m设指示桩，然后进行水平测量，在两侧指示桩用红漆标出石灰工业废渣边缘的设计高程。

宜在春末和夏季组织施工，施工期的日最低气温应在5℃以上。

2. 拌合

城市道路的二灰混合料应采用专用稳定料集中厂拌机拌制（中心站集中拌合法）。混合料的含水量应略大于最佳含水量2%左右，使运到工地的料适宜碾压成型，拌合应均匀。拌合成的混合料堆放时间不宜超过24h。

3. 运输

二灰混合料可以用普通的自卸车运输，并适当覆盖，以防水分损失或沿路飞扬，雨天可防止淋湿混合料。运输车辆在运输途中不得停留，应避免在低基层上调头、刹车。

4. 摊铺

混合料运到现场后，应用机械摊铺，应注意摊铺均匀，保持一定的平整度。材料的摊铺虚厚由铺筑试验段确定，两灰集料的机械松铺系数为1.2～1.3，严格控制基层面标高，按"宁高勿低，宁刮勿补"的原则进行。混合料每层最大压实厚度应为20cm，且不宜小于10cm。

5. 碾压

碾压应在混合料处或略大于最佳含水量（1%～2%）时进行。碾压可用轮胎压路机、振动压路机等进行压实，压路机先轻型（12t）后重型（>12t），注意匀速，碾轮重

叠。碾压过程中及时对二灰混合料层补洒少量水,严禁洒大水碾压。摊铺后的混合料必须在2h内碾压完毕;道路边缘及井周边用小型振动碾压或人工夯实。

6. 接缝处理

纵缝摊铺时,重叠宽度为5~10cm,对于横向接缝,应尽量减少。二灰基层连续施工时,横缝可以每天摊铺完预留5~8m不碾压,第二天将混合料耙松后与新料人工拌合,整平后与新铺段一起碾压。若间隔时间太长应将接缝做成平接缝。

接缝处理时必须平整密实,严禁有混合料离析。同半幅上下层两横缝必须错开50cm以上。

7. 养生

二灰砂砾基层经碾压后,必须保湿养生,通常用洒水养生法,养生期一般为7d,不使二灰砂砾层表面干燥。养生期间除洒水车外,应封闭交通,严禁一切车辆通行。

第四节 面层施工

一、沥青混凝土路面施工

沥青混凝土路面施工程序如图3-12所示。

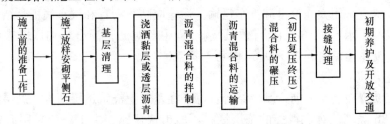

图3-12 沥青混凝土路面施工程序

1. 施工准备

(1) 原材料质量检查

沥青、矿料施工材料的质量应符合有关的技术要求。施工材料经试验合格后选用。

(2) 备料

沥青分品种、分标号密闭储存。各种矿料分别堆放,矿料等填料不得受潮。

(3) 施工机械的选型和配套

根据工程量大小、工期要求、施工现场条件、工程质量要求按施工机械应互相匹配的。

(4) 试验路铺筑

重要的沥青混凝土路面在大面积施工前应铺筑试验段,试验段的长度通常在100~200m以上。热拌沥青混合料路面的试验路铺筑主要分试拌、试铺两个阶段,取得相应的参数。试验路铺筑结束后,施工单位应就各项试验内容提出试验总结报告用以指导大面积沥青路面的施工。

(5) 基层准备和放样

面层铺筑前,应对基层或旧路面的厚度、密实度、平整度、路拱等进行检查。基层或旧路面若有坎坷不平、松散、坑槽等现象出现时,必须在面层铺筑之前整修完毕,并清扫干净。在基层上恢复中线并放出边线，用水准仪放出面层的设计高程。

2. 沥青混合料的拌合

沥青混合料必须在沥青拌合厂（场、站）采用拌合机拌合。拌合机拌合沥青混合料时，先将矿料粗配、烘干、加热、筛分、精确计量，然后加入矿粉和热沥青，最后强制拌合成沥青混合料。若拌合设备在拌合过程中集料烘干与加热为连续进行，而加入矿料和沥青后的拌合为间歇（周期）式进行，则这种拌合设备为间歇式拌合机。若矿料烘干加热与沥青混合料拌合均为连续进行，则为连续式拌合机。

间歇式拌合机拌合质量较好，而连续式拌合机拌合速度较高。当路面材料多来源、多处供应或质量不稳定时，不得用连续式拌合机拌合。城市主干路、快速路的沥青混凝土宜采用间歇式拌合机拌合。它具有自动配件系统，可自动打印每拌料的拌合量、拌合温度、拌合时间参数。

拌合时应根据生产配合比进行配料，严格控制各种材料的用量和拌合温度，确保沥青混合料的拌合质量。沥青混合料的拌合时间以混合料拌合均匀、矿料颗粒全部被沥青均匀裹满为度，拌制的沥青混合料应均匀一致，无花白料、无结团成块或严重粗细料分离现象。

3. 沥青混合料的运输

沥青混合料宜采用大吨位自卸汽车运输。运输应防止沥青和汽车底板黏结，可喷涂一深层油水（柴油：水＝1：3）混合液。运输过程中要对沥青混合料加以覆盖以保温、防雨、防污染，夏季运输时间短于 0.5h 时可不覆盖。

4. 洒布透层沥青与粘层沥青

（1）为使沥青面层与非沥青基层结合良好，在基层上浇筑透层沥青，透层沥青应在面层浇筑前 4～8h 浇洒。对粒料类的基层洒布，城市快速路、主干路应采用沥青洒布车喷洒。透层沥青宜紧接在基层施工结束表面稍干后浇洒。

（2）为加强路面沥青层与沥青层之间、沥青层与水泥混凝土之间的粘结而洒布沥青材料薄层。双层式或三层式热拌热铺沥青混合料路面在铺筑上一层前，旧沥青路面加铺沥青层，水泥混凝土路面上铺筑沥青面层或新铺的沥青结合料接缝的路缘石、雨水进水口、检查井等构筑物的侧面，均应浇洒粘层沥青。粘层沥青宜用沥青洒布车喷洒。

5. 沥青混合料的摊铺

摊铺沥青混合料前应进行标高及平面控制等施工测量工作和按要求在下承层上浇洒透层、黏层或铺筑下封层。对城市主干路、快速路宜采用两台（含）以上摊铺机成梯队作业，进行联合摊铺。相邻两幅之间宜重叠 5～10cm，前后摊铺机宜相距 10～30cm，且保持混合料合格温度。沥青混凝土混合料松铺系数机械摊铺 1.15～1.35，人工摊铺 1.25～1.50。摊铺沥青混合料必须缓慢、均匀、连续不间断，不得随意变换摊铺速度或中途停顿。摊铺速度宜为 2～6m/min。

控制沥青混合料的摊铺温度是确保摊铺质量的关键之一。高速公路和一级公路的施工气温低于 10℃，其他等级公路施工气温低于 5℃时，不宜摊铺热拌沥青混合料。必须摊铺时，应提高沥青混合料拌合温度，并符合规定的低温摊铺要求。

6. 沥青混合料的压实

压实的目的是提高沥青混合料的密实度，从而提高沥青路面的强度、高温抗车辙能力及抗疲劳特性等路用性能，是形成高质量沥青混凝土路面的又一关键工序。

(1) 碾压程序

压实分初压、复压、终压三个阶段。

1) 初压

初压是整平和增加沥青混合料的初始密实起稳定作用。正常施工时碾压温度为110～140℃，低温施工碾压温度为120～150℃，一般初压温度在130～140℃。初压用6~8t双轮压路机，以1.5～2.0km/h的速度先碾压2遍，使混合料得以初步稳定。压路机碾压应从外侧的中心碾压，相邻碾压带应重叠1/3～1/2轮宽。

2) 复压

复压是碾压过程最重要的阶段，复压应连续进行。碾压段长度宜为60～80m。开始复压温度应在100℃左右，复压是使混合料密实、稳定、成型，复压采用重型轮胎压路机或振动压路机，不宜少于4～6遍，通过复压达到规定的压实度。

3) 终压

终压是消除压实中产生的轮迹，使表面平整度达到要求值，碾压终了温度应不低于65～80℃。终压可用轮胎压路机或停振的振动压路机，不宜少于两遍，碾压至无明显轮迹为止。

(2) 碾压原则

1) 碾压过程中碾压轮应保持清洁，可对钢轮涂刷隔离剂或防粘剂，严禁刷柴油。

2) 严格控制喷水量，保持高温，梯形重叠，分段碾压。

3) 由路外侧（低侧）向中央分隔带（中心）碾压。

4) 碾压带重叠1/3～1/2轮宽。

5) 压路机不得在未碾压成型并冷却的路面上急刹车、转向调头或停车。

6) 不得在成型路面上停放机械设备或车辆，不得散落矿料、油料等杂物。

7) 压路机应以慢而均匀的速度进行碾压，其碾压速度应符合有关规定。

7. 接缝处理

整幅摊铺无纵向接缝，只要处理好横向接缝，就能保证沥青面层的平整度。摊铺梯队作业时的纵缝应采用热接缝，上下层的纵缝应错开15cm以上。上面层的纵缝宜安排在车道线上。相邻两幅及上下层的横接缝应错开1m以上。表面层接缝应采用直茬，以下各层可采用斜接茬。接缝应黏结紧密、压实充分，连接平顺。

8. 开放交通

碾压完后，应检查表面是否平整密实、稳定和表面粗细一致，有无裂缝，接缝是否齐平。**热拌沥青混合料路面应待摊铺层自然降温至表面温度低于50℃后，方可开放交通。**

二、水泥混凝土路面施工

水泥混凝土路面施工程序如图3-13所示。

1. 施工准备

(1) 混凝土材料准备

水泥、砂、石、外掺剂等材料的质量应符合标准。

开工前工地实验室对计划使用的原材料进行质量检验和混凝土配合比优选。各种配合比至少做抗压、抗折试验各三组，每组三块，分别进行7、14和28d龄期试压，从中选出

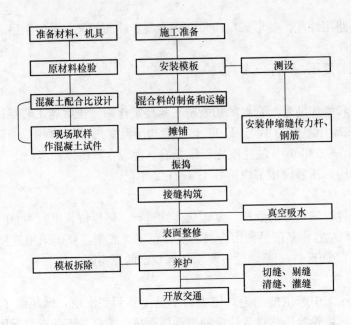

图 3-13 水泥混凝土路面施工程序

经济合理方案。

施工现场砂、石的含水量经常变化，必须及时将实验室配合比换算成施工配合比。

(2) 工具准备

除备齐一般工具外，还应备齐模板、木抹板、铁抹板、捣钎、压纹滚杠以及其他专用工具。

(3) 土基与基层的检查与整修

基层的平整度将直接影响到混凝土板的强度、板的自由收缩和板出现裂缝。水泥混凝土路面施工前应对基层的宽度、路拱、标高、平整度和压实度进行检查。面板浇筑前，基层表面应洒水湿润，以免混凝土底部的水被干燥的基层吸去，变得疏松以致产生细裂缝。并对基层进行破损检查及修复。

(4) 测量放样

根据设计要求复测平面和高程控制桩，放出路面中心线、路边线、路面宽度和路拱横坡。在路中心线上每20m设一中心桩外，还应在曲线起点和纵坡转折点等设中心桩，并相应在路边各设一对边桩，还应标出各胀缩缝位置。每隔100m左右设临时水准点一个。

施工前，应按设计规定划分混凝土板块，板块划分应以路口开始，必须避免出现锐角。曲线段分块，应使横向分块线与该点法线方向一致，直线段分块线应与石层胀、缩缝结合，分块距离宜均匀。当分块线距检查井或其他井盖边缘不足1m时，应移动分块线位置，保证有1m的距离。在浇捣混凝土过程中测量放样必须经常进行复核，要做到勤测、勤复核、勤纠偏。

2. 模板和接缝的制作与安装

(1) 模板的制作与安装

模板要求有足够刚度，搭接准确、紧密平顺、安装、拆装方便，经济实用，周转率高。模板顶面标高符合设计要求。目前模板常用钢模板，钢模可采用3mm钢板及40～

50mm角钢组合焊制。钢模板应直顺、平整，每1m设置1处支撑装置。

摊铺混凝土前，应根据设计板宽安装两边模板，通常采用与板厚相等的钢模，一侧的钢模应事先按横拉杆间距钻好圆孔，按桩支立，稳定牢固。在安装模板时，应按放样把模板放在基层上，模板顶面高度应用水准仪检测。施工时必须经常校验严格控制。为避免在摊铺振捣时模板走样，应在模板两侧用铁杆打入基层予以固定，小钢钎间距一般500~800mm。内侧钢钎在混凝土浇到位时取出，外侧钢钎不能高出模板顶面，以利振捣梁和夯实在模板顶面通过，外侧钢钎在脱模时取出。

模板应安装稳固、顺直、平整、无扭曲，相邻模板连接不应错位。模板安装应与基层紧贴，如果模板与基层之间有空隙，应用木片垫衬，垫衬间的空隙可用水泥砂浆填塞，以免振捣时混凝土漏浆。严禁在基层上挖槽嵌入模板。

拱板安装检验合格后，应在模板内侧涂隔离剂（肥皂水或废机油）便于拆模；接头应黏贴胶带或塑料薄膜等密封。

(2) 各类接缝的制作与安装

1) 胀缝的制作

胀缝处嵌缝板的设置比较简单，可将木制嵌缝板设在胀缝位置，即可摊铺混凝土。嵌缝条长度等于路面宽度，厚度等于胀缝宽度，高度等于路面厚度。为便于事后拔出嵌缝条，亦可在嵌缝条两侧各贴上一层油毛毡，待混凝土凝固后，拔出木嵌缝板，油毛毡留在缝内，然后填缝。为了减少填缝工作，也可采用预制嵌缝板的方法。即将沥青玛琋脂与软木屑混合起来，压制成板，胀缝处先用与路拱一致的模板支撑着，捣实混凝土后，取去模板，贴上预制嵌缝板，然后摊铺另一侧混凝土，这样就不需要再做填缝工作。

当胀缝需设传力杆时，可采用整体式嵌缝板，它用软木做成，中下部预留穿放传力杆的圆孔，混凝土浇成后留在缝内，不再拔出。也有用两截式嵌缝板的。其下截占总高的2/3或为总高减60mm，下截用软木制成，在混凝土浇捣后不再拔出。上截嵌缝板也叫压缝板，其高为总高的1/3或为60mm，用钢材或者木材制成在混凝土浇捣后取出，然后填缝。

混凝土浇捣的程序是先浇捣传力杆无套管的一边，在拆除伸缩模板后，再浇捣有套管的一边。

2) 缩缝的制作

① 切缝法

横向切缝应尽量用切割机切缝，当混凝土收水抹面后，或真空吸水磨光后，经过养生混凝土达到规定强度，在缩缝位置用切割机切缝6~8mm。

② 压缝法

在使用切缝机有困难的情况下，也可使用预先安装压缝板的方法：在混凝土振捣完后，在缩缝位置上，先用湿切缝工具在缩缝处切出一条细缝，然后将10mm宽、60mm高的压缝板压入。当路面混凝土收浆抹面以后，可用木条将两边混凝土压住，再轻轻取出压缝板，两边再用铁抹板抹平。

木质伸缩缝嵌缝板在使用时应先浸水泡透。不论木质或铁质嵌缝板在使用时，均需涂上润滑剂，然后安放正确，待混凝土振捣后应先提一下，然后在混凝土终凝前取出。注意在取出时两侧用木条压住，轻轻地往上提，取出混凝土要抹光。

3) 纵缝的制作

模板一般均采用预先钻好横拉杆圆孔的钢模。对企口式纵缝,一般设置具有凸榫的横板,待浇捣的混凝土完全凝固后,拆除模板,混凝土侧面即形成凹槽。当浇捣另一副混凝土板时,应先在凹槽壁上涂抹沥青,然后浇捣。

纵缝处模板安装时要预埋拉杆筋,因此给模板脱模带来阻力。所以在纵缝板上钻用于穿越拉杆筋孔洞时其直径可比拉杆直径大 1~2cm 左右,拉杆与纵缝模板孔洞之间缝隙可用水泥袋纸堵塞,后再用胶带纸将模板内侧处孔洞周围封闭,以方便以后脱模。

3. 钢筋安装

(1) 钢筋设置

1) 不得踩踏钢筋网片。

2) 安放单层钢筋网片时,应在底部先摊铺一层混凝土拌合物,摊铺高度应按钢筋网片设计位置预加一定的沉落度。带钢筋网片安放就位后,再继续浇筑混凝土。

3) 安放双层钢筋网片时,对厚度不大于 250mm 的板,上下层钢筋网片用架立筋先扎成骨架后一次安放就位。厚度大于 250mm 的板,上下两层钢筋网片应分两次安放。

4) 安放角隅、边缘钢筋时,均需先摊铺一层混凝土,稳住钢筋后再用混凝土压住。角隅边缘钢筋布置如图 3-14 所示。

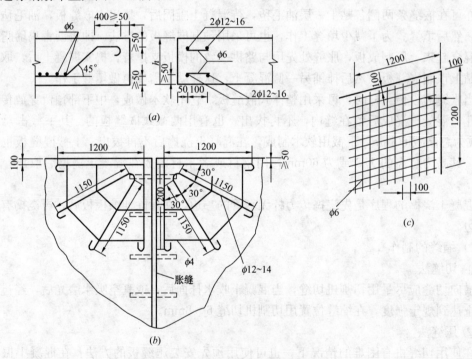

图 3-14 边缘和角隅钢筋的布置
(a) 边缘钢筋;(b)、(c) 角隅钢筋

(2) 传力杆及拉杆安装

传力杆钢筋加工应锯断,不得挤压切断,断口应垂直、光圆,并用砂轮打磨掉毛刺。胀缝处传力杆常用 φ25,长 500mm 光圆钢筋制作而成,为防止混凝土黏结,应在传力杆表面涂热沥青,方法一是可采用刷子涂刷;方法二是可以将传力杆需涂沥青部分置入熬热

的沥青中再予以取出。无论采用哪种办法都要切实注意质量保证及安全卫生防护。

传力杆的固定,可采用顶头木模固定或支架固定安装的方法,并应符合下列规定:

顶头木模固定传力杆安装方法,宜用于混凝土板不连续浇筑时设置的胀缝。传力杆长度的一半应穿过端头挡板,固定于外测定位模板中。混凝土浇筑前应检查传力杆位置,浇筑时,应先铺筑下层混凝土拌合物用插入式振动器振实,并应在校正传力杆位置后,再浇筑上层混凝土拌合物。浇筑邻板时应拆除顶头木模,并应设置胀缝板、木制嵌条和传力杆套管,如图3-15所示。

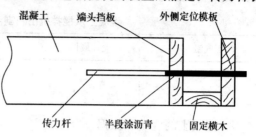

图 3-15 胀缝传力杆的架设
(顶头木模固定法)

钢筋支架固定传力杆安装方法:宜用于混凝土板连续浇筑时设置的胀缝。传力杆长度的一半应穿过胀缝板和端头挡板,并应用钢筋支架固定就位。浇筑时应先检查传力杆位置,再在胀缝两侧铺筑混凝土拌合物至板面,振动密实后,抽出端头挡板,空隙部分填补混凝土拌合物,并用插入式振动器振实。固定后的传力杆必须平行于板面及路面中心线,其误差不得大于5mm。

纵缝处拉杆常用Φ14,长500mm左右的螺纹钢筋,拉杆中部100mm范围应涂防锈剂或防锈涂料。

4. 混凝土的搅拌合运输

(1) 混凝土的搅拌

混凝土所用的砂、石、水泥等均应按允许误差过秤,计量的允许误差为:水泥±1%,粗细集料±2%,水±1%,外加剂±1%。混凝土最大水灰比不应大于0.5,单位水泥用量不应小于300kg/m³。混凝土拌合物的坍落度宜为1.0~2.5cm。施工应根据天气变化实测砂、石含水率,及时调整施工配合比。搅拌机装料顺序为石子、水泥、砂(或砂、水泥、石子),进料后,边搅拌边加水。搅拌机在开拌前,应先用水,空转数分钟,将拌合鼓筒清洗干净后开始可进料拌合。每台班结束后,应用碎石和水空转数分钟,将拌合机冲洗干净。混凝土拌合时间应据搅拌机的性能和拌合物的和易性确定。每盘最长搅拌时间宜为80~120s。混凝土最短搅拌时间见表3-1。

混凝土拌合物最短搅拌时间　　　　表3-1

搅拌机容量		转速(转/min)	搅拌时间(s)	
			低流动性混凝土	干硬性混凝土
自落式	400L	18	105	120
	800L	14	165	210
强制式	375L	38	90	100
	1500L	20	180	240

(2) 混凝土的运输

混凝土拌合物从搅拌机出料后,运至铺筑地点进行浇筑、振动完毕的允许最长时间,根据水泥初凝时间及施工气温确定，并应符合表 3-2 的规定。

混凝土运输宜采用自卸机动车，当运距较远时，宜采用搅拌运输车。运输车辆要防止漏浆、离析，夏季要遮盖，冬季要保温。

混凝土从搅拌机出料到浇筑完毕的允许最长时间　　　表 3-2

施工气温（℃）	允许最长时间（h）	施工气温（℃）	允许最长时间（h）
5～10	2	20～30	1
10～20	1.5	30～35	0.75

5. 混凝土的浇筑和振捣

（1）混凝土的浇筑

混凝土摊铺前，应对模板的间隔、高度、滑润、支撑稳定情况和基层状况，以及钢筋的位置、传力杆装置等进行全面检查。注意封堵模板底缝，洒水湿润基层。

混凝土摊铺时严禁抛撒，要用扣铲摊铺，以免混凝土发生离析。如混凝土发生离析现象，应在浇筑时重新拌匀，但严禁二次加水重塑。

混凝土摊铺路面厚不超过 22cm 时可一次摊铺；大于 22cm 时分二次摊铺，两次摊铺的间隔时间不得超过 30min，下部厚度宜为总厚的 3/5。由于振捣时混凝土的沉落，摊铺高度应高出模板顶面 1～2cm。

（2）混凝土的振捣

混凝土摊铺经整平后应先用插入式振动器，沿模板四周先行振捣，插入式振动器的移动间距不宜大于作用半径（0.5m）的 1.5 倍，其至模板的距离不应大于振动器作用半径的 0.5 倍，并应避免碰撞钢筋和模板。振动棒应快插慢拔，不应过振，且振动时间不宜少于 30s，振捣时间应以混凝土表面振出原浆，混凝土不再沉落即可。振捣器行进速度应均匀一致。

插入式振动器振捣后再用平板振动器纵横交错全面振捣，前后位置应重叠 1/3 或 10～20cm，不宜过振，一般 10～15s。在平板振动器振捣时，发现有表面低洼处应用混凝土找平。

平板式振动器振后再用振动梁振实整平。将振动梁两端搁在纵向模板上依次作为控制路面标高，沿摊铺方向往返 2～3 遍振捣拖平，多余的混凝土随振动梁的行走而刮除。最后再将直径 130～150mm 的钢管滚筒两端放在侧模上沿道路纵横两个方向进行反复滚压，使表面平整。

6. 真空脱水

为节约水泥、缩短养生时间，提前开放交通，防止混凝土施工塑性开裂，应在面层混凝土振捣后、抹面前进行真空脱水。真空吸水作业后，应重新压实整平，并拉毛、压痕或刻痕。

7. 抹面和拉毛

（1）抹面

1）人工抹面

为使表面更加密实整平，在混凝土终凝前分 3～5 次进行抹面，先用木抹反复粗抹找平，待水分蒸发凝固再用铁抹板拖抹，小抹子精平。当混凝土面层施工采取人工抹面、遇有5级以上1小时，应停止施工。

2）机械抹面

真空吸水完后即可进行。先用带有浮动圆盘的重型抹面机粗抹，再用带有振动圆盘的轻型抹面机或人工细抹一遍。

（2）拉毛

抹平整后在路面板表面上应沿垂直于行车方向进行拉毛或采用机具压槽，拉毛、压槽深度应为1~2mm。拉毛压纹时间以混凝土表面无波纹水迹合适。在凝固的面层上用切槽机切入深5~6mm，宽3mm，间距15~20mm的横向防滑槽，效果较好。

8. 混凝土的养护

为防止混凝土中的水分蒸发或风干过快而使混凝土产生缩裂，为保证水泥水化过程的顺利进行必须进行养护，一般常用湿法养护和薄膜养护。

（1）湿法养护

当混凝土初凝以后（手指按上去无痕迹），即可用湿麻袋、草袋、锯末、湿砂等覆盖在混凝土板面上，每天均匀洒水2~3次，使覆盖物经常保持潮湿状态，养护时间一段为14~21d。在混凝土达到设计强度40%以后方可允许行人通行。

（2）薄膜养护

混凝土路面也可采用喷洒养生剂养护，塑料薄膜喷洒在板面后，待溶液中的挥发物挥发，便形成一层硬韧的纸状薄膜，利用它不透水性，将混凝土中的水化热和蒸发水分积蓄在内部起自行养生。喷洒应均匀，喷洒时间宜在表面混凝土泌水完毕后进行。

9. 拆膜

拆膜时间应根据水泥品种、气温和混凝土强度增长情况确定。拆模过早易损坏混凝土，过迟拆膜既困难又影响模板周转使用。采用普遍水泥允许拆膜时间见表3-3的规定。拆模先拆支撑、铁钎等，然后用扁头小铁棒轻轻插入模板顶端的内侧细心向外移动，撬动模板时不可损伤混凝土的边缘角口。

混凝土板允许拆模时间　　　　　表3-3

昼夜平均气温（℃）	允许拆模时间（h）	昼夜平均气温（℃）	允许拆模时间（h）
5	72	20	30
10	48	25	24
15	36	30以上	18

注：1. 允许拆模时间为自混凝土成型后至开始拆模时的间隔时间。
　　2. 使用矿渣水泥时，允许拆模时间宜延长50%~100%。

10. 切缝与填缝

（1）切缝

缩缝施工多采用切缝法。当混凝土强度达到设计强度的25%~30%时，用切缝机切剖，深度为板厚的1/3。切缝时间一般在混凝土终凝后进行，切缝宁早勿晚，宁深勿浅。切割机切缝时要注意边加水边切割。

（2）填缝

切缝后、填缝前需将缝内杂物冲洗或用压缩空气吹净，缝内如有水泥砂浆、小块颗粒必须凿除。要求缝内干净、干燥、无杂物、无污泥，符合要求后用沥青漆涂刷缝内两遍，然后浇灌填缝材料，填缝料应与混凝土缝壁粘附紧密，不渗水。填缝料的充满度应根据施工季节而定，常温施工应与路面平，冬期施工，宜略低于路面。

常用填缝材料有沥青玛瑞脂、聚氯乙烯胶泥、沥青橡胶泥等。

11. 开放交通

在面层混凝土弯拉强度达到设计强度，且填缝完成前，不得开放交通。

混凝土达到设计强度（一般28d）80%以上即可开放交通，如应特殊需要提前开放交通，则应在普通混凝土内掺加早强剂，以提高早期强度。

12. 混凝土路面其他施工工艺简介

(1) 滑动模板式摊铺机铺筑施工工艺

用滑模式摊铺机铺筑路面，该种机械集摊铺、振捣、挤压、找平、拉毛、成型、打入传力杆、压光、纵向拉毛为一体的流水作业，再配备软土切缝机切缝。该方法工程质量稳定，可使施工期缩短，并具有防止混凝土早期裂缝发生的优点。但初期机械购置费高，必须使用干硬性混凝土。此法适用于大型工程或等级较高的道路。

(2) 固定模板式摊铺机铺筑施工工艺

用轨道式摊铺和振实，铺以其他配套机械，各工序由一种或几种机械按相应的工艺要求进行操作。该方法可加快工程进度，易保证路面各项技术要求，并且质量稳定，但机械操作和技术素质要求较高。此法适用大型工程或高等级道路。

铺砌面层完成后，必须封闭交通，并应湿润养护，当水泥砂浆达到设计强度后，方可开放交通。

三、其他类型面层施工

(一) 连续配筋混凝土路面

1. 特性和用途

连续配筋混凝土路面是在路面板纵向配有足够数量的不间断连续钢筋，其作用是提高板的抗开裂能力，且配筋量很大的混凝土路面。除施工或构造要求以外，连续配筋混凝土路面一般不设横向缩缝和胀缝，形成一个完整和平坦的行车路表面，增加了路面板的整体强度，改善了行车状况。

2. 构造要求

连续配筋混凝土路面的纵向、横向钢筋均应采用螺纹钢筋。由于很少设置横缝，混凝土面层会在温度和湿度变化引起的内应力作用下产生许多横向裂缝。连续配筋混凝土面层的纵向配筋率按允许的裂缝间距（1.0~2.5m）、缝隙宽度（<1.0mm）和钢筋屈服强度确定，通常为0.6%~0.8%，最小纵向配筋率，冰冻地区为07%，一般地区为0.6%。但是，由于配置了许多纵向连续钢筋，这些横向裂缝不至于张开而使杂物侵入，或使混凝土剥落，因而不会影响行车的使用品质。

3. 钢筋网的加工与安装质量控制

(1) 施工准备

铺筑前，应按设计图纸准确放样钢筋网设置位置、路面板块、地梁和接缝位置等。

(2) 钢筋网加工

1) 钢筋网所采用的钢筋直径、间距，钢筋网的设置位置、尺寸、层数等应符合设计图纸的要求。

2)钢筋网焊接和绑扎应符合国家相关标准的规定。

3)可采用工厂焊接好的冷轧带肋钢筋网,其质量应符合国家相关标准的规定。钢筋直径和间距应按设计的非冷轧钢筋等强互换为冷轧带肋钢筋。

(3)钢筋网安装

1)钢筋网应采用预先架设安装方式。

2)纵向钢筋的埋置深度应在面层表面下1/2~1/3板厚范围内,横向钢筋位于纵向钢筋之下;纵向钢筋焊接长度一般不小于10倍(单面焊)或5倍(双面焊)钢筋直径,焊接位置应错开,各焊接端连线与纵向钢筋的夹角应小于60°,边缘钢筋至纵缝或自由边的距离一般为100~150mm。

3)单层钢筋网的安装高度按设计图纸的要求,外侧钢筋中心至接缝或自由边的距离不宜小于100mm,并应配置4~6个/m² 焊接支架或三角形架立钢筋支座,保证在拌合物堆压下钢筋网基本不下陷、不移位。单层钢筋网不得使用砂浆或混凝土垫块架立。

4)横向连接摊铺的钢筋混凝土路面之间的拉杆数量应比普通混凝土路面加密1倍。双车道整体摊铺的路面板钢筋网应整体连续,可不设纵缝。

(4)边缘补强钢筋的安装

1)在平面交叉口和未设置钢筋网的基础薄弱路段,混凝土面板纵向边缘应安装边缘补强钢筋;横缝为未设传力杆的平缝时应安装横向边缘补强钢筋。

2)预先按设计图纸加工焊接好边缘补强钢筋支架,在距纵缝和自由边100~150mm处的基层上钻孔,钉入支架锚固钢筋,然后将边缘补强钢筋支架与锚固钢筋焊接,两端弯起处应各有2根锚固钢筋交错与支架相焊接,其他部位每延米不少于1根焊接锚固钢筋。边缘补强钢筋的安装位置在距底面1/4厚度处,且不小于30mm,间距为100mm。

(5)角隅补强钢筋的安装

1)角隅钢筋应由两根直径为12~16mm的螺纹钢筋按$\alpha/3$的夹角焊接制成(α为补强锐角角度),其底部应焊接5根支撑腿,安装位置距板顶不小于50mm,距板边100mm。

2)角隅钢筋在混凝土路面上应补强锐角,但在桥面及搭板上应补强钝角。双层钢筋混凝土路面、桥面及搭板需进行角隅补强时,可等强互换成与钢筋网等直径的钢筋数量,按需补强。

4. 混凝土施工

连续配筋混凝土面层一般采用滑模摊铺机施工。

摊铺前应检验绑扎或焊接安装好的钢筋网和钢筋骨架,不得有贴地、变形、移位、松脱和开焊现象。

应选择适宜的布料设备和布料方式,安装完毕的钢筋网,不得被混凝土或机械压垮、压坏或发生变形。摊铺好的拌合物上严禁任何机械碾压。连续配筋混凝土路面应采用钢筋网预设安装,整体一次布料。

滑模施工时,足够长度的钢筋网必须预先安设,所以混凝土运输车无法纵向进料,必须采用侧向进料方式。在连续配筋混凝土路面施工中,应选性能优良、生产效率高且稳定可靠的侧向布料机,以尽量避免施工中断,并防止混凝土离析。

连续配筋混凝土面层施工工艺如图3-16所示。

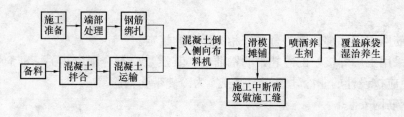

图 3-16 连续配筋混凝土路面施工程序

5. 施工缝处理

连续配筋混凝土面层在浇筑中断时需设置施工缝。施工缝采用平缝形式,并设置长度为 1m 的拉杆增强。拉杆的直径与间距同纵向钢筋,以使施工缝两侧的混凝土板块加固成连续的整体。

连续配筋混凝土路面与其他路面或桥梁、涵洞等构筑物连接处,都要设置横向胀缝,以便为混凝土的膨胀留有余地。

(1) 施工时要求尽量保证连续施工,避免施工中断,以减少横向施工缝的数量。当遇实际情况,如施工机械、气候和其他各种原因,不得不中断施工时,需设置施工缝。在施工缝处增加 50% 的纵向抗剪钢筋,钢筋的数量比纵向钢筋数量少 2 根,其布置位置保证距两根纵向钢筋的间距相等,钢筋的直径与纵向钢筋相同,且应具有足够的长度,抗剪钢筋应伸入先施工的面板一端至少 95cm,后摊铺的面板一端 245cm。施工缝端部应平整、光洁、无麻面。同时施工缝位置不需切缝,先浇筑的混凝土一端应凿毛,保证施工缝位置的混凝土具有良好的粘结。

(2) 当连续配筋混凝土路面采用一次完成宽幅路面摊铺施工时,当混凝土板达到一定的强度时,要求在板中设置纵向缩缝,切缝深度为板厚的 1/3。

(二) 钢纤维混凝土路面

1. 特性和用途

钢纤维混凝土路面是在混凝土混合料中掺加一定数量钢纤维而形成的路面。它是一种性能优良的路面,由于在混凝土中掺入一定数量的钢纤维,大大提高了混凝土的抗拉强度、抗弯拉强度、抗冻性、抗冲性、抗磨性、抗疲劳性,明显减薄混凝土板的厚度,改善路用性能。但由于其造价比普通混凝土路面高,目前一般多用于地面标高受限制地段的路面、桥面铺装、停车场和旧混凝土路面的加铺层。它作为桥梁铺装层,可以减少铺装厚度,减轻自重。

钢纤维混凝土路面的特性除了与所采用的混凝土有关外,还与钢纤维的品种、方向性、长径比及掺加率等有关。

2. 材料的基本要求

钢纤维混凝土路面的混凝土要求基本同普通混凝土。

钢纤维材性能指标与原材料及加工工艺有关,路面用钢纤维宜用剪切型纤维或熔抽型钢纤维,纤维直径在 0.4~0.7mm 范围内,长度取直径的 50~70 倍。

粗集料最大粒径对钢纤维混凝土中纤维的握裹力有较大影响,粒径过大对抗弯拉强度有明显影响,要求最大粒径不超过纤维长度 1/2 为宜,但不得小于 20mm。钢纤维混凝土路面的板长宜为 6~10m,纤维掺入量较大,可用大值,掺入量小,取小值。板长宽比应符合设计要求。

3. 施工工艺

施工工艺根据不同的施工方式，与普通混凝土路面施工工艺相同。

4. 施工注意事项

1) 所采用的钢纤维振捣机械和振捣方式除应保证钢纤维混凝土密实性外，还应保证钢纤维在混凝土中分布的均匀性。

2) 除应满足各交通等级路面平整度要求外，整平后的面板表面不得裸露上翘的钢纤维，表面下 10~30mm 深度内的钢纤维应基本处于平面分布状态。

3) 采用滑模摊铺机、轨道摊铺机铺筑钢纤维混凝土路面时，振捣棒组的振捣频率不宜低于 10000r/min，振捣棒组底缘应严格控制在面板表面位置，不得将振捣棒组插入路面钢纤维混凝土内部振捣。

4) 采用三辊轴机组摊铺钢纤维混凝土路面时，不得将振捣棒组插入路面钢纤维混凝土内部振捣，也不得使用人工插捣。施工中先采用大功率平板振捣器振捣密实，再采用振动梁压实整平。振动梁底部应设凸棱以利表层钢纤维和粗集料压入，然后用三辊轴整平机将表面滚压平整，再用 3m 以上刮尺、刮板或抹刀精平表面。

5) 必须使用硬刻槽方式制作抗滑沟槽，不得使用粗麻袋、刷子和扫帚制作抗滑构造。

(三) 碾压混凝土路面

碾压式混凝土路面采用低水灰比混合料。用沥青摊铺机摊铺成型，用压路机碾压成型的水泥混凝土路面。碾压式混凝土路面由于含水率低，并通过强烈振动碾压成型，因此强度高、节省水泥、节约用水，施工速度快、养护时间短，有较好的应用前景。但直接作为面层板，表面很难达到理想的程度，因此，碾压式混凝土路面不宜在快速路修筑面层板，一般用于高等级道路的刚性基层。

碾压混凝土中掺粉煤灰应符合粉煤灰分级和质量指标的规定。为了改善施工和易性，节约水泥，可以掺入部分粉煤灰，代替水泥的粉煤灰掺量应按超量取代法进行。粉煤灰的掺量应根据水泥中原有的掺合数量和混凝土弯拉强度、耐磨性等要求由试验确定。代替水泥的粉煤灰掺量：Ⅰ型硅酸盐水泥宜≤30%；Ⅱ型硅酸盐水泥宜≤25%；道路水泥宜≤20%；普通水泥宜≤15%；矿渣水泥不得掺粉煤灰。

碾压混凝土面板的厚度与普通混凝土路面相同，构造缝设置也基本相同，但板块长度一般为 6~10m，宽度一般为 8~13m，略大于普通混凝土面板块尺寸。

(四) 排水沥青路面

排水沥青路面主要特点是其孔隙率比较高（一般在 20% 左右）故又称多孔性路面，而且这种高孔隙率具有良好的吸声特性，故也称为低噪声路面。英国将此路面称为大孔隙沥青碎石，在美国称为开级配磨耗层，欧洲称为多孔隙沥青。虽然称呼不同，但指的都是采用大量单一尺寸集料构成的高孔隙沥青混凝土。

由于雨水能通过路面空隙从路面内部排走，使路面表面不致产生很厚的水膜，减轻或避免了高速行车所产生的溅水和喷雾，增强路面的抗滑能力，提高道路的交通安全性。这种路面结构被广泛应用于降雨量大且集中的地区修建高速公路和城市快速路。

排水沥青路面一般包括以下几个结构层：排水沥青混合料上面层、乳化沥青粘层、密级配沥青混凝土中间层、密级配沥青混凝土下面层、半刚性基层及底基层。

1. 排水沥青路面结构组合设计原则
(1) 适应行车荷载作用的要求。
(2) 适应各种自然因素作用的要求。
(3) 适应排水沥青路面结构层的特点。

排水沥青路面的典型路面结构如图 3-17 所示。

图 3-17 排水沥青路面的典型路面结构图

2. 横向排水设施

在纵横向坡度大的坡道或长坡道铺设时，必须对纵断方向的排水能力作充分的计算。必要时在坡道中设置横断方向的排水设施作为路面的溢水对策。在凹形纵坡最低点也有可能出现超越路面排水能力而使雨水聚集溢出的现象，此时也应设置横断方向的排水设施，将路面的水及时引入路肩部位的排水构造物中，以避免路面积水。

常见的横向排水设施有：横向盲沟、排水沟、排水管等，如图 3-18 所示。

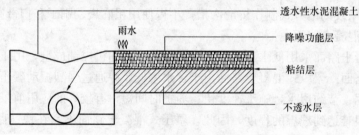

图 3-18 横向排水设施

3. 排水沥青混合料施工

排水沥青路面的施工可按一般沥青混凝土路面施工进行，但由于排水沥青混合料容易产生沥青流淌与温度下降的问题，因此在施工中还有些特殊要求和关键技术需要控制。

(1) 施工机械的选择与要求

排水沥青路面的施工机械包括拌合设备、摊铺设备、压实设备和乳化沥青洒布设备。施工机械的选择应该相互适应，比如选择的拌合设备的拌合速度和拌合量应与摊铺、压实机械相适应。

(2) 排水沥青混合料的拌制

拌制排水沥青混合料和普通沥青混合料大致相同，但生产中必须注意以下两点：

1) 排水沥青混合料应在最适当的"温度管理"和"品质管理"之下进行；
2) 纤维稳定剂的添加应迅速，添加时间应适宜。

(3) 排水沥青混合料的运输与摊铺

排水沥青混合料的运输要使用经清扫的车辆，必须注意防止混合料发生物性变化。

排水沥青混合料的摊铺原则上使用沥青摊铺机按确定的厚度进行作业，其摊铺与沥青混合料的摊铺作业一样，但由于排水沥青混合料温度下降比普通沥青混合料快，因此应尽可能地提高摊铺速度，并应保持摊铺作用的连续性。

(4) 排水沥青混合料的压实

排水沥青混合料在摊铺后应立即按所定的压实度实施压实作业。

排水沥青混合料的压实一般要经过初压、复压和终压三个阶段完成。初压一般选择10～12t的钢轮压路机，压实温度控制在140～160℃之间；复压选择6～10t的钢轮压路机，压实温度控制在135～150℃之间；终压选择6～10t的钢轮压路机，压实温度控制在70～90℃之间。

(5) 接缝与渐变过渡段的施工

在接缝处施工时，须对接缝处清扫处理后进行加温处理，并将摊铺的排水沥青混合料压实，使之相互密接。

渐变过渡段的施工重要的是注意防止排水沥青混合料的分散。

第五节　道路附属工程施工

一、侧平石施工

侧平石施工一般以预制安砌为主，施工程序为：施工放样—挖槽—排砌侧石—排砌平石—侧平石灌缝—养生。

1. 施工放样

(1) 根据道路中心线，量出路面边界，进行边线放样，定出边桩。

(2) 根据路面设计纵坡与侧石纵坡相平行的原则，定出侧石标高与侧石平面位置。

2. 挖槽

根据设计定出槽底标高进行开槽。按边桩标高拉线，以线为准，向外挖槽，宽度比侧石厚度宽5cm，靠近路面一侧尽量和线拉齐，挖槽深度比埋置深度约深1～2cm，槽底要整平。

3. 排砌侧石

平侧石的垫层可铺2cm的1∶3水泥砂浆（或混合砂浆），每块侧石间要平、齐、紧、直、缝宽1cm。侧石高低不一致的调整：高的可在顶面垫以木条（或橡皮锤）夯击使之下沉，低的用撬棍将其撬高，并在下面垫以混凝土或砂浆。人行道的缺口斜坡的侧石，一般比平石高出约2～3cm，两端接头应做成斜坡。直线段用100cm长侧石。曲线半径大于15m，一般用60cm长的侧石。曲线半径小于15m或圆角部分等用60cm或30cm的侧石。水泥混凝土路面应先做路面后排砌侧石。安装必须牢固、稳定、顶面平整，线角顺直。

4. 排砌平石

平石根据设计的侧平石高差，标出平石的顶面及底面线。平石和侧石应错缝对中相接，平石间缝宽1cm，与侧石间的隙缝≤1cm，平石与路面按边线必须顺直，安装应牢固、顶面平整。沥青路面应先排砌侧、平面，后铺筑路面。

5. 侧平石灌缝

灌缝用水泥砂浆抗压强度应大于10MPa。灌缝必须饱满，灌缝后要整齐勾缝，平石勾缝以平缝为宜，侧石勾缝为凹缝。接缝要进行3d以上的湿治养护。

6. 养生

侧平石灌缝表面已有相当硬度（手按无痕）时，可用湿麻袋或湿草袋覆盖，湿润养生不得少于3d。

二、人行道施工

（一）预制块人行道施工

人行道以预制板铺砌为主，施工程序为：施工放样—基层摊铺碾压—垫层施工—预制块人行道铺砌—扫填砌缝—养生。

1. 施工放样

根据设计标高和宽度，定出边桩和边线，在桩上划出面层标高，桩距直线段1根/10m，曲线段加密。人行道中线或边线上，每隔5m安设一块预制板，作为控制点，以掌握高程和方向。

侧石顶面作为人行道外侧标高控制点，根据设计宽度和横度，算出横向高差值，测设出内侧控制点。树穴位置根据设计测设。

2. 基层摊铺碾压

按设计铺基层，基层以采用刚性或半刚性为宜，采用小型机械压实整平，基层的摊铺碾压可参阅道路基层施工。

3. 垫层施工

在基层上铺筑水泥砂浆或1:3的水泥石灰砂浆，垫层铺筑面应比铺装面宽出5~10cm。施工垫层用细粒料拍实刮平，控制厚度，垫层应超前面层1m以上，不得随铺随砌。

4. 预制块人行道铺砌

根据设计放出人行道面标高，通过排线先铺砌几条单块符合设计标高的预制板作为标准，通常采用人工挂线铺砌。方砖铺装要轻摆放平，用橡皮锤或木锤敲实，不得损伤边角，垫层如不平，应拿起预制板，重新用砂浆找齐平，严禁向板底塞填砂浆或碎砖屑等。缸砖在铺筑前应浸水2~3h，然后阴干，方可使用。全面铺砌时还应随时用3m直尺纵、横、斜角量所铺面的平整度。靠侧石边线的预制板宜高出侧石顶5mm，以利人行道横向排水。相邻板块紧贴，表面平整，线条挺括，图案拼装正确。

5. 扫填砌缝

铺砌好方砖后应检查平整度，纵横向均无误后，用砂掺水泥（1:10体积比）拌合均匀的混合料将预制板缝灌满，并在砖面略洒水，使灰砂混合料下沉，然后再灌满混合砂料补足缝隙。如铺砌缸砖用素水泥灌缝，灌缝后应清洗干净，保持砖面清洁。

6. 养生

铺砌的预制板人行道洒水养生不得少于3d，保持继隙湿润。养生期间严禁行人、车辆的走动和碰撞。

（二）现浇水泥混凝土或沥青混凝土人行道施工

现浇水水泥混凝土人行道的施工程序和方法与水泥混凝土的路面的施工基本相同，但表面必须在面层收水抹面后，应分块压线，滚花。压线、滚花必须整齐、清晰。

现浇沥青混凝土人行道的施工程序和方法亦与沥青混凝土路面的施工基本相同。

三、挡土墙施工

（一）重力式挡土墙的施工

1. 材料要求

（1）石料材料

石料强度必须符合设计要求，应采用结构密实、石质均匀、不易风化、无裂缝的硬质石料。当在一月份平均气温低于-10℃的地区，所用石料和混凝土等材料，均须通过冻融试验，其砂浆强度等级不低于M5.0。

(2) 砌筑砂浆

1) 砂浆强度等级应符合设计要求。必须具有良好的和易性。

2) 当采用水泥、石灰砂浆时，所用石灰除应符合技术标准外，还应成分纯正，煅烧均匀透彻，一般宜熟化成消石灰粉使用，其中活性CaO和MgO的含量应符合规定要求。

3) 砂浆配合比须通过试验确定，当更换砂浆的组成材料时，其配合比应重新试验确定。

4) 水泥、砂、石材等材料均应符合规范规定要求。

2. 重力式挡土墙的砌筑

挡土墙的砌筑前应精确测定挡土墙基座主轴线和起讫点，并查看与两端边坡衔接是否适顺。砌筑时必须两面立杆挂线或样板挂线，外面线应顺直整齐，逐层收坡，内面线可大致适顺，以保证砌体各部尺寸符合设计要求，在砌筑过程中应经常校正线杆。浆砌石底面应卧浆铺筑，立缝填浆补实，不得有空隙和立缝贯通现象。砌筑工作中断时，可将砌好的石层孔隙用砂浆填满，再砌筑时，砌体表面要仔细清扫干净，洒水湿润。工作段的分段位置宜在伸缩缝和沉降缝处，各段水平缝应一致，分段砌筑时，相邻段高差不宜超过1.2m，砌筑砌体外坡时，浆缝需留出1~2cm深的缝槽，以便砂浆勾缝，其强度等级应比砂浆提高一倍，隐蔽面的砌缝可随砌随填平，不另勾缝。

(1) 浆砌片石

1) 片石宜分层砌筑，以2~3层石块组成一工作层，每工作层的水平缝大致齐平，竖缝应错开，不能贯通。

2) 外圈定位行列和转角石选择形状较方正、尺寸相对较大的片石，并长短相间、丁顺交错地与里层砌块咬接成一体，下层石块也应交错排列，避免竖缝重合，砌缝宽度一般不应大于4cm。

3) 较大的砌块应用于下层，石块宽面朝下，石块之间均要有砂浆隔开，不得直接接触，竖缝较宽时可在砂浆中塞以碎石，但不得在砌块下面用小石子支垫。

4) 砌体中的石块应大小搭配，相互错叠，咬接密实并备有各种小石块，作挤浆填缝之用，挤浆时可用小锤将小石块轻轻敲入缝隙中。

5) 砌片石墙必须设置拉结石，并应均匀分布，相互错开，一般每$0.7m^2$墙面至少设置一块。

(2) 浆砌块石

1) 用做镶面的块石，表面四周应加修整，尾部略微缩小，易于安砌。丁石长度不短于顺石长度的1.5倍。

2) 块石应平砌，要根据墙高进行层次配料，每层石料高度做到基本齐平。外圈定位行列和镶面石应一丁一顺排列，丁石深入墙心不小于25cm，灰浆缝宽2~3cm，上下层竖缝错开距离不小于10cm。

(3) 料石砌筑

1) 每层镶面料石均应事先按规定缝宽要求配好石料，再用铺浆法顺序砌筑和随砌随填立缝，并应先砌角石。

2) 当一层镶面石砌筑完毕后，方可砌填心石，其高度与镶面石齐平。如用水泥混凝土填心，可先砌2~3层镶面石后再浇筑混凝土。

3) 每层料石均应采用一丁一顺砌法，砌缝宽度为1.0~1.5cm，缝宽应均匀。相邻两层立缝应错开不小于10cm，在丁石的上层和下层不得有立缝。

(4) 墙顶

墙顶宜用粗料石或现浇混凝土做成顶帽，厚30cm，路肩墙顶面宜以大块石砌筑，用M5.0以上砂浆勾缝和抹平顶面，厚2cm，并均应在墙顶外缘线留10cm的幅沿。

(5) 基础

1) 基础的各部尺寸、形状、埋置深度均按设计要求进行施工。当基础土方开挖后，验槽时若发现地质与设计情况有出入时，应按实际情况考虑调整设计。

2) 在松软地层或坡积层地段开挖时，基坑不宜全段贯通，而应采用跳槽办法开挖以防上部失稳。当基底土质为碎石土、砂砾土、砂性土、黏性土等，将其整平夯实。基础开挖大多采用明挖。

3) 当遇有基底软弱或土质不良地段时，可按以下方法分别进行处理：

①当地基软弱，地形平坦，墙身又超过一定高度时，为减少地基压应力，增加抗倾覆稳定，可在墙趾处伸出一个台阶，以拓宽基础。如地基压应力超过地基承载力过多时，为避免台阶过多，可采用钢筋混凝土底板。

②如地层为淤泥质土、杂质土等，可采用砂砾、碎石、矿渣灰土等材料换填夯实或采用砂桩、石灰桩、碎石桩、挤淤法、土工织物及粉体喷搅等方法分别予以处理。

③基坑开挖大小，需满足基础施工的要求。渗水土的基坑要根据基坑排水设施（包括排水沟、集水坑、网管）和基础模板等大小而定。一般基坑底面宽度应比设计尺寸各边增宽0.5~1.0m，以免影响施工，基坑开挖坡度按地质、深度、水位等具体情况而定。

④任何土质基坑挖至标高后不得长时间暴露、扰动或浸泡而削弱其承载能力。一般土质基坑挖至接近标高时，保留10~20cm的厚度，在基础施工前以人工突击挖除。基底应尽量避免超挖，如有超挖或松动，应回填砂石料并夯实。基坑开挖完成后，应放线复验，确认其位置无误并经监理鉴认后，方可进行基础施工。基坑抽水应保证砌体砂浆不受水流冲刷。当基础完成，砌筑砂浆强度达到回填要求后，立即回填，以小型机械进行分层压实，并在表层稍留向外斜坡，以免积水浸泡基础底。

(6) 排水设施

挡土墙的排水设施通常由地面排水和墙身排水两部分组成。

地面排水可设置地面排水沟，引排地面水。夯实回填土顶面和地面松土，防止雨水和地面水下渗，必要时可加设铺砌。对路堑挡土墙墙趾前的边沟应予以铺砌加固，以防止边沟水渗入基础。

墙身排水主要是为了迅速排除墙后积水。浆砌挡土墙应根据渗水量在墙身的适当高度处布设泄水孔。泄水孔尺寸可视水量大小分别采用5cm×10cm、10cm×10cm、15cm×20cm方孔，或直径5~10cm的圆孔。泄水孔间距一般为2~3m，由下向上交错设置，最下排泄水孔的底部应高出地面或排水沟底0.3m。

(7) 墙背材料

1) 需待砌体砂浆强度达到 70%以上时，方可回填墙背材料，并应优先选择渗水性较好的砂砾土填筑。如采用砂砾土有困难而不得不采用不透水土壤时，必须做好砂砾反滤层，并与砌体同步进行。浸水挡土墙背全部用水稳定性和透水性较好的材料填筑。

2) 墙背回填要均匀摊铺平整，并设不小于 3%的横坡逐层夯实，不允许向着墙背斜坡填筑，严禁使用膨胀性土和高塑性土。每层压实厚度不宜超过 20cm，碾压机具和填料性质应进行压实试验，确定填料分层厚度及碾压遍数，以便正确地指导施工。

3) 压实时应注意勿使墙身受较大的冲击影响，临近墙背 1.0m 范围内，应采用小型压实机具碾压。小型压实机械有蛙式打夯机、内燃打夯机、手扶式振动压路机、振动平板夯等。

(二) 混凝土挡土墙施工

1. 基础施工

(1) 基础处理与重力式挡土墙相同，软基础可采用桩基或加固结剂等加固措施。

(2) 混凝土底板可以在基础上直接立模，钢筋混凝土底板则需先浇垫层，在垫层上放线扎钢筋立模。基础模板的反撑，不宜直接落在土基上，应加垫木。钢筋混凝土施工时，应注意钢筋的保护层厚度。墙体的钢筋应安装到位，并且有可靠的固定措施。混凝土的施工缝应尽量避免设置在基础与墙体的分界面。

(3) 墙体模板可使用木模以及整体模板，或滑模和翻模。

1) 基本要求：挡土墙分段施工，相邻段应错开。

2) 整体模板技术：由面板、筋肋和支撑件构成，面板常用胶合板、竹胶板或木板；筋肋可用木条、型钢或冲压件。挡土墙对模板接缝要求不是很高，可不用拼接件而直接安装，安装时从转角处开始，注意控制对角线和模板坡度。整体模板一般用于专用支撑，有时可用临时支撑，也可用对销螺栓来平衡混凝土侧压力。为了方便拆模，模板表面应涂刷隔离剂，拆模在混凝土成型 24h 以后，不能太迟，以免增加拆模的难度。混凝土挡土墙的排水、渗水、接缝处理与重力式挡土墙相同。

2. 墙体钢筋及混凝土施工

(1) 墙体钢筋安装应在立模前施工。安装模板特别是扶壁式挡土墙，钢筋不易校正其位置偏差，因此钢筋安装绑扎必须控制到位，一般控制方法是搭架支撑，控制钢筋在顶端的准确位置，拉紧固定。

(2) 墙体混凝土：钢筋混凝土挡土墙截面较小，混凝土下仓要有漏斗、漏槽等辅助措施。另外，挡土墙应分层浇筑，分层振捣，每层厚度以 30cm 为宜，浇筑控制在每小时 1~1.5m；混凝土挡土墙属大体积混凝土，宜用低热量、收缩小的矿渣类水泥，必要时还可在混凝土中抛入块卵石、石块，石块距模板、钢筋及预埋件净距均不小于 4~6cm，混凝土的养生方法及要求与其他结构相同。

(三) 加筋土挡土墙施工

加筋土挡土墙施工包括基础开挖、基底处理、基础浇筑、构件准备、面板安装、筋带布设、填料摊铺及压实；封闭压项附属构件安装。

1. 基础施工

基底处理措施同其他挡土墙一样，常用钢筋混凝土条形基础，要求顶面水平整齐。

2. 控制放线

加筋土挡土墙墙面垂直平面随现场条件做成直线或曲线。第一层面板安装准确，以后每层只需用垂线控制。其另一个控制内容是面板的接缝线条。

3. 施工程序

施工时应注意事项如下：

(1) 面板安装以外缘定线，每块面板的放置应从上而下垂直就位，为防止相邻面板错位，可采用螺栓夹木或斜撑固定面板一并干砌，接缝不作处理，可用砂浆或软土进行调整。

(2) 面板的施工缝和沉降缝设在一起，且填料应在后一项工程施工前放入。

(3) 筋带铺设应与面板的安装同步，进行铺设的底料应平整密实。

(4) 钢筋不得弯曲，接头（插销连接）和防锈（镀锌）处理应符合标准规定，钢带或面板间钢筋连接，可采用焊接、拉环或螺栓连接，且在连接处应浇筑混凝土保护。

(5) 聚丙烯土工带、塑钢带应穿过面板的预留孔或拉环折回与另端对齐或绑扎在钢筋中间与面板连接，筋带本身连接也采取绑扎方式。

(6) 面板安装、筋带铺设和埋地排水管完成到位并检查验收合格后，用准备充足的合格填料进行填料施工。

(7) 运土机具不得在未覆盖填料的筋带上行驶，且要离面板1.5m以上，填料可用机械或手工摊铺应厚度均匀，表面平整，并有不小于3%的向外倾斜横坡。机械摊铺方向应与筋带垂直，不得直接在筋带上行驶，距面板1.5m范围内只能采用人工摊铺。

(8) 填料采用机械碾压，禁止使用羊足碾，不得在填料上急转弯和急刹车，以免破坏筋带，碾压前应确定最佳含水量的碾压标准。碾压过程中应随时检测填料的含水量和密实度。

(9) 加筋土的排水管反滤层及沉降缝等设施应同时施工，排水设施施工中应注意水流通道，不得有碍水流或积水（如水坡）等。

(10) 错层施工应有明确停顿，一层完工后再进行第二层施工。

四、隔离墩、护栏施工

(一) 隔离墩

1. 隔离墩宜由有资质的生产厂供货。现场预制时宜采用钢模板，拼装严密、牢固，混凝土拆模时的强度不得低于设计强度的75%。

2. 隔离墩吊装时，其强度应符合设计规定，设计无规定时不得低于设计强度的75%。

3. 安装必须稳固，坐浆饱满；当采用焊接连接时，焊缝应符合设计要求。隔离墩安装允许偏差见表3-4。

隔离墩安装允许偏差　　　　　　表3-4

项 目	允许偏差（mm）	检验频率		检验方法
		范 围	点 数	
直顺度	≤5	每20m	1	用20m线和钢尺量
平面偏位	≤4	每20m	1	用经纬仪和钢尺量测
预埋件位置	≤5	每件	2	用经纬仪和钢尺量测（发生时）
断面尺寸	±5	每20m	1	用钢尺量
相邻高差	≤3	抽查20%	1	用钢板尺和钢尺量
缝宽	±3	每20m	1	用钢尺量

(二)隔离栅

1. 隔离网、隔离栅板应由有资质的工厂加工,其材质、规格形式及防腐处理均应符合设计要求。

2. 固定格离栅的混凝土柱宜采用预制件。金属柱和连接件规格、尺寸、材质应符合设计规定,并应做防腐处理。

3. 隔离栅立柱应与基础连接牢固,位置应准确。

4. 立柱基础混凝土达到设计强度75%后,方可安装隔离栅板(网)片。隔离网、隔离栅板应与立柱连接牢固,框架、网面平整,无明显凹凸现象。

(三)护栏

1. 护栏应由有资质的工厂加工。护栏的材质、规格形式及防腐处理应符合设计要求。加工件表面不得有剥落、气泡、裂纹、疤痕、擦伤等缺陷。

2. 护栏立柱应埋置于坚实的土基内,埋设位置应准确,深度应符合设计规定。

3. 护栏的栏板、波形梁应与道路竖曲线相协调。

4. 护栏的波形梁的起、讫点和道口处应按设计要求进行端头处理。

第六节 道路雨、冬、夏期施工要求

一、道路雨期施工要求

1. 雨期施工准备

(1) 以预防为主,掌握天气预报和施工主动权,做好防雨准备。

(2) 工期安排紧凑,抓紧非雨期的施工,集中力量打歼灭战。

(3) 做好排水系统,防排结合。

(4) 准备好防雨物资,如篷布、雨篷等。

(5) 加强巡逻检查,发现积水、挡水处,及时疏通;道路工程如有损坏,应及时修复。

2. 路基

路基土方宜避开主汛期施工。有计划地集中力量,组织快速施工,分段开挖,切忌全面开花或战线过长。挖方地段要留好横坡,做好截水沟。坚持当天挖完、填完、压完,不留后患。因雨翻浆地段,坚决换料重做。路基填土施工,应按2%~4%以上的横坡整平压实,以防积水。

3. 基层

宜避开主汛期施工。摊铺段不宜过长,并应当时摊铺、当时碾压成活。应坚持拌多少、铺多少、压多少、完成多少。下雨来不及完成时,也要碾压1~2遍,防止雨水渗透。水泥稳定碎石基层雨期施工应防止水泥和混合料淋雨。降雨时应停止施工,已摊铺的应尽快碾压密实。

4. 面层

(1) 沥青混凝土面层不允许下雨时或下层潮湿时施工。雨期应缩短施工长度,加强工地现场与沥青拌合厂联系,应做到及时摊铺、及时完成碾压。沥青混合料运输转向应有防雨措施。

(2) 水泥混凝土路面施工时，搅拌站要支搭遮雨篷，工作现场要支搭简易、轻便工作罩棚，以便下雨时继续完成。浇捣现场预备简易的塑料防雨布。应多测砂石集料的含水率，保证拌制混凝土时加水量的准确性，严格掌握配合比。雨天运输混凝土时，车辆必须采取防雨措施。雨期作业工序要紧密衔接，应及时浇筑、振动、抹面、养生。浇捣现场预备简易的塑料防雨布，并应采用覆盖等措施保护尚未硬化的混凝土面层。

二、道路冬期施工要求

1. 冬期施工准备

(1) 当施工现场环境日平均气温连续5d稳定低于5℃，或最低气温低于－3℃时应视为进入冬期施工。

(2) 在冬期施工中，既要防冻，又要快速，以保证质量。

(3) 科学合理安排施工部署，尽量将土方和土基项目安排在上冻前完成。

(4) 做好防冻覆盖和挡风、加热、保温工具等物资及措施准备。

2. 路基

施工严禁掏洞取土。路基土方开挖宜每日开挖至规定深度，并及时采取防冻措施。当开挖至路床时，必须当日碾压成活，成活面亦应采取防冻措施。填方土层宜用未冻、易透水、符合规定的土。气温低于5℃时，每层虚铺厚度应较常温施工规定厚度小20%～25%。

昼夜平均气温连续10d以上低于－3℃时为冬期。当年填土后立即铺筑高级路面或次高级路面的路基，严禁用冻土填筑。路床顶以下1m范围内，不得用冻土填筑。填筑路基的冻土含量不得超过30%，冻土块粒不得大于5cm。冻土必须与好土拌匀，严禁集中使用。

3. 基层

颗粒基层和稳定类基层冬期施工可适当加一定浓度的盐水，以降低冰点。半刚性基层应在日最低气温5℃以上施工，并应在第一次冰冻（－3～－5℃）到来之前1～1.5个月完成。严格控制施工作业面，保证当日摊铺段当日碾压成活。碾压成型后，要保持干燥。

4. 面层

(1) 沥青混凝土面层：**沥青混合料面层不得在雨、雪天气及环境最高温度低于5℃时施工。**粘层、透层、封层、城市快速路、主干路的沥青混合料面层严禁冬期施工。次干路及其以下道路在施工温度低于5℃时，应停止施工。当风力在6级及以上时，沥青混合料不应施工。冬期施工时，适当提高出厂拌混凝土温度，但不超过175℃。运输中应覆盖保温，并应达到摊铺和碾压的最低温度要求。下承层表面应干燥、清洁、无冰、雪、霜等。施工中做好充分准备，采取"快卸、快铺、快平"和"及时碾压、及时成型"的方针。

(2) 水泥混凝土面层：当连续5昼夜平均气温低于－5℃时，或最低气温低于－15℃时，宜停止施工。水泥宜优先采用42.5级以上的硅酸盐水泥，水灰比不应大于0.45；当掺用早强剂时，应根据早强剂种类和气温由试验室确定掺量，如采用氯化钙做早强剂时，在钢筋的板中其掺量不得超过水泥用量的1%，在无筋的板中，不得超过水泥用量的2%。搅拌站应搭设工棚或其他挡风设备；搅拌机出料温度不得低于10℃，混凝土拌合物的浇筑温度不应低于5℃，当气温低于0℃或浇筑温度低于5℃时，应将水加热后搅拌，但热水温度不得高于80℃；砂石温度不宜高于50℃。混凝土板浇筑前，基层应无冰冻、不积冰雪；拌合物中不得使用带有冰雪的砂、石料，可加防冻剂、早强剂，搅拌时间适当延长；采取紧密工序、快速施工、混凝土路面浇筑完应采用草包等保温材料覆盖保温等措施，混凝土面层最低温度不应低于5℃；冬期养护时间不少于28d；**当面层混凝土弯拉强度未达到1.0MPa或抗压强度未达到5.0MPa时，必须采取防止混凝土受冻的措施，严禁混凝土受冻。**拆模时间也应适当延长。

三、道路夏期施工要求（水泥混凝土路面）

夏季气温超过30℃，拌合物摊铺温度在30～35℃，易使混凝土过早硬化，产生收缩裂缝，应采取以下措施：

1. 避开中午高温时段施工，可改在夜间进行。
2. 砂石料堆及拌合台处应设遮阳篷。
3. 对自卸车上的混凝土在运输途中要加以遮盖。
4. 各道工序应紧密衔接，尽量缩短运输距离，缩短搅拌、运输、摊铺、振捣、抹面等工序的时间，并应尽快覆盖洒水养护。模板基层表面在浇筑混凝土前应及时洒水湿润。

第七节 道路施工机械设备

一、常用土方机械

常用的土方工程机械有：推土机、挖掘机、装载机、铲运机、平地机、松土机及各种压实机械。

（1）推土机

推土机可以纵向运土或横向推土，对半填半挖路段施工尤为合适，主要用于短距离推运土层、开挖路垫、填筑路堤、平整场地、填埋沟槽、局部碾压、给铲运机助铲和预松土、配合挖掘机修整工作面以及其他辅助作业。其机动性能大，动作灵活，生产效率高，能在较小的作业面上独立工作，适用于各类土质及松软场地作业，不易陷机，因此，在工程中得到广泛应用。

（2）挖掘机

挖掘机是土石方施工工程中的主要机械设备之一，可进行挖掘土。主要用于路垫的开挖，高填土和大中型桥梁的基础工程，一般要与其他运输工具配合施工，尤其适合于工期较长、工程量比较大的土方集中工程。其挖土效率高，产量大，但机动性差，如图3-19所示。

（3）装载机

装载机是一种用途十分广泛的工程机械，它兼有推土机和挖掘机两者的工作性能，可进行铲掘、装运、整平、装载和牵引等多种作业。其适应性强，作业效率高，操纵简便。装载机与运输车辆配合，可达到比较理想的铲土运输工作效率。图3-20所示为轮胎式和履带式装载机简图。

（4）铲运机

铲运机可以进行自挖、自装、自运、自卸各个工序，并兼有铺平压实的作用。它在路基施工中，可以填筑路堤、开挖路垫、填挖和整平场地。铲运机的类型如图3-21所示。

（5）平地机

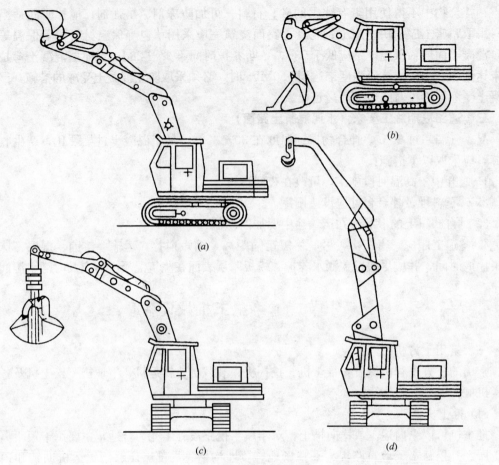

图 3-19 液压单斗挖掘机工作装置主要形式图
(a) 反铲；(b) 正铲或装载；(c) 抓斗；(d) 起重

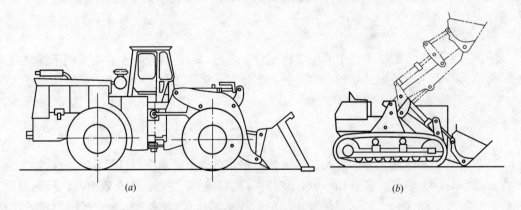

图 3-20 轮胎式和履带式装载机简图
(a) 轮胎式装载机；(b) 履带式装载机

平地机是一种装有以铲土刮刀为主，配有其他多种辅助作业装置进行土的切削、刮送和整平作业的工程机械。它可以进行砂、砾石路面、路基路面的整形和维修，表层土或草皮的剥离、控沟、修刮边坡等整平作业，还可以完成材料的混合、回填、推移、摊平作

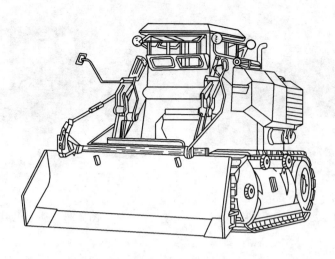

图 3-21 履带式铲运机

业。其效能高、作业精度好、用途广泛。

几种常用的土方机械适用范围见表 3-5。

常用土方机械的适用范围表　　　　表 3-5

机械名称	适用的作业项目		
	施工准备工作	基本土方作业	施工辅助作业
推土机	1. 修筑临时道路 2. 推倒树木，拔除树根 3. 铲除草皮 4. 清除积雪 5. 清理建筑碎屑 6. 推缓陡坡地形 7. 翻挖回填井、坟、陷穴	1. 高度 3m 以内的路堤和路堑土方工程 2. 运距 10～80m 以内的土方挖运与铺填及压实 3. 傍山坡的半填半挖路基土方	1. 路基缺口土方的回填 2. 路基面粗平 3. 取土坑及弃土堆平整工作 4. 配合铲运机作铲顶推助力 5. 斜坡上推挖台阶
拖式铲运机	铲除草皮	运距 60～700m 以内的土方挖运、铺填及碾压作业（填挖高度不限）	1. 路基面及场地粗平 2. 取土坑及弃土堆整理工作
自动平地机	1. 铲除草皮 2. 清理积雪 3. 疏松土壤	1. 修筑 0.75m 以下的路堤及 0.6m 以下的路堑土方 2. 傍山坡半填半挖路基土方	1. 开挖排水沟及山坡截水沟 2. 平整场地及路基 3. 修刮边坡
正铲拖斗挖土机		1. 半径为 7m 以内的土挖掘及卸弃 2. 用倾卸车配合作 500～1000m 以上的土方远运	1. 开挖沟槽及基坑 2. 水下捞土，（以上用反铲、拉铲或蛤蚌式挖土机）

二、压实机械

常用的压实机械有：静碾压光轮压路机、振动压路机和轮胎压路机。

1. 光轮压路机

光轮压路机是靠光面滚轮自重的静压力来进行压实作业的，其压实深度不大，可用于路基、路面和其他各种大面积回填土的压实施工（图 3-22）。

图 3-22 光轮压路机　　　　　图 3-23 振动压路机

2. 振动压路机

振动压路机（图 3-23）是利用机械高频率的振动，使被压材料的颗粒发生共振，从而使颗粒间产生相对位移，其摩擦力会减小、使材料颗粒相互挤紧，土层即被压实。它与静力土压路机相比，压实效果提高 1~2 倍，动力节省 1/3，材料消耗节约 1/2，且压实厚度大、适应性强，而且可以根据需要调成不振、弱振和强振，但不宜压实黏性土，操作人员易产生疲劳。

3. 轮胎压路机

轮胎压路机（图 3-24）是一种由多个特制的光面充气轮胎组成的特种车辆。由于胶轮的弹性所产生的揉压作用，使轮胎压路机压实的料层均匀而密实。在使用中，为了克服轮胎质量轻的缺点而提高压实效果，可通过增减机架上的配重来调节机重，并且轮胎的气压也可调节。

轮胎压路机可用于压实各种黏性和非黏性土，对砂石和土混合料的压实更有明显的效果。

三、路面工程机械

（一）沥青混凝土路面施工机械

沥青混凝土摊铺机是专门用于摊铺沥青混凝土路面的施工机械，可一次完成摊铺、捣压和熨平三道工序，与自卸汽车和压路机配合作业，可完成铺设沥青混凝土路面的全部工程。摊铺机有：

（1）轮胎式沥青混凝土摊铺机（图 3-25）：自行速度较高，机动性好，构造简单，应

图 3-24 轮胎压路机　　　　　图 3-25 轮胎式沥青混凝土摊铺机

(2) 履带式沥青混凝土摊铺机（图 3-26）：特点是牵引力大，接地比压小，可在较软的路基上进行作业，且由于履带的滤波作用，使其对路基不平度的敏感性不大。缺点是行驶速度低，机动性差，制造成本较高。

(3) 复合式沥青混凝土摊铺机：综合应用了前两种形式的特点，工作时用履带行走，运输时用轮胎，一般用于小型摊铺机，便于转移工作地点。

(4) 有接料斗的沥青混凝土摊铺机（图 3-27）：可借助于刮板输送器和倾翻料斗来对工作机构进行供料，特点是易于调节混合料的称量，但结构复杂。

图 3-26　履带式沥青混凝土摊铺机　　　图 3-27　有接料斗的沥青混凝土摊铺机

(二) 水泥混凝土路面施工机械

水泥混凝土路面施工机械有拌合设备、摊铺设备等，水泥混凝土拌合设备可分为水泥混凝土搅拌机和水泥混凝土搅拌站（楼）。

1. 搅拌机

(1) 自落式搅拌机

自落式混凝土搅拌机其搅拌混合料的原理将拌合物提高到一定的高度，依靠拌合物的自重下落而达到搅拌的目的。这种搅拌机价格较便宜、耗能小，适用于搅拌塑性和半塑性混凝土。由于混合料搅拌不够均匀，配比无法严格控制，而不能用来拌制干硬性混凝土及高等级道路水泥混凝土路面，如图 3-28 所示。

(2) 强制式搅拌机

强制式搅拌机是在固定不动的搅拌筒内，用转动的搅拌叶片对材料进行反复的强制搅拌。这种搅拌机的搅拌时间短，效率高，搅拌的混凝土质量好，但是需要的动力大，搅拌筒及叶片磨耗大，骨料破碎多，故障率高。它适用于搅拌干硬性混凝土及细粒料混凝土。

强制式混凝土搅拌机又可分为立轴式和卧轴式。立轴强制式混凝土搅拌机由于叶片、衬板磨损量较大，其使用受到一定限制。双卧轴强制式搅拌的混凝土均匀，轴和叶片更换方便、省电，有较好的技术紧急指标，选型时尽可能选用双卧轴强制式搅拌机，如图 3-29 所示。

2. 振捣机械

常用振动器有插入式振动器，平板式振动器及振动梁（又称桥式振动器）。

3. 水泥混凝土摊铺机

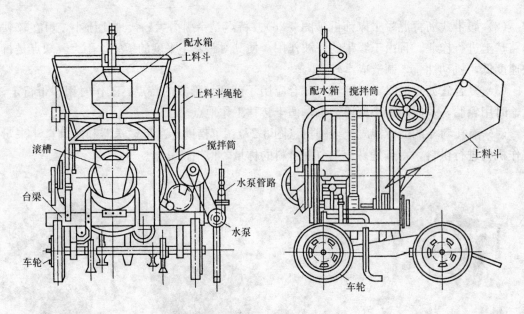

图 3-28 自落式混凝土搅拌机

(1) 轨模式水泥混凝土摊铺机。
(2) 滑模式水泥混凝土摊铺机。

4．切缝机

切缝机是对水泥混凝土路面等进行高效率切割的设备。主要用于城市道路路面、机场道路和广场等水泥混凝土面层作伸缩缝切割，也可以用于沥青混凝土、石料及路面修补作业的切割。

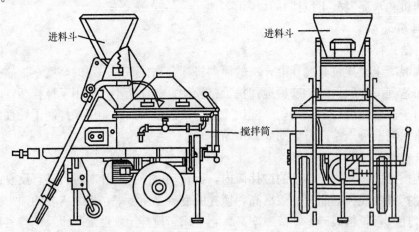

图 3-29 强制式混凝土搅拌机

切缝机有手持式切缝机和盘式切缝机。

第二篇 桥 梁 工 程

第四章 概 论

第一节 桥梁的作用、组成与分类

一、桥梁的作用

在城市道路、乡村道路建设中，为了跨越各种障碍（如河流线路等），必须修建各种类型的桥梁，桥梁是交通线中的重要组成部分。随着城市建设的高速发展，迫切需要新建、改造许多城市桥梁，人们对桥梁建筑提出了更高的要求。现代快速路上迂回交叉的立交桥、新兴城市中不断涌现的雄伟壮观的城市桥梁常常成为大中城市的标志与骄傲。

二、桥梁的组成

桥梁一般由桥跨结构、墩台和基础组成（图4-1、图4-2）。

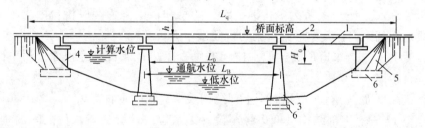

图4-1 梁桥的基本组成部分
1—主梁；2—桥面；3—桥墩；4—桥台；5—锥形护坡；6—基础

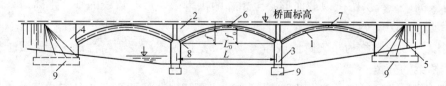

图4-2 拱桥的基本组成部分
1—拱圈；2—拱上结构；3—桥墩；4—桥台；
5—锥形护坡；6—拱轴线；7—拱顶；8—拱脚；9—基础

（1）桥跨结构（也称为上部结构），包括承重结构和桥面系，是在线路遇到障碍（如河流、山谷或城市道路等）而中断时，跨越这类障碍的主要承重结构，也是承受自重、行人和车辆等荷载的主要构件。该承重部分因桥型不同而各有名称，梁式桥的承重部分为主梁，拱桥的承重部分是拱圈，桁架桥的承重部分是桁架。桥面系通常由桥面铺装、防水和排水设施、人行道、栏杆、侧缘石、灯柱及伸缩缝等构成。

(2) 桥墩、桥台（统称下部结构），是支承桥跨结构并将恒载和车辆活荷载传至地基的构筑物。桥台设在桥梁两端，桥墩则在两桥台之间。桥墩的作用是支承桥跨结构；而桥台除了起支承桥跨结构的作用外，还要与路堤衔接，并防止路堤滑塌。为保护桥台和路堤填土，桥台两侧常做一些防护和导流工程。

(3) 墩台基础，是使桥上全部荷载传至地基的底部奠基的结构部分。基础工程是在整个桥梁工程施工中比较困难的部位，而且是常常需要在水中施工，因而遇到的问题也很复杂。

桥跨上部结构与桥墩、桥台之间一般设有支座，桥跨结构的荷载通过支座传递给桥墩、桥台，支座还要保证桥跨结构能产生一定的变位。

与桥梁设计有关的主要名称和尺寸有：

计算跨径 L——梁桥为桥跨结构两支承点之间的距离。拱桥为两拱脚截面形心点间的水平距离，即拱轴线两端点之间的水平距离。

净跨径 L_0——一般为设计洪水位时相邻两个桥墩（台）的净距离。通常为梁桥支承处内边缘之间的净距离，拱桥两拱脚截面最低点间的水平距离也称为净跨径。

标准跨径 L_b——梁桥为相邻桥墩中线之间的距离，或桥墩中线至桥台台背前缘之间的距离，对于拱桥则是指净跨径。

桥梁全长 L_q——简称全长，是桥梁两端两个桥台两侧墙或八字墙后端点之间的距离。对于无桥台的桥梁为桥面系行车道的全长。

多孔跨径总长 L_d——梁桥为多孔标准跨径的总和；拱桥为两岸桥台内拱脚截面最低点（起拱线）间的距离，其他形式桥梁为桥面系车道长度。

桥梁高度 H——行车道顶面至低水位间的垂直距离；或行车道顶面至桥下路线的路面顶面的垂直距离。

桥梁建筑高度 h——行车道顶面至上部结构最低边缘的垂直距离。

桥下净空 H_0——上部结构最低边缘至设计洪水位或计算通航水位之间的垂直距离。对于跨线桥，则为上部结构最低点至桥下线路路面顶面之间的垂直距离。

净矢高 f_0——拱桥拱顶截面最下缘至相邻两拱脚截面下缘最低点连线的垂直距离。

计算矢高 f——拱桥拱顶截面形心至相邻两拱脚截面形心边线的垂直距离。

矢跨比 (f/L)——计算矢高 f 与计算跨径 L 之比，也称矢拱度。而净矢高 f_0 与净跨径 L_0 之比 (f_0/L_0) 则称为净矢跨比或净矢拱度，是反映拱桥受力特性的一个重要指标。

三、桥梁的分类

桥梁的分类方法很多，可分别按其用途、建造材料、使用性质、行车道部分位置、桥梁跨越障碍物的不同等条件分类。但最基本的方法是按其受力体系分类，一般分为梁式桥、刚架桥、拱桥、吊桥、斜拉桥。

1. 梁式桥

梁式桥系是古老的结构体系，梁式桥是一种在竖向荷载作用下无水平反力的结构。其主要承重构件的梁内产生的弯矩很大，所以在受拉区须配置钢筋以承受拉应力。梁桥常见的类型有简支板桥、简支梁桥、悬臂梁桥、T形悬臂梁桥和连续梁桥，目前常用的有简支梁、简支板和连续梁桥。简支板桥在小跨径的桥涵中经常使用，简支梁桥在公路桥梁中仍被广泛采用，而在新兴的城市桥梁中，空间的限制和桥梁美学的重视，使得连续梁桥被广泛采用。

2. 刚架桥

刚架桥的主要承重结构是梁或板和立柱或竖墙整体结合在一起的刚架结构，刚架桥跨中的建筑高度就可以做得较小（图4-3）。相似城市中遇到线路立体交叉或需要跨越通航江河中，采用这种桥型能尽量减低线路标高以改善纵坡并能减少路堤土方量。当桥面标高已确定时，能增加桥下净空。刚架桥的缺点是施工比较困难。

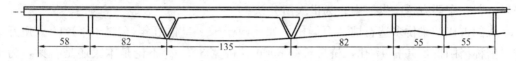

图4-3 V形桥墩刚架桥（m）

3. 拱桥

拱桥是在竖向力作用下具有水平推力的结构物，主要承重结构是拱圈或拱肋，且以承受压力为主。传统的拱桥以砖、石、混凝土为主修建，也称圬工桥梁。现代的拱桥如钢管混凝土拱桥则以其优美的造型已为许多市政桥梁的首选桥型，这是传统拱桥和现代梁桥的完美结合。

4. 吊桥

传统的吊桥均用悬挂在两边塔架上的强大缆索作为主要承重结构（图4-4）。在竖向荷载作用下，通过吊杆使缆索承受很大的拉力，通常就需要在两岸桥台的后方修筑非常巨大的锚碇结构。吊桥也是具有

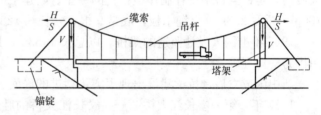

图4-4 吊桥

水平反力（拉力）的结构。现代的吊桥，广泛采用高强度钢丝编制的钢缆，以充分发挥其优异的抗拉性能，因此结构自重较轻，能以较小的建筑高度跨越其他任何桥型无与伦比的特大跨度。其经济跨径在500m以上。吊桥的另一特点是：成卷的钢缆易于运输，结构的组成构件较轻，便于无支架悬吊拼装。

5. 斜拉桥

斜拉桥（图4-5）是由承压的塔、受拉的索与承弯的梁体组合起来的一种结构体系。主要承重的主梁，由于斜拉索将主梁吊住，使主梁变成多点弹性支承的连续梁。在外荷载和自重作用下，梁除本身受弯外，还有斜拉索施加给主梁的轴向力，主梁为压弯构件，能

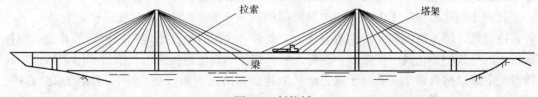

图4-5 斜拉桥

充分发挥其结构的力学性能，可减少主梁截面或增加桥跨跨径。从经济上看，可以做吊桥也可做斜拉桥时，斜拉桥总是经济的。因斜拉桥与吊桥比：它是一种自锚体系，不需昂贵的地锚基础；防腐技术要求比吊桥低，从而降低钢索防腐费用；刚度比吊桥好，抗风能力也比吊桥好；可用悬臂施工工艺，施工不妨碍通航；钢束用量比吊桥少。

第二节 国内外桥梁建筑概况

一、我国桥梁建筑的成就

我国幅员辽阔，地形东南低而西北高，河道纵横交错，中国古代桥梁的辉煌成就举世瞩目，曾在东西方桥梁发展中，为世人所公认。

我国古代的梁桥多造石柱、石梁桥，如始建于宋·皇佑五年（1053年）的泉州万安桥，俗称洛阳桥，共有47孔，桥总长约890m，桥宽3.7m。不论是木梁还是石梁，为了加长桥跨，采用了多层并列梁，由下向上逐层外挑的方法，以支承中部的简支梁。

我国古代的石拱桥的杰出代表是举世闻名的河北省赵县的赵州桥（又名安济桥），该桥始建于隋·开皇十五年（595年），共建了10年。桥为空腹式的圆弧形石拱，拱圈并列28道，净跨37.02m，高7.23m，上狭下宽总宽9m。在主拱圈上两侧，各开两个净跨分别为3.8m和2.5m的小拱，以宣泄洪水、减轻自重、增加美观。

索桥的索有藤、竹、皮绳和铁链等几种。铁索桥传说初起汉初，四川的泸定桥，跨越大渡河，是铁索桥中现存制作最精良的一座。始建于清·康熙四十四年（1705年），净跨100m，桥宽2.8m，上铺木板，底索9根，索长约128m。

1937年由国人设计监造的梁桥，以总长1453m，最大跨度67m的杭州钱塘江公铁两用桥为一里程碑。

新中国成立后，桥梁建设出现了突飞猛进的局面。

1957年，第一座长江大桥——武汉长江大桥的胜利建成，结束了我国万里长江无桥的状况，从此，"一桥飞架南北，天堑变通途。"大桥的正桥为3联，每联为3×128m的连续钢桁梁，下层双线铁路，上层公路桥面宽18m，两侧各设2.25m人行道，包括引桥在内全桥总长1670.4m。大型钢梁的制造和架设、深水管柱基础的施工等为发展我国现代桥梁技术开创了新路。

1969年我国又胜利建成了举世瞩目的南京长江大桥，这是我国自行设计、制造和施工，并使用国产高强钢材的现代化大型桥梁。正桥除北岸第一孔为128m简支钢桁梁外，其余为9孔3联，每联为3×160m的连续钢桁架。上层为公路桥面，下层为双线铁路。包括引桥在内，铁路桥部分全长6772m，公路桥部分为4589m。桥址处水深流急，河床地质极为复杂，大桥桥墩基础的施工非常困难。南京长江大桥的建成，显示出我国的建桥事业已达到世界先进水平，是我国桥梁史上又一个重要标志。

我国还创建和推广了不少新颖的拱桥结构，如1964年创建的双曲拱桥，它具有用料省、造价低、施工简便和外形美观等优点。此外，全国各地还因地制宜创建了其他一些各具特色的拱式桥型，其中推广较快的有江浙一带建的钢筋混凝土桁架拱桥和刚架拱桥，其特点是上部结构自重小，适合于软土地基上建造。山东的两铰平板拱、河南的双曲扁拱、山西与甘肃的扁壳拱、广东的悬砌拱、广西的薄壳石拱、湖南的圬工箱形拱和石砌肋板拱等新桥型在结构或施工上各具特色。

在拱桥的施工技术方面，除了有支架施工外，对于大跨拱桥，目前已广泛采用无支架施工、转体施工和刚性骨架施工等方法。上海卢浦大桥跨径550m，矢跨比为1/5.5，是目前世界上最大跨径、首次采用箱形结构的拱形桥，主截面高9m、宽5m。

钢筋混凝土与预应力混凝土梁式桥在我国也获得了很大的发展。1976年建成的洛阳黄河大桥，跨径为50m的预应力混凝土简支梁全长达3.4km。除简支梁桥以外，近年来我国还修建了多座现代化的大跨径预应力混凝土T形刚架桥、连续梁桥和悬臂梁桥。已建成的黄石长江公路大桥总长约2580.08m，其中主桥长1060m，为(162.5+3×245+162.5)m的5跨预应力混凝土连续刚构桥。采用钢围堰加大直径钻孔灌注桩基础。桥面净宽19.5m，其中分向行驶的四个机动车道宽15m，两侧各设2.25m宽的非机动车道。

近年来在世界桥梁建筑中蓬勃兴起的现代斜拉桥，是结构合理、跨越能力大、用材指标低且外形美观的先进桥型。1975年我国开始建造斜拉桥。从四川省云阳汤溪河桥（主跨76m）到2004年建成的南京长江二桥（主跨628m）。正在建设的苏通大桥工程总长8206m，主桥采用100m+100m+300m+1088m+300m+100m+100m的双塔双索面钢箱梁斜拉桥。斜拉桥的主孔跨度1088m，居世界第一；主跨高度306m，居世界第一；斜拉索的长度580m，居世界第一；群桩基础平面尺寸113.75m×48.1m，居世界第一。表明我国的斜拉桥技术已赶上了世界先进水平。广东虎门大桥由东引桥、主航道桥、中引桥、辅航道桥及西引桥五部分组成。大桥全长4588m，桥宽32m。辅航道桥为主跨270m的连续刚构桥，为当时同类桥梁的世界最大跨径；主航道为单跨简支钢加劲梁悬索桥，跨径888m。主缆跨径：302.0m+888m+348.5m=1538.5m。

江阴长江大桥是我国首座千米以上的特大跨径公路桥梁。采用336.5m+1385m+309.4m的单孔简支钢悬索桥结构。南引桥为43m+3×40m，北引桥为(50+75+50)m+19×50m+8×30m组成，桥梁总长3km。全桥总宽度36.9m，桥面六车道净宽度29.5m（包括中间分隔带）。该桥于1994年底开工，建设期5年。润扬长江公路大桥，2000年10月开工，2005年5月通车。是长江干流上第36座大桥，悬索桥（南汊桥）主跨达到1490m。浙江舟山西堠门大桥2009年12月通车，主桥为钢箱梁悬索桥，主跨长1650m，目前是世界上跨度最大的钢箱梁悬索桥，在悬索桥中居世界第二、国内第一。

在桥梁基础方面，除了广泛采用的明挖基础、桩基、沉井等之外，目前对于深水基础施工，在大型管柱的施工技术方面已累积了丰富的经验。在深沉井施工方面，由于成功地采用了先进的触变泥浆套下沉技术，大幅度地减小了基础圬工数量，并使下沉速度加快3～11倍。此外，我国还广泛采用和推广了钻孔灌注桩基础。与国外的同类型基础相比，所要求的施工机械少，动力设备简易，操作方便迅速，易为群众掌握，且能钻入很深的土层。

二、国外桥梁建筑的成就

继意大利文艺复兴后，18世纪在英国、法国和其他西欧国家兴起的工业革命，推动了工业的发达，从而也促进了桥梁建筑技术方面空前的发展。

1855年，法国建造了第一批应用水泥砂浆砌筑的石拱桥。法国谢儒奈教授改进了拱架结构，拱圈砌筑方法以及减少圬工裂缝方法等。大约在1870年时，德国建造了第一批采用硅酸盐水泥作为胶结材料的混凝土拱桥。之后在20世纪初，法国建成的戴拉卡混凝土箱形拱桥跨度 139.80m。目前最大跨度的石拱桥是 1946 年瑞典建成的绥依纳松特桥，跨度为 155m。

1873 年法国的约瑟夫莫尼尔首创建成的一座钢筋混凝土拱式人行桥。从 19 世纪末到 20 世纪 50 年代间，钢筋混凝土拱桥无论在跨越能力、结构体系和主拱圈的截面形式上均有很大的发展。法国弗莱西奈教授设计，于 1930 年建成的 3 孔 186m 拱桥和 1940 年瑞典建造的跨径 264m 的桑独桥，均达到了很高的水平。直至 1980 年，在前南斯拉夫用无支架悬臂施工方法建成了跨度达 390m 的克尔克（KRK－II）桥，突破了 305m 的前世界纪录。该桥主桥建造过程中，集斜拉桥、拱桥和悬臂三种不同桥梁施工工艺于一身，是目前世界上单座桥梁建设中所采用的施工工艺最多也最复杂的一座桥。

国外在发展钢筋混凝土拱桥的同时，也修建了一些钢筋混凝土梁式桥，但限于材料本身所固有的力学特性，梁式桥的跨径远逊色于拱桥。直至 1928 年法国著名工程师弗莱西奈经过 20 年研究使预应力混凝土技术付诸实现后，新颖的预应力混凝土桥梁首先在法国和德国以异乎寻常的速度发展起来。德国最早用全悬臂法建造预应力混凝土桥梁，特别是在 1952 年成功地建成了莱茵河上的沃轮姆斯桥（跨度为 101.65m＋114.20m＋104.20m，具有跨中剪力铰的连续钢架桥）后，这个方法就传播到全世界。10 年后莱茵河上另一座本道尔夫桥的问世，将预应力混凝土桥的跨度推进到 208m，悬臂施工技术已日臻完善。日本于 1976 年建成了当时世界上跨度最大的连续刚架桥——浜名大桥，主跨径为 55m＋140m＋240m＋55m。

世界上第一座具有钢筋混凝土主梁的斜拉桥，是 1925 年在西班牙修建跨越坦波尔河的水道桥（主跨 60.35m），总长达 9km。法国的诺曼底大桥全长 2141.25m，跨越塞纳河，大桥从南至北布孔：27.75m＋32.5m＋9×43.5m＋96m＋856m＋96m＋14×43.5m＋32.5m。日本多多罗大桥主跨 890m。香港昂船洲大桥主跨 1018m，通航净高 73.5m，于 2003 年开工，于 2007 年竣工。

美国 19 世纪 50 年代从法国引进了近代吊桥技术后，于 19 世纪 70 年代就发明了"空中架线法"编纺桥缆。1937 年建成的旧金山金门大桥，主跨径 1280.2m，曾保持了 27 年桥梁最大跨径的世界纪录。桥跨布置为 342.9m＋1280.2m＋342.9m＝1966m，桥面宽 27.43m。

英国 1981 年建成的恒伯尔桥，主跨径 1410m。日本明石海峡大桥，全长 3910m，主跨径 1990m，桥跨布置 960m＋1990m＋960m，桥宽 35.5m，于 1988 年开始施工，1998 年完成，工期长达 10 年。此桥是目前世界上最大跨径的桥梁。

可以看出，近年来的桥梁结构逐步向高强、轻型方面发展，但桥梁的载重、跨长却不断增长。应充分发挥结构潜在的承载力，充分利用建筑材料的强度，力求工程结构的安全度更为科学和可靠；在工程施工上，力求高度机械化、工厂化和自动化；在工程管理上，则力争高度科学化、自动化。

第五章 桥梁构造与识图

第一节 简支板桥和简支梁桥的构造

一、简支板桥

板桥是小跨径钢筋混凝土桥中最常用的形式,分为整体式结构和装配式结构。前者跨径一般为4~8m,后者若采用预应力混凝土空心板时,其跨径可达20m,当要求建造异形板时,往往采用整体式结构。

（一）整体式板桥

整体式板桥的横截面一般都设计成等厚度的矩形截面,有时为了减轻自重也可将受拉区稍加挖空做成矮肋式板桥。对于修建在城市内的宽桥,为了防止因温度变化和混凝土收缩而引起的纵向裂纹,以及由于活荷载在板的上缘产生过大的横向负弯矩,也可以使板沿桥中线断开,将一桥化为并列的二桥。为了缩短墩台的长度,也有将人行道做成悬臂形式从板的两侧挑出,但这样会带来施工的不便。整体式板桥除了配置纵向受力钢筋以外,还要在板内设置垂直于主钢筋的横向分布钢筋。

整体式板桥的主拉应力较小,一般可以不设弯起钢筋,但是习惯上仍然将一部分主筋按30°或45°,在跨径1/6~1/4处弯起。

一标准跨径为6m（图5-1）,桥面净宽7.0m,整体式简支板桥,设0.25m的安

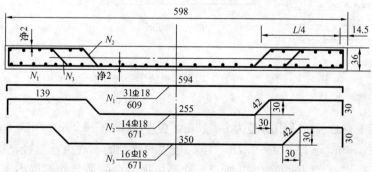

图5-1　整体式板桥构造（cm）

全带，计算跨径为5.69m，板厚36cm，约为跨径的1/18，纵向主筋采用HRB335级钢筋，直径为18mm，板宽内间距12.4cm。主筋在跨径两端的1/4～1/6范围内呈30°弯起。主钢筋与板边缘间的净距应不小于2cm。N_1、N_2、N_3为配置的纵向受力钢筋，N_1为通长钢筋，N_2、N_3为跨径1/6～1/4处弯起的抗剪钢筋；垂直于纵向受力钢筋的方向设置横向分布钢筋，用以增加横向刚度，取直径为10mm，间距20cm。纵向钢筋应在分布钢筋的外侧。

（二）装配式板桥

装配式板桥，按其截面形式分为实心板和空心板两种形式。

1. 矩形实心板

这是目前广泛采用的形式，通常跨径不超过8m。矩形实心板形状简单，建筑高度小，施工方便。

一标准跨径6m的矩形实心板，该桥的中部块件和边部块件的构造如图5-2所示。N_1为受力主钢筋，通常为直弯或不弯；N_2为架立钢筋；N_3为开口式的箍筋，伸出预制板面外以加强横向连接；N_4为短筋，用以与N_3组成封闭的箍筋。

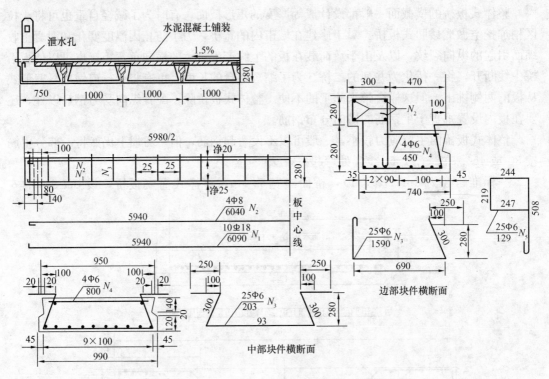

图5-2 跨径6.0m装配式矩形板桥中部块件构造（mm）

2. 空心板

钢筋混凝土空心板桥适用跨径为8～13m，板厚为0.4～0.8m；预应力混凝土空心板适用跨径为8～16m，板厚0.4～0.7m。空心板较同跨径的实心板重量轻，运输安装方便，空心板的开口形式，常用的如图5-3所示。空心板横截面的最薄处不得小于7cm，以保证施工质量。应按抗剪要求弯起钢筋，设置箍筋。当采用预应力空心板时，保护层厚度不能小于2.5cm。

图5-4为标准跨径13m的装配式预应力混凝土空心板构造。板全长12.96m，计算跨径12.60m，板厚60cm，采用C40混凝土，每块板底层配置Ⅳ级冷拉钢筋作预应力筋，共7根$\Phi'20$，为N_1钢筋。板顶面除配置3根N_2（$\Phi12$）的架立钢筋外，在支座附近配置6根N_3（$\phi8$）钢筋，作为加强筋，在锚具附近，用以承担预应力产生的拉应力。N_5、N_6是两种不同直径的开口式箍筋，与横向钢筋N_4相绑扎，组成封闭的箍筋。N_7、N_8是两孔之间隔离层内的防裂钢筋，N_9是螺旋筋，用以扩散锚固力，N_{10}为空心板的起吊钢筋。

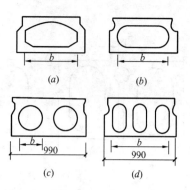

图5-3 空心板截面形式

（三）装配式板的横向连接

为了使装配式板块组成整体，共同承受车辆荷载，在块件之间必须具有横向连接的构造。常用的连接方法有企口混凝土铰连接和钢板焊接连接。

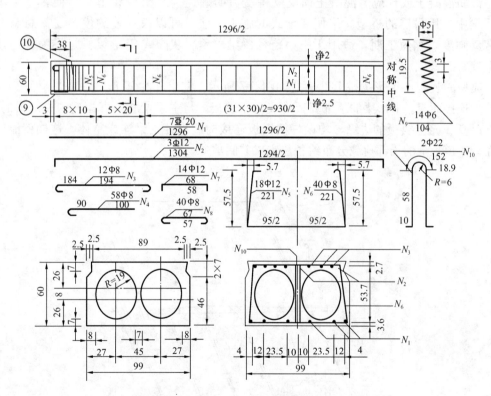

图5-4 先张法预应力混凝土空心板配筋（cm；钢筋直径：mm）

企口式混凝土铰的形式有圆形、菱形、漏斗形三种。铰缝内应用较预制板高一级强度等级的细石混凝土填充。如果要使桥面铺装层也参与受力，也可以将预制板中的钢筋伸出与相邻的同样钢筋互相绑扎，再浇筑在铺装层内（图5-5）。

由于企口混凝土铰需要现场浇筑混凝土，并需待混凝土达到设计强度后才能通车，为加快工程进度，亦可采用钢板连接（图5-6）。它的构造是：用一块钢盖板N_1焊在相邻两

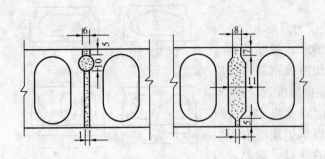

图 5-5 现浇混凝土企口铰连接（cm）

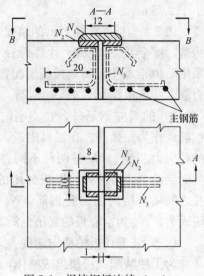

图 5-6 焊接钢板连接（cm）

构件的预埋钢板 N_2 上。连接构造的纵向中距通常为 80~150cm，根据受力特点，在跨中部分布置较密，向两端支点处逐渐减疏。

二、简支梁桥

钢筋混凝土或预应力混凝土简支梁桥受力明确、构造简单和施工方便，是中小跨径桥梁中应用最广的桥型。采用装配式的施工方法，可以大量节约模板支架材料，降低劳动强度，缩短工期，适用于中小跨径桥梁。预制装配式 T 形梁桥是最为普遍使用的形式。

典型的装配式 T 形梁桥上部构造如图 5-7 所示。它由几片 T 形截面的主梁并列在一起装配连接而成。T 形梁的顶部翼板构成行车道板，与主梁梁肋垂直相连的横隔梁的上、下部以及 T 形梁翼板的边缘，均设焊接钢板连接构造将各主梁连成整体，这样就能使作用在行车道板上的局部荷载分布给各片主梁共同承受。

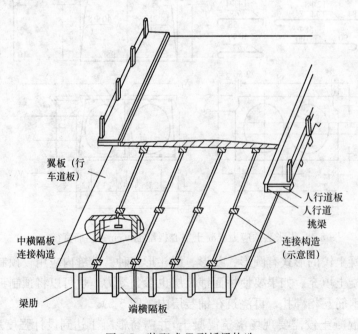

图 5-7 装配式 T 形桥梁构造

1. 尺寸构造

(1) 主梁

主梁的合理高度与梁的间距、活载的大小等有关。对于跨径10m、13m、16m和20m的标准设计所采用的梁高相应为0.9m、1.1m、1.3m和1.5m，经济分析表明，梁高与跨径之比（俗称高跨比）的经济范围大约为1/16～1/11，跨径大的取用偏小的比值。主梁梁肋的宽度，应考虑梁的抗剪强度，构件自重及施工捣固的难易程度，常用的梁肋宽度为15～18cm，视梁内主筋的直径和钢筋骨架的片数而定，一般装配式主梁翼板的宽度视主梁间距而定，在实际预制时，翼板的宽度应比主梁中距小2cm，以便在安装过程中易于调整T形梁的位置和制作上的误差。

对于跨径大一些的桥梁，如建筑高度不受限制，应适当加大主梁间距，减小其片数，比较经济，但还须结合考虑，构件重量增加会导致施工复杂。主梁间距一般在1.6～2.2m之间。目前编制的2.2m主梁间距的标准图中，T形梁预制宽度1.6m，吊装后铰缝的宽度为0.6m。

翼缘的厚度由强度要求和最小构造要求确定。一般翼缘与梁肋衔接处的厚度应不小于主梁高度的1/12。当考虑翼缘板承担桥面上的恒载和活荷载时，翼板的端部厚度一般取8cm；若翼板只承担本身自重、桥面铺装层恒载及临时施工荷载，则端部厚度一般取6cm。

(2) 横隔梁

跨中横隔梁的高度应保证具有足够的抗弯刚度，通常可做成主梁高度的3/4左右。梁肋下部呈"马蹄形"加宽时，横隔梁延伸至"马蹄"的加宽处，横隔梁间距采用5.00～6.00m为宜。

为便于安装和检查支座，端横隔梁底部与主梁底缘之间宜留有一定的空隙，或可做成与中横隔梁同高。但从梁体在运输和安装阶段的稳定要求来看，端横隔梁又宜做成与主梁同高。端横隔梁必须设置。横隔梁的肋宽通常采用12～18cm，且宜做成上宽下窄和内宽外窄的楔形，以便脱模工作。

2. 钢筋构造

(1) 主梁

主梁内钢筋主要分为主钢筋、架立钢筋、斜钢筋、箍筋和分布钢筋等。一般采用多层焊接骨架。

由于主梁承受正弯矩作用，因此主钢筋设置在梁肋的下缘。为保证梁在梁端有足够的锚固长度和加强支承部分的作用，主钢筋可在跨间适当位置处切断成弯起，应至少有2根，并不少于20%的主钢筋应伸过支承截面。简支梁两侧的受拉主钢筋应伸出支点截面以外，并弯成直角顺梁端延伸至顶部，两侧之间不向上弯曲的受拉主钢筋伸出支承截面的长度规定为：对带半圆弯钩的光圆钢筋不小于15d，对带直角弯钩的螺纹钢筋不小于10d（图5-8）。

主钢筋应设保护层。底部保护层厚度不小于3cm，也不要大

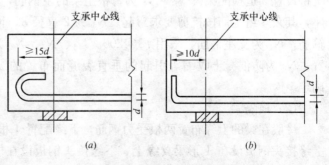

图5-8　梁端主钢筋锚固

于 5cm，主筋与梁侧面净距不小于 2.5cm，箍筋与防收缩钢筋和主梁侧面净距不小于 1.5cm（图 5-9）。

为保证混凝土浇筑密实，避免形成空洞，各主钢筋间应保持一定距离，绑扎骨架在三层或三层以下者不小于 3cm，且不小于主筋直径；三层以上不小于 4cm，且不小于主筋直径的 1.25 倍；焊接骨架不得小于 3cm，且不小于主筋直径的 1.25 倍（图 5-9）。

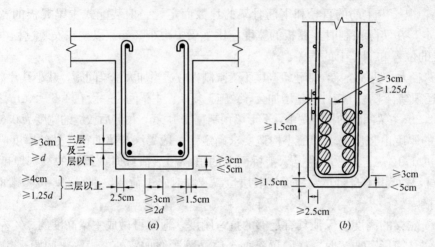

图 5-9 主筋净距及保护层厚度
(a) 绑扎骨架；(b) 焊接骨架

弯起钢筋是承担主拉应力的，一般由主筋弯起，弯起角度一般与梁纵轴成 45°。当主筋弯起数量不足时，可采用附加斜筋，并容许采用两次弯起的钢筋（图 5-10），但不能采用不与主筋焊接的浮筋作为斜筋。

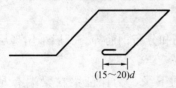

图 5-10 两次斜弯筋

主筋之间及主筋与斜筋的连接焊缝双面焊为 $2.5d$，单面焊为 $5.0d$。

箍筋的作用也是承受主拉应力，其间距不大于梁高的 3/4 或为 50cm，直径不小于 6mm，且不小于主筋直径的 1/4，其间距不大于梁高的 1/2 和 40cm。

图 5-11 为 T 形梁，梁长 19.96m，主梁高度 1.30m，全桥设置 5 道横隔梁。$N_1 \sim N_4$ 为每根主梁的主钢筋，为 $\phi 8@200$，其中 $2N_1$ 钢筋通过支座，其余 3 组主筋按抗剪要求弯起。N_5 为 2 直径 32 钢筋，是梁中的架立筋。N_{11} 为梁的箍筋，N_{12} 为支座箍筋，采用 $\phi 8@200$。N_6、N_7、N_8 为附加斜筋，由计算确定用量及位置。N_9 为防混凝土收缩等引起的垂直裂缝而布置的纵向侧面分布筋，按上疏下密分布确定。

（2）横隔梁

一般在梁的上缘布置两根受力钢筋，下缘配置 4 根受力钢筋。采用钢板连接成骨架，上缘接头钢板设在 T 形梁翼缘上，下缘接头钢板设在横隔梁的两侧，钢板厚一般不小于 10mm。

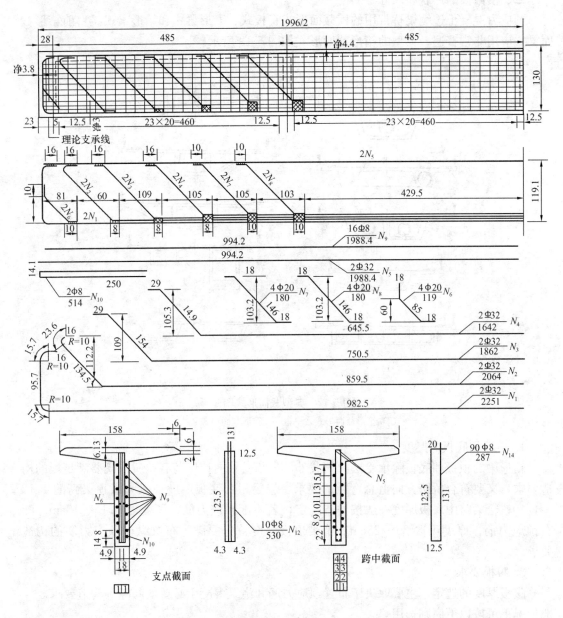

图 5-11 装配式 T 形梁钢筋构造（cm）

第二节 连续梁桥构造

一、立面形式

连续梁桥目前一般采用预应力混凝土连续梁，适合于 30~200m 的中等跨度和大跨径桥梁。一般采用不等跨布置，当多于三跨连续时，常用等跨度的方式。当主跨跨径大于 80m 时，一般主梁采用变高度形式比较合理，梁底曲线用二次曲线较好，但用折线放样较方便。跨径在 40~60m 的中等跨连续梁中，可采用等高度连续梁。

二、横截面的形状和尺寸

预应力混凝土连续梁桥常用的横截面形式有板式、T形梁式和箱形梁式。目前箱形截面梁式应用非常普遍，典型的箱形截面形式如图5-12所示。

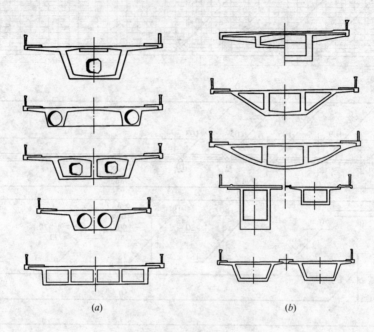

图 5-12 典型截面形式图
(a) 箱形截面形式之一；(b) 箱形截面形式之二

1. 顶板和底板的厚度

箱形梁的顶板和底板除承受法向荷载外，还承受轴向拉压荷载，所以既要满足板的构造要求，又要符合桥跨方向上总弯矩的要求。箱梁根部底板厚度一般为墩顶梁高的1/12～1/10；箱梁跨中底板厚度一般按构造选定，若不配预应力筋，厚度可取15～18cm；配有预应力筋，厚度可取20～25cm。箱梁顶板厚度首先要满足布置纵横预应力筋的构造要求。

2. 腹板要求

腹板厚度的选定，主要取决于布置预应力筋和浇筑混凝土必要的间隙等构造要求。一般情况下可按以下原则选用：

(1) 腹板内无预应力筋时，可用20cm；
(2) 腹板内有预应力筋时，可用25～30cm；
(3) 腹板内有预应力固定锚时，可用35cm；
(4) 墩上或靠近桥墩的箱梁根部腹板需加厚到30～60cm，甚至到100cm。

3. 梗腋

在顶板、底板与腹板相交处设梗腋，以减小应力集中，提高断面的抗扭和抗弯刚度，减小梁的畸变。一般顶板梗腋采用图5-13中(a)、(b)、(c)中形式，底板采用图中(d)、(e)、(f)的形式。

4. 横隔板

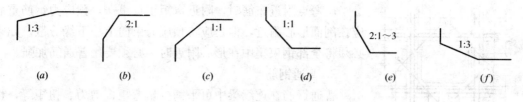

图 5-13 箱梁梗腋形式图

横隔板的主要作用是增加箱梁横向刚度，限制箱梁的畸变。在支承处一般要设置强大的横隔板以承受和分布强大的支承反力，必要时还要配以预应力的钢筋。支点的横隔板厚度可取 40~60cm，其余部位的横隔板厚度可取 15~20cm。为不致引起钢筋交叉，可将横隔板与顶板，底板分开，或设较大的人孔来分隔。

三、钢筋布置

1. 预应力钢筋

箱形梁预应力钢筋由纵向预应力钢筋、横向预应力钢筋、竖向预应力钢筋组成。纵向预应力钢筋是用以保证桥梁在恒、活荷载作用下纵向跨越能力的主要受力钢筋，所以也称之为主筋，可布置在腹板和上下底板中。横向预应力钢筋是用以保证桥梁的横向整体性或桥面板及横隔板横向抗弯能力的预应力钢筋，可布置在横隔板或上下底板中。竖向预应力钢筋，是用以提高截面的抗剪能力的预应力钢筋，可布置在腹板中。

在图 5-14 中表示了几种布置方式，分别适用于（a）顶推连续梁；（b）先简支后连续梁；（c）和（d）正弯矩和负弯矩钢筋分别配置，在弯矩零点附近分散交叉；（e）整体浇筑连续梁的连续配筋。

梁中切断锚固的预应力筋，锚头要设在截面重心附近和弯矩零点附近，不能锚在弯矩的受拉区。在梁中锚头部位要附加构造钢筋，以扩散集中应力，防止混凝土开裂（图 5-15）。

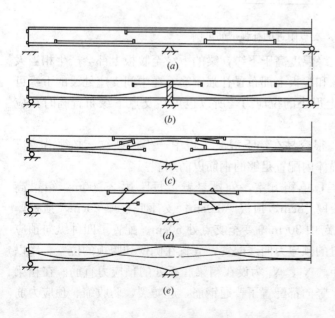

图 5-14 预应力混凝土连续梁配筋方式

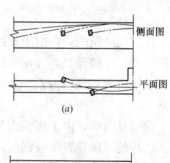

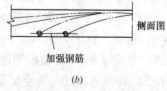

图 5-15 锚头布置选择
（a）锚固于截面重心附近；
（b）不好的锚固位置

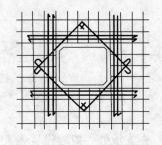

图 5-16 人孔加强配筋布置图

反弯点附近布筋时,附近弯矩正负更迭,预应力钢筋重心应在剖面形心附近,但是应将预应力束向上、下缘分散。如果必须将全部钢束集中在形心附近时,必须要用普通筋加强。

2. 普通钢筋

普通钢筋在连续梁中可平衡少量弯矩、剪力、扭矩等,也是受力钢筋的架立筋,预应力钢筋的定位筋,同时锚头部位及支座承压部位的防裂作用和腹板的防收缩作用也由普通钢筋承担。

图 5-16 为人孔加强配筋布置,在孔洞处切断的纵横钢筋,需在孔边同方向上布置补强筋,其数量应不少于切断筋面积。

连续梁中间支点处是弯矩和剪力最大处,应力复杂,各种情况难以精确模拟,按其构造予以特别加强,可防止边孔的中间支座上极容易产生的裂纹,如图 5-17 所示。

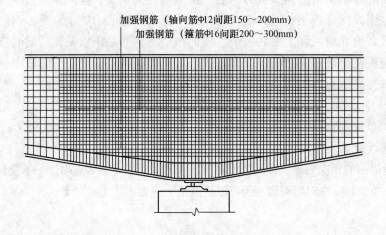

图 5-17 支点附近的补强钢筋示例

在现场浇筑的梁,由于日照使上缘温度高于下缘,梁的下缘至腹板上部会产生相当大的拉应力,导致开裂。可在梁的下缘和腹板上部布置补强钢筋。在中间支座处梁的下缘可能会由于负弯矩预应力索张拉时产生很小的拉应力,所以也可在支点下缘布置临时预应力索。

在锚具附近,由于张拉力作用,很容易在锚下混凝土板中产生横裂纹,必须沿着梁顶、底板的纵向布置加强钢筋,在锚体内配置足够的钢筋以防崩裂。

图 5-18 连续为 5 跨的等高度梁,单箱五室,外挑悬臂,每跨达 25.00m。箱梁高 1.5m,箱梁底宽 12.00m,跨中底板厚 18cm,顶板厚 20cm;支座底板厚 25cm,顶板厚 18cm,侧墙厚 50cm。腹板的厚度由跨中 30cm 渐变至支点处 50cm。配置了四种纵向预应力钢筋,其中 N_1、N_2 为全梁长配置的预应力曲线配置,放置在侧壁和腹板的位置,用以跨中抵抗正弯矩,支座处抵抗负弯矩。N_3、N_4 为设在箱梁底板处的预应力直筋。在箱梁混凝土结构内外表面,纵向、横向、竖向都配置了普通钢筋,起防裂、防收缩、预应力筋定位等重要作用。

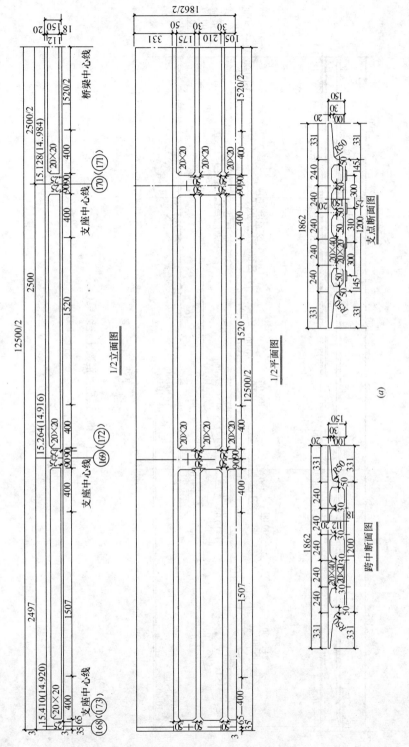

图 5-18 预应力混凝土连续梁（一）

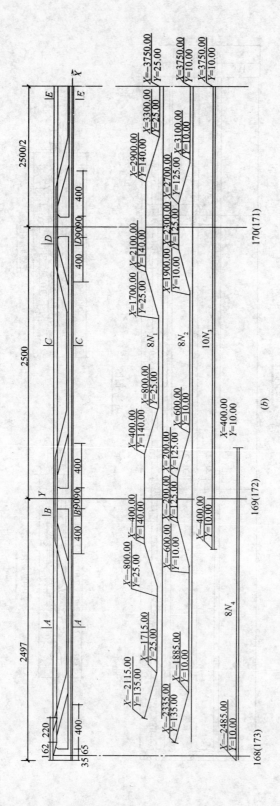

图 5-18 预应力混凝土连续梁(二)

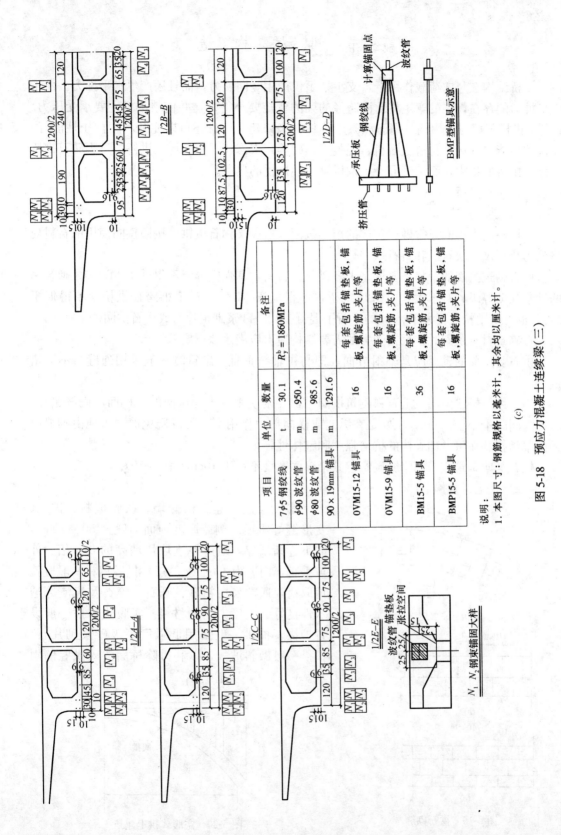

图 5-18 预应力混凝土连续梁(三)

第三节　拱桥构造

拱桥结构在竖向荷载作用下，支承处不仅产生竖向反力，而且还产生水平推力。由于水平推力的存在，拱的弯矩将比同跨径的梁的弯矩要小得多，并使整个拱主要承受压力。这样，拱桥不仅可利用钢、钢筋混凝土等材料来修建，而且还可以充分利用抗压性能好，而抗拉性能差的圬工材料（石料、混凝土、砖等）来修建，称为圬工拱桥。过去砖石拱桥是传统拱桥的代表，而钢管混凝土拱桥是现代拱桥的典型。

一、砖石拱桥

（一）拱圈构造

石拱桥的主拱圈通常做成实体的矩形截面，所以又称石板拱。按照拱圈使用的石料规格分为片石拱、块石拱和料石拱。

用来砌筑拱圈的石料，要求是未经风化的石料，其强度等级不得低于MU30。砌筑用的砂浆强度等级，对于大、中跨径拱桥，不得低于M7.5；对于小跨径拱桥，不得低于M5，也可采用粒径不大于2cm的小石子混凝土代替砂浆砌筑片石或块石拱圈。

在砌筑料石拱圈时，根据受力的需要，构造上应满足如下要求：

拱石受压面的砌缝应是辐射方向，即与拱轴线垂直，砌筑时一般采用通缝，不必错缝；

当采用两层或两层以上石料砌筑拱圈时，在砌筑垂直于受压面的顺桥面应砌缝错开，其错缝间距不小于10cm，主要是在纵向或横向剪力作用下，可以避免剪力单纯由砌缝内的砂浆承担从而可增加砌体的抗剪强度和整体性；

拱石竖向砌筑应采用错缝砌筑，其错缝间宽度不小于10cm（图5-19）。

（二）拱上建筑构造

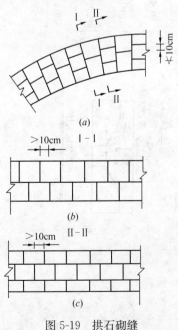

图5-19　拱石砌缝

实腹式拱上建筑由侧墙、拱腔填料、护拱、变形缝等组成。侧墙厚度顶面一般为50~70cm，向下逐渐增厚，墙脚厚度取用墙高的0.4倍。外坡垂直，内坡为4:1或3:1。拱腔填料一般应就地取材，通常采用粗砂、砾石、碎石及煤渣等透水性良好、土压力小的材料。实腹式拱桥一般设置护拱，护拱一般采用低强度等级砂浆砌片石。护拱一般做斜坡式，以利排除桥面渗入拱腔的雨水。

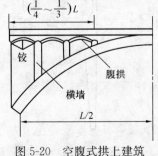

图5-20　空腹式拱上建筑

空腹式拱上建筑由实腹段和空腹段组成。实腹段的构造与空腹段构造相同，空腹段做成横向腹拱的形式，如图 5-20 所示。腹拱一般布置在主拱圈的拱脚 1/4～1/3 跨径范围内。

一般情况下，腹拱跨径不大于主拱圈跨径的 1/15～1/8（其比值随主拱圈跨径增大而减小）。拱圈与墩台、空腹式拱上建筑的腹孔墩与拱圈连接，应采用五角石，以改善受力状况。

二、钢管混凝土拱桥

钢管混凝土拱桥的主拱圈形式主要有肋式和桁式。肋式中又可分为单管肋式、哑铃形肋式，桁式中可分为横哑铃形桁式、多肢桁式等。钢管混凝土拱桥，按行车道所在位置，可分为上承式、中承式和下承式，如图 5-21 所示。

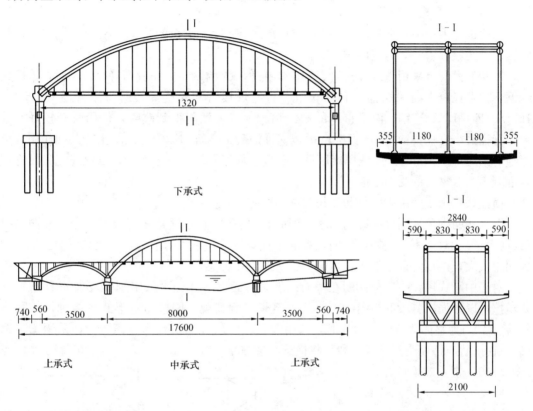

图 5-21 下承式、中承式和上承式钢管混凝土拱桥（cm）

上承式拱建筑高度大，对地基要求高，适合于峡谷桥位。上承式构造，横向联系容易，桥面系支承于立柱上，整体性、横向稳定性和抗震性均较好。上承式拱肋常采用多肋形式，节省材料，并方便施工。下承式主要用在建筑高度受限制、通航要求高和地基条件较差的情况下。在平原地区和跨线桥中应用较多。钢管混凝土下承式拱，常采用柔性系杆和柔性吊杆，主要靠风撑将拱肋连成整体，因此横撑间距较密，刚度也较大，甚至用一系列 K 撑。中承式拱桥常用在主跨，跨径大；边跨配上承式，跨径小；总体造型上主孔中承式位于广阔的江中，视野开阔，往往成为标志性建筑。

钢管混凝土拱桥主要由主拱圈、横向联系、立柱、吊杆、系杆等组成。

（一）主拱圈

钢筋混凝土拱桥中，跨径不大于 80m 时，可采用单管截面，单管截面主要有圆形和圆端形，如图 5-22 所示。圆端形截面横向抗弯惯性矩较大，主要用于无风撑拱肋中。

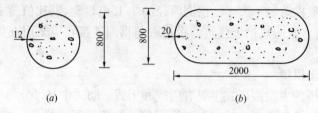

图 5-22 单圆管截面（mm）
(a) 圆形截面；(b) 圆端形截面

（二）拱肋和横向联系

拱肋也可采用哑铃形断面，如图 5-23 所示。哑铃形断面的特征是由两管组成，且腹腔较薄，两根圆管一般为竖向排列。

拱肋的钢管可采用直缝焊接管、螺旋焊接管和无缝钢管。一般当管径较小时，采用无缝钢管；管径较大时采用前两种焊接管。直缝焊接管和螺旋焊接管常用普通 Q235 钢、16Mnq 钢和 15MnV 钢，由于它们的韧性和施工工艺性能得到改善，使用时有较好的效果。管径最小直径一般不小于 100mm，以保证混凝土浇筑和钢管与混凝土的共同作用。壁厚绝对不应小于 4mm，以保证焊接质量。混凝土强度等级不低于 C30，以保证充分发挥钢管混凝土组合材料的受力性能。

横向联系用于解决大跨径肋拱桥的横向稳定问题。

上承式肋拱可采用多肋结构（多于两肋），其横向联系通常布置成等间距的径向横撑（或横梁）。对于下承式拱，横向联系的布置受到行车空间的限制，因此靠桥面一侧的横撑间距较大，拱顶附近则较小，可避免行车产生压抑感。

对于中承式拱，一部分拱肋在桥面以下，桥面以下部分可采用刚度较大的 K 式或 X 式横撑，以加强拱脚段的横向刚度，又不至于影响美观。K 撑布置形式有两种，如图 5-24 所示，当为整体式桥墩（台）时，采用图 5-24（a），当桥台为分离式时，采用图 5-24（b）。在拱肋与桥面交汇处，一般可将横梁与横撑相结合。在 1/4 跨度附近布置切向 K 撑（图 5-25），视觉效果良好。

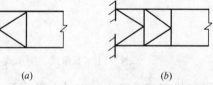

图 5-24 中承式肋拱拱脚 K 撑的布置
(a) 整体式桥墩（台）；(b) 分离式桥台

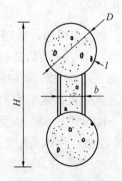

图 5-23 哑铃形断面

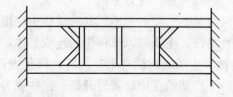

图 5-25 $L/4$ 附近布置沿切向的 K 撑

哑铃形肋拱的横撑常用单根钢管，焊接于两根拱肋的中部，横撑钢管的直径可与哑铃形中的圆管相同，也可以稍大些。为了增强连接处的刚度，有的桥梁进行了局部加强，如图 5-26 所示。

（三）立柱、吊杆与系杆

1. 立柱

立柱位于上承式拱桥和中承式拱桥的上承部分，是桥面系与主拱肋之间的传力结构。钢管混凝土拱桥的立柱主要形式有钢筋混凝土立柱和钢管混凝土立柱。

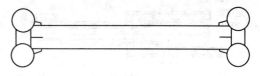

图 5-26　哑铃形肋拱采用单管的横撑

钢筋混凝土立柱的柱脚通常为焊接于拱肋之上的钢板箱，钢板箱内灌有混凝土，立柱钢筋焊于钢板箱上，如图 5-27 所示。对于小跨径拱桥中的短立柱，也有直接采用钢板箱立柱的。

对于大跨径或大矢跨比拱桥，尤其是靠近拱脚处，可采用钢管混凝土立柱，既能满足结构受力需要，又与轻型的主拱肋相适应，同时也能加快施工速度。钢管混凝土立柱的构造形式如图 5-28 所示。实际上，钢管混凝土用于以受压力为主的立柱是非常合适的，但要注意立柱的轴压失稳问题。

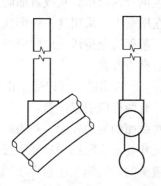 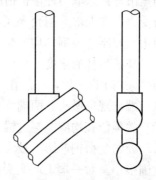

图 5-27　钢筋混凝土立柱　　　　图 5-28　钢管混凝土立柱

对于长立柱，因其柔度较大，立柱本身能产生一定的变形以适应桥面系与拱肋变形不协调的问题。对于短立柱，特别是宽桥、长桥的短立柱，因其刚度较大，需要采取一定的构造措施来适应桥面系与拱肋之间不协调的变形。一种做法是将立柱与拱肋相接处的截面削弱，以产生类似铰的作用。另一种做法是立柱横梁（或称盖梁）与立柱不采用刚接（即不做成门式刚架），而是在立柱上安装支座，然后在其上放置立柱横梁。这种做法对于结构的抗震性能不利，应在构造上采取一定的防震措施。另外，对于中承式拱桥，当桥面纵梁有固定与活动两种支座时，固定支座一般不设在拱上门式刚架上，以减小刚架的纵向水平力。

2. 吊杆

钢管混凝土中下承式一般采用柔性吊杆，吊杆材料有圆钢、高强钢丝和钢绞线。要求吊杆有高的承载力和稳定的高弹性模量（低松弛）、良好的耐疲劳和抗腐蚀能力，易于施工，而且价格便宜。

常用的吊杆材料有平行钢筋索、平行钢丝索、单股钢绞缆和封闭钢缆。锚具主要有热铸锚、镦头锚、冷铸镦头锚（或称冷铸锚）和夹片群锚。一般均采用 $\phi 5mm$ 或 $\phi 7mm$ 高强钢丝组成的半平行钢丝索（又称扭绞型平行钢丝索）配镦头锚或冷铸锚，如图 5-29 所示。在大跨径桥中也有采用 φ7mm 平行或半平行钢绞线配夹片群锚的，如图 5-30 所示。

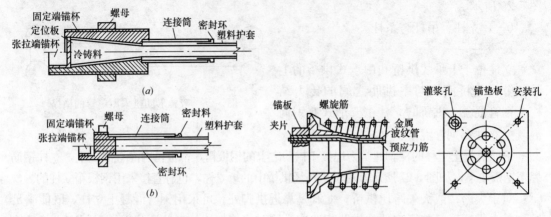

图 5-29　冷铸锚、镦头锚
(a) 冷铸锚；(b) 镦头锚

图 5-30　夹片锚

高强钢丝吊杆常采取两种保护措施。一种是外包钢管内灌填砂浆或黄油防护，外包的钢管不参与受力，在上端采用套入式，下端可以焊在横梁上。采用这一种形式，须在施工现场张拉镦头，控制每根钢丝均匀受力尤其重要。压浆须待全桥桥面调整完毕后进行。这种构造相对提高了吊杆的刚度，对桥面系的整体性能有所改善。

另一种是采用 PE 防护，一般在工厂加工成成品索，两端锚头可以完全由工厂加工镦头，也可以一端在现场镦头。两端均在工厂镦头的，有两点应引起注意：一是上下端（即拱肋与横梁）的预留孔均应能穿过锚头，这样对拱肋截面的损失较大，对横梁（特别是伸臂横梁）吊点处的受力钢筋影响较大；二是预制的尺寸要与实际结构尺寸很接近，因为锚头的调整范围很小。对一端工厂镦头，一端在现场镦头的，其施工注意事项同钢管护套的高强钢丝吊杆。

采用 PE 防护的吊杆，外层可以涂彩色，即双层 PE，近来又出现了单层彩色 PE 护套。为防止行人或小孩用刀刃等利器割伤 PE，通常在人行道上 2.0～2.5m 范围内用镀锌薄钢板或不锈钢管包裹。当跨径不大时，有时则整根包裹，PE 就不必着色了。采用 PE 防护的吊杆，其刚度相对于钢管护套的显得更柔些。

3. 系杆

系杆在钢管混凝土拱桥中为预应力混凝土梁，为拉弯构件。可参考预应力混凝土梁的构造，在这里不再赘述。

第四节　斜拉桥构造

斜拉桥是桥面体系受压，支承体系受拉的桥梁。主梁、拉索、索塔、锚固体系、支承体系是构成斜拉桥的五大要素。

一、主梁

主梁直接承受车辆荷载，是斜拉桥主要承受构件之一。梁高与主跨比 h/L 变化范围一般在1/100～1/50，对密索体系大跨径斜拉桥，高跨比可小于1/200。目前常用的主梁有钢梁、混凝土梁、叠合梁和混合梁等四种形式。钢架主要优点是跨越能力大，施工速度快，质量可靠程度高。但钢主梁价格较贵，后期养护工作量大，抗风稳定性较差。钢主梁适宜在1000m左右的跨径。

叠合梁即在钢主梁上用预制混凝土桥面板代替常用的正交异性钢桥面板。它除具有与钢主梁相同的优缺点外，还能节约钢材用量且其刚度及抗风稳定性均优于钢主梁。叠合梁适宜跨径在300～600m之间。

混凝土梁的优点是造价低、刚度大、挠度小、抗风稳定性好，后期养护比钢梁简单。缺点是跨越能力不如钢结构大，施工速度不如钢结构快。混凝土主梁典型的截面形式如图5-31所示。混凝土梁适宜的跨径在300m左右。

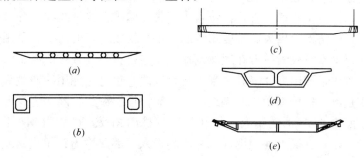

图5-31 典型混凝土主梁截面形式

(a) 板式断面；(b)、(c) 分离式双箱断面；(d) 闭合箱形断面；(e) 梯形或三角形箱形断面

图5-31（a）为板式截面，构造简单、建筑高度小、抗风性能也好，适用于双索面密索体系的窄桥。当板厚较大时，可采用空心板式截面。图5-31（b）、（c）为分离式双箱（或双主肋）截面，箱梁中心对准拉索平面，两个箱梁（或主肋）用于承重及锚固拉索，箱梁之间设置桥面系。其优点是施工方便。但全截面的抗扭刚度较差。图5-31（d）为闭合箱形截面，抗弯和抗扭刚度很大，适合于双索面稀索体系和单索面斜拉桥。外腹板多采用斜腹板，其在抗风和美观方面均优于直腹板，此外还可减少墩台宽度。图5-31（e）为半封闭双室梯形或三角形箱形断面。这种断面形式具有良好的抗风性能，特别适合于风载较大的双索面密索体系。

二、拉索

斜拉索是斜拉桥的重要组成部分，桥跨的重量和桥上荷载主要通过斜拉索传递给塔柱。

斜拉索由钢索和锚具两部分组成。钢索承受拉力，设置在钢索两端的锚具用来传递拉力。钢索一般采用高强度钢筋、钢丝或钢绞线制作。钢索种类主要有如下几种形式

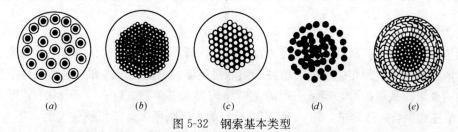

图5-32 钢索基本类型

(a) 平行钢筋索；(b) 平行钢丝索；(c) 钢绞线索；(d) 单股钢绞缆；(e) 封闭式钢缆

(图 5-32)：平行钢筋索、平行钢丝索、钢绞线索、单股钢绞缆和封闭式钢缆。

平行钢筋索由若干根高强钢筋平行组成，钢筋直径有 16、26.5、32、38mm 等几种规格。所以钢筋在金属管道内由聚乙烯定位板固定其位置，索力调整完后，在套管内采用柔性防护。这种钢索配用夹片式群锚。平行钢筋索必须在现场架设过程中形成。

平行钢丝索是将若干根钢丝平行并拢、扎紧、穿入聚乙烯套管，在张拉结束后采用柔性防护而成。钢丝索配用镦头锚或冷铸锚。目前钢丝索采用 $\phi 5$ 或 $\phi 7$ 钢丝制作，要求钢丝的标准强度 R_h 低于 1570MPa。这种索适合于现场制作。

钢绞线索由多股钢绞线平行或经轻度扭绞组成。其标准强度 R_h 已达 1860MPa，因此用钢绞线制作的钢索可以进一步减轻钢索的重量。平行钢绞线的防护有两种形式：一种是将整束钢绞线穿入一根粗的聚乙烯套管，然后采用柔性防护；另一种是将每一根钢绞线，涂防锈油脂后挤裹聚乙烯套管，再将若干根带有防护套的钢绞线，穿入大的聚乙烯套管中并压注采用柔性防护。集束后轻度扭绞的半平行钢绞线索的防护，采用热挤聚乙烯护套最为方便。平行钢索绞线索一般在现场制作，半平行钢绞线索一般在工厂制作好后运至工地。平行钢索绞线索配用夹片锚具。半平行钢绞线索也可以配用冷铸镦头锚。

封闭式钢缆是以一根较细的单股钢绞缆为缆心，逐层绞裹，断面为梯形的钢丝，接近外层时，绞裹断面为"Z"形的钢丝，相邻各层的捻向相反，最后得到一根粗大的钢缆。这种钢缆结构紧密，具有最大面积率，水分不易侵入。因此称为封闭式钢缆。

暴露在大气中的拉索在风雨天会出现振动，振动导致索中钢丝产生附加挠曲应力，加速钢丝的疲劳，因此拉索的风振应加以防止。长用的方法是在拉索上设置高阻尼黏弹性材料或黏性剪切型阻尼器来实施，也可以用右膜阻尼器实施。

高阻尼黏弹性材料是一种合成橡胶。其阻尼值比一般橡胶大 4～5 倍。用这种材料制作衬套，嵌在拉索和拉索钢导管之间构成阻尼支点（图 5-33）。拉索稍有振动，阻尼衬套就受到挤压并吸收能量，产生减振效果。

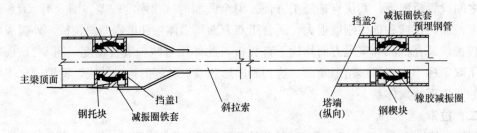

图 5-33 拉索高阻尼减振图

拉索是斜拉桥长期暴露的结构构件，因此必须针对侵蚀性环境的影响，特别对腐蚀加以防护。

三、索塔

索塔的结构形式、高度、截面尺寸，由跨径、桥面宽度、拉索布置等因素确定。

索塔的纵向造型和相应的受力条件必须满足足够的纵向稳定性和在运营条件下发挥正常功能的要求。从顺桥看，经常采用的主塔结构形式有单柱式、A字形和倒Y形等（图5-34）。单柱式主塔构造简单，而A形、倒Y形的主塔刚度大，能抵抗较大的弯矩。

从横桥向看，斜拉桥索塔形式（图 5-35）有柱式（a），门式（b）、（c），A字形

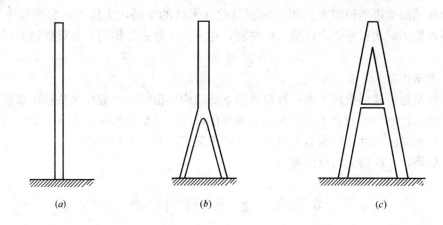

图 5-34 塔柱形式（顺桥向）
(a) 单柱式；(b) 倒 Y 形；(c) A 字形

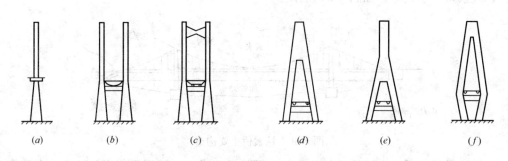

图 5-35 索塔横向造型基本形式
(a) 柱式；(b)、(c) 门式；(d) A 字形；(e) 倒 Y 形；(f) 菱形

(d)，倒 Y 形 (e) 及菱形 (f) 等。柱式塔构造简单，但承受横向水平荷载的能力差。单柱式通常用于主梁抗扭刚度较大的单索面斜拉桥，门式塔系两根塔柱组成的门形框架，构造较单柱式塔复杂，但抵抗横向水平荷载的能力较强。双柱及门式塔一般适用于桥面宽度不大的双拉索桥面斜拉桥。A 字形和倒 Y 形主塔的特点是结构横向刚度较大，但构造、受力复杂，施工难度较大。对于抗风、抗震要求较高的桥及大跨径或特大跨径的斜拉桥，经常采用这类形式的主塔结构。

四、锚固体系

斜拉桥拉索锚具目前常用四种：热铸锚、镦头锚、冷铸镦头锚和夹片式群锚。前三种锚具都可以事先接装在拉索上，称为拉锚式锚具；装配夹片式群锚的拉索，张拉时千斤顶直接拉钢索，张拉结束后锚具才发挥作用，所以夹片式群锚又称为拉丝式锚具。拉索锚具应便于张拉和换索，宜先考虑采用镦头锚和冷铸镦头锚。随着钢绞丝斜拉索的发展，夹片式群锚也将成为首选锚具。

斜拉索在主梁上锚固的梁段，习惯地称为锚固梁段。拉索在锚固梁段的锚固方式，根据索面和截面形状的不同几乎各桥皆异。选择锚固方式时，要考虑以下几个因素：确保连接可靠；能简捷地把索力传递到全截面；如需在梁端张拉，应具有足够的操作空间；要有防锈蚀能力和避免拉索产生颤振应力腐蚀；便于拉索养护和更换。

拉索在锚固梁段的锚固方式根据索面及截面形状的不同，大体上可分为以下几种类型：顶板设置锚固块；箱梁内设横隔板锚固；在三角形箱边缘锚固；在梁底锚固；锚固横梁。

五、支承体系

支承体系是传递斜拉桥上部各种荷载至下部结构的枢纽，一般在全桥总体布置及构造中予以考虑。在塔与梁的交叉部位及端支承部位，均应设空间约束的支承构造，同时考虑运营后容易更换耐久性差的构造及材料，并便于施工，利于养护维护。支承一般布置在塔的位置，顺桥向、横桥向均应设置。

第五节 悬索桥构造

悬索桥也称吊桥，它主要由主缆、锚碇、索塔、加劲梁、吊索组成，细部构造还有主索鞍、散索鞍、索夹等，如图 5-36 所示。

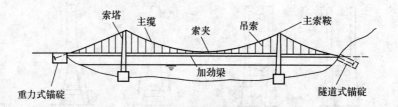

图 5-36 悬索桥主要构造

主缆：是悬索桥的主要承重结构，可由钢丝绳组成，也可用平行钢丝组成。大跨度悬索桥的主缆普遍使用平行钢丝式，可采用预制平行钢丝索股架设方法（PPWS 法），也可采用空中纺丝（AS 法）法架设。

锚碇：是锚固主缆的结构，主缆的钢丝索通过散索鞍分散开来锚于其中。根据不同的地质情况可修成不同形式的锚碇，如重力锚碇、隧道锚碇等。

索塔：是支承主缆的结构，主缆通过主索鞍跨于其上。根据具体情况可用不同材料修建，国内多为钢筋混凝土塔，国外钢塔较多。

加劲梁：是供车辆通行的结构。根据桥上的通车需要及所需刚度可选用不同的结构形式，如桁架式加劲梁、扁平箱形加劲梁等。

吊索：它通过索夹把加劲梁悬挂于主缆上。

大跨径悬索桥的结构形式根据吊索和加劲梁的形式可分为以下几种：

(1) 采用竖直吊索，并以钢桁架作加劲梁，如图 5-37 所示；

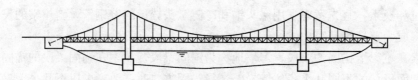

图 5-37 采用竖直吊索桁架式加劲梁的悬索桥

(2) 采用三角形布置的斜吊索，以扁平流线形钢箱梁作加劲梁，如图 5-38 所示；

(3) 前两者的混合式，即采用竖直吊索和斜吊索，流线形钢箱梁作加劲梁；

(4) 除了有一般悬索桥的缆索体系外，还有若干加强用的斜拉索，如图 5-39 所示。

如果按加劲梁的支承构造来分的话，又可分为单跨两铰加劲梁悬索桥、三跨两铰加劲梁悬索桥及三跨连续加劲梁悬索桥等，如图 5-40 所示。

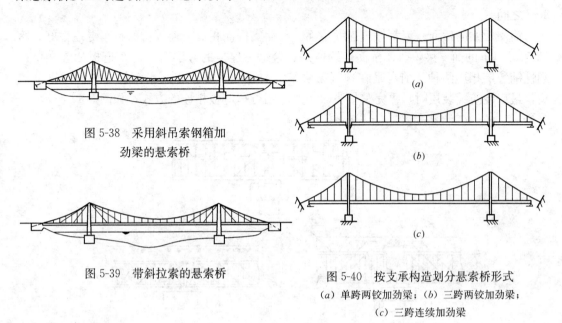

图 5-38 采用斜吊索钢箱加劲梁的悬索桥

图 5-39 带斜拉索的悬索桥

图 5-40 按支承构造划分悬索桥形式
(a) 单跨两铰加劲梁；(b) 三跨两铰加劲梁；
(c) 三跨连续加劲梁

第六节 桥面系构造

桥面系包括桥面铺装、桥面防水层、排水系统、人行道、栏杆、护栏和伸缩缝等，如图 5-41 所示。

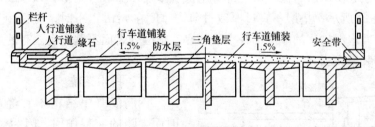

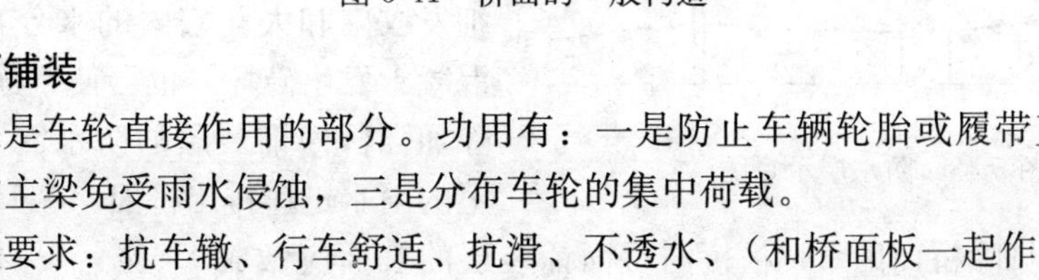

图 5-41 桥面的一般构造

一、桥面铺装

桥面铺装是车轮直接作用的部分。功用有：一是防止车辆轮胎或履带直接磨耗桥面板，二是保护主梁免受雨水侵蚀，三是分布车轮的集中荷载。

桥面铺装要求：抗车辙、行车舒适、抗滑、不透水、（和桥面板一起作用时）刚度好等。

水泥混凝土桥面铺装直接铺设在防水层或桥面板之上。其混凝土强度等级一般应高于或等于桥面板的强度等级，铺设桥面铺装时应避免二次成形。

装配式桥梁的水泥混凝土铺装层内宜配置 $\phi 6@20$ 双向钢筋网，桥面有超重车通过时，则采用 $\phi 8@20$ 双向钢筋网，防水混凝土在 8~13cm 之间。

沥青混凝土铺装是按级配原理选配材料，加入适量的沥青，沥青混凝土层厚在 6~8cm 之间。

简支板梁的桥面一般都做成连续桥面。与简支桥面相比，连续桥面行车舒适性好。跨径 50m 以下的简支梁，改作桥面连续体系较合适。连接的方法有，行车道板相连和桥面刚性铺装层相连两种。前者是在预制梁浇筑混凝土时，要留出水平钢筋、斜筋或箍筋露头，最后浇筑铺装层时，再完整接头。一般采用行车道板相连的方式，如图 5-42 所示。

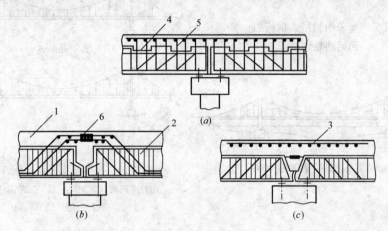

图 5-42 板梁式上部结构的连续桥面
1—现浇整体混凝土；2—预制构件；3—钢筋网；4—预制构件的凹部；
5—预制构件箍筋引出部分；6—引出筋焊接接头

二、防水层

防水层设在钢筋混凝土桥面板与铺装层之间，尤其在主梁受负弯矩作用处。梁桥防水层的构造由垫层、防水层与保护层三部分组成。垫层多做成三角形，以形成桥面横向排水坡度，如图 5-43 所示；垫层不宜过厚或过薄，厚度在 5cm 以下时，可只用 1:3 或 1:4 水泥砂浆抹平。水泥砂浆的厚度不宜小于 2cm。垫层的表面不宜光滑。有的梁桥防水层可以利用桥面铺装来充当。

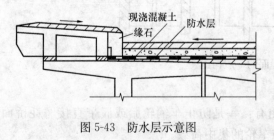

图 5-43 防水层示意图

三、排水系统

钢筋混凝土结构不宜经受时而湿润、时而干晒的交替作用，因为渗入混凝土微细发纹内和大孔穴内的水分在结冰时会使混凝土发生破坏，也会使钢筋锈蚀。因此，除加强桥面铺装层的防水能力外，应使桥上的雨水迅速排出桥面。

为了迅速排除桥面雨水，横桥向桥面铺装层的表面应做成 1.5‰~2‰ 的横坡。为了节省铺装材料并减轻重力，可以将横坡直接设在墩台顶部而做成倾斜的桥面板。桥面铺装的表面通常采用直线或抛物线形。人行道设 1% 的向内横坡，表面采用直线形。

在纵桥向，当桥面纵坡大于2%而桥长小于50m时，雨水可沿桥上纵向排出，不设泄水管，此时应在路基两侧设置流水槽，以免雨水冲刷引道路基；当桥面纵坡大于2%而桥长大于50m时，为防止雨水积滞桥面，就需要设置泄水管，顺桥向每隔12～15m设置一个；当桥面纵坡小于2%时，泄水管就需设置更密一些，一般顺桥长每隔6～8m设置一个。排水用的泄水管设置在行车道两侧，可对称排列。泄水管离路缘石的距离为0.1～0.5m。常用泄水管有铸铁管和塑料管，泄水管的布置位置如图5-44中泄水孔位置所示。

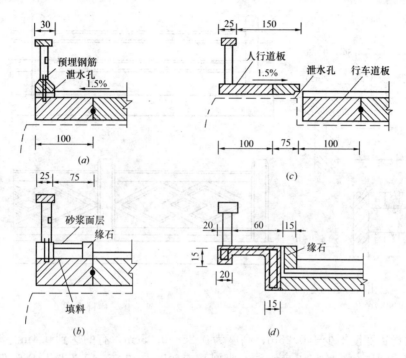

图5-44 人行道构造（cm）

四、人行道

人行道设在桥承重结构的顶面，而且高出行车道25～35cm，有就地浇筑式、预制装配式，常用的构造形式，如图5-44所示。

其中图5-44（a）为上设安全带的构造，它可以单独做成预制块件或与梁一起预制；图5-44（b）为附设在板上的人行道构造，人行道部分用填料填高，上面敷设2～3cm砂浆面层或沥青砂，在人行道内边缘设置缘石。图5-44（c）为小跨型宽桥，可将人行道部分墩台加高，在其上搁置人行道承重板。图5-44（d）则适用于整体浇筑的钢筋混凝土梁桥，而将人行道设在挑出的悬臂上，这样可缩短墩台长度，但施工不太方便。

图5-45为装配式人行道构造实例，它适用于0.75m宽人行道。它由人行道板，人行道梁，支撑梁及缘石组成。支撑梁用以固定人行道梁的位置，安装时将人行道板用稠水泥浆搁置在主梁上，人行道梁根部应与主梁桥面板伸出的锚固筋焊接，焊接部分应涂热沥青防锈，最后再在其上安放预制人行道板。就地浇筑的人行道板的厚度应不小于8cm，装配式不小于5cm。

五、栏杆、灯柱和护栏

栏杆是桥梁的防护设备，城市桥梁栏杆应美观实用、朴素大方，栏杆高度通常为

1.0~1.2m，栏杆柱的间距一般为1.6~2.7m。图5-46为城市桥梁中用量较多的双菱形和长腰圆形预制花板的栏杆图式。对于特别重要的城市桥梁，栏杆和灯柱设计更应注意艺术造型，使之与周围环境和桥型相协调，可采用易于制成各种图案和艺术性强的花板金属栏杆。

城市桥梁应设照明设备，照明灯柱可以设在栏杆扶手的位置上，也可靠近缘石处，其高度一般高出车行道5m左右。

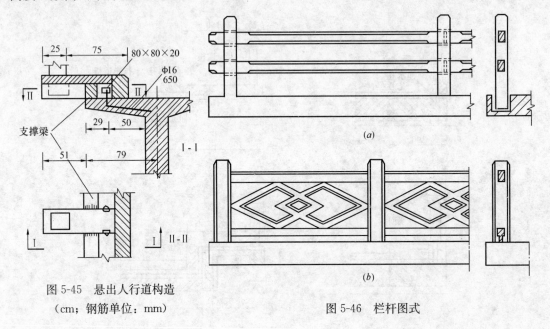

图5-45 悬出人行道构造
（cm；钢筋单位：mm）

图5-46 栏杆图式

护栏的设置宽度不少于0.25m，高度为0.25~0.35cm，有的达到0.4m。常用的有钢筋混凝土墙式护栏和金属制桥梁栏杆，典型截面如图5-47所示。设置护栏除保障行人的安全外，还能在意外情况下，对机动车起阻挡作用，抵挡车辆的冲撞，使车辆不致发生因失控冲出护栏以外的事故。

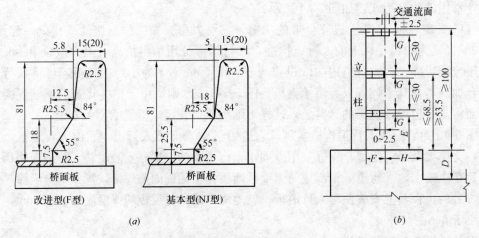

图5-47 桥梁护栏简图
（a）钢筋混凝土墙式护栏（cm）；（b）金属制桥梁栏杆（$D \geq 25$cm）（cm）

六、伸缩缝

为了保证主梁在气温变化、活荷载作用、混凝土胀缩和徐变时，能自由变形，就需要在梁与桥台之间，梁与梁之间设置伸缩缝（也称变形缝）。伸缩缝的作用除保证梁自由变形外，还应能使车辆在接缝处平顺通过，防止雨水及垃圾泥土等渗入，其构造应方便施工安装和维修。因此伸缩部件除应具有一定强度外，应能与桥面铺装牢固连接，并便于检修和清除缝中的污物。常用的伸缩缝有橡胶伸缩缝。

图 5-48 各种橡胶伸缩缝构造图。其中图 5-48（a）是用一种特制的三节型橡胶带代替镀锌薄钢板的伸缩缝构造，带的中心是空心的，它能满足变形和兼备防水的功能。图 5-48（b）是用氯丁橡胶制作的具有两上圆孔的伸缩缝嵌条，当梁架好后，在端部焊好角钢（角钢间距可略比橡胶嵌条的宽度小），涂上环氧树脂后，再将嵌条强行嵌入。图 5-48（c）则为橡胶与钢板组合的伸缩缝，橡胶嵌条的数量可随变形量的大小选取，其变形量可达 15cm。目前使用较多是大变形橡胶伸缩缝。伸缩缝在使用中容易损坏，为了行车平顺舒适，减轻养护工作量并提高桥梁的使用寿命，应尽量减少伸缩缝的数量并保证伸缩缝的施工质量。

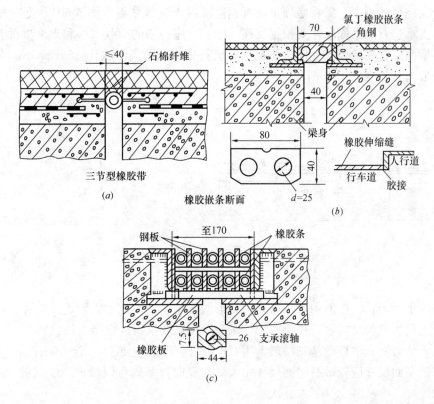

图 5-48 橡胶板（带）伸缩缝（mm）
(a) 三节型橡胶带；(b) 氯丁橡胶嵌条；(c) 橡胶与钢板组合

第七节 桥梁墩台构造

桥梁墩台是桥梁的重要组成部分，桥梁墩台一般由墩（台）帽、墩（台）身和基础组成。

桥墩一般系指多跨桥梁的中间支承结构物，它将相邻两孔的桥跨结构连接起来。桥梁除了承受上部结构的荷载外，还要承受水压力、风力及可能出现的流冰压力、船只及漂浮物的撞击力等。桥台是将桥梁与路堤衔接的构筑物，它除了承受上部结构的荷载外，还承受桥头填土的水平土压力及直接作用在桥台上的车辆荷载等。

一、桥墩构造

1. 重力式桥墩

重力式桥墩由墩帽、墩身和基础三部分组成。

墩帽一般用不低于C20的混凝土筑成，其顶面在横桥向常做成一定的排水坡，四周应挑出墩身约5~10cm作为滴水（檐口），如图5-49所示。在墩帽内，大、中跨径桥梁应设置构造钢筋，小跨径桥梁，当桥宽较窄时，除严寒地区外，可不设构造钢筋。

对于中、小跨径的桥梁，支座可直接安置在墩帽上。为了使支座传来的压力均匀分布到墩顶上，要在支座下设置1~2层钢筋网。钢筋网的尺寸为支座的两倍，钢筋直径一般为8~12mm，网格间距为7~10mm。

对于大跨径的桥梁，需在墩顶上设置钢筋混凝土支承垫石（图5-50），支座放在支承垫石上。支承垫石的平面尺寸要根据支座大小、支座传来的荷载大小和支承垫石下墩顶混凝土的强度而定，一般要求支座边缘距支承垫石边缘的距离不大于15~20cm，支承垫石的厚度一般为其长度的1/3~1/2。

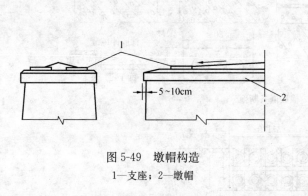

图5-49 墩帽构造
1—支座；2—墩帽

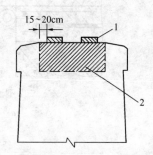

图5-50 墩帽支承垫石
1—支座；2—钢筋混凝土支承垫石

墩身的平面形状，在河中可以做成圆端形或尖端形，在无水岸墩或高架桥也可做成矩形，在水流与桥梁斜交时，可作为圆形。墩身可用浆砌块石或混凝土筑成。

设在天然地基上的桥墩基础一般采用C15以上的混凝土或M5砂浆砌片石（或块石）筑成。基础平面尺寸应较墩身底面尺寸略大。在竖向，基础可以做成单层式的或2~3层台阶式的。

重力式桥墩的优点是承载能力大，缺点是圬工数量多，重力大，适用于荷载较大或河流中流冰和漂浮物较多的桥梁。

2. 钢筋混凝土薄壁桥墩

由于重力式桥墩重力大，当地基土质条件较差时，为了减轻地基的应力，可考虑采用钢筋混凝土薄壁桥墩（图5-51）。其墩身厚度约为墩高的1/15~1/10（一般为30~50cm）。圬工数量比重力式桥墩节省70%左右，但需耗用较多的钢筋。

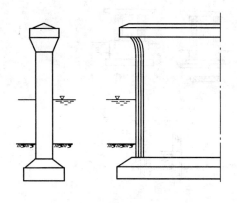

图 5-51 钢筋混凝土薄壁桥墩

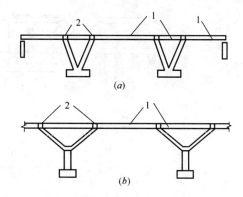

图 5-52 V 形桥墩和 Y 形桥墩
(a) V 形桥墩；(b) Y 形桥墩
1—预制梁；2—接头

3. V 形桥墩和 Y 形桥墩

大跨径桥梁，当上部结构为连续梁时，为了缩短两桥墩的跨径，桥墩结构可采用顶部分开底部连在一起的 V 形桥墩（图 5-52a）和顶部分开底部与直立桥墩连在一起的 Y 形桥墩（图 5-52b）。由于这种桥墩能缩短上部结构的跨径，所以上部结构所产生的弯矩比用其他形式的桥墩减少很多。

V 形桥墩的高度一般都设计成等高，墩底可以是固结的，也可以是铰接的。Y 形桥墩的高度可以不同，但斜臂顶至底的距离应保持不变，这样可以使所有的斜臂都具有统一的体形。

V 形和 Y 形桥墩都具有优美的外形，它能增加上部结构的跨径，减少桥墩数目，但施工比较复杂，需设置临时墩和用钢脚手架来支承斜臂的重力。

4. 柱式桥墩和桩柱式桥墩

柱式桥墩和桩柱式桥墩是公路桥梁采用较多的桥墩形式之一，它能减轻墩身重力，节约圬工材料，外形又较美观。

柱式桥墩可以在灌注桩顶浇一承台，然后在承台上设立柱（图 5-53a），或在浅基础上设立柱（图 5-53b）。为了增强墩柱间抗撞击的能力，在两柱中间加做隔墙（图 5-53c）。当桥墩较高，也可以把水下部分做成实体式，以上部分仍为柱式（图 5-53d）。

桩柱式桥墩一般分为两部分，在地面以上（或柱桩连接处以上）称为柱，在地面以下称为桩。图 5-53（e）为单柱式桩墩，适用于水流方向不稳定或桥宽不大的斜交桥；图 5-53（f）为等截面双柱式桩墩，桩位施工的精度要求高。图 5-53（g）为变截面双柱式桩墩。为了增加桩柱的横向刚度，在桩柱之间设置横系梁（图 5-53g）。

桩柱式桥墩施工方便，特别是采用钻孔灌注桩时，钻孔直径较大，墩身的刚度也比较大，桩内钢筋用量不多。

5. 柔性排架桩墩

柔性排架桩墩是由成排打入的钢筋混凝土桩构成，一般在墩高小于 5～7m，跨径小于 13m 的桥梁上使用。对于漂浮物严重和流速较大的河流，由于桩墩容易磨耗，不宜采用。

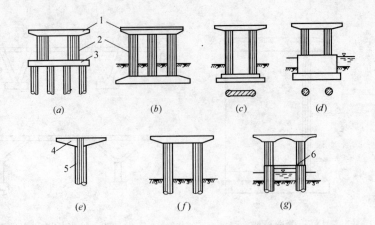

图 5-53 梁桥柱式和桩柱式桥墩

(a) 承台上设立柱；(b) 浅基础上设立柱；(c) 两柱中间加隔墙；(d) 水下实体式；(e) 单柱式桩墩；(f) 等截面双柱式桩墩；(g) 变截面双柱式桩墩

1—盖梁；2—立柱；3—承台；4—悬臂盖梁；5—单立柱；6—横系梁

柔性排架桩墩可分为单排架墩和双排架墩（图5-54）。单排架桩墩高不超过4～5m。当桩墩高度大于5m时，为了避免行车可能发生的纵向晃动，宜设置双排架墩。桩一般是采用预制的钢筋混凝土方桩，其截面为25～40cm的矩形。桩长不超过14m，桩与桩的间距为1.5～2m，双排间距30～40cm，桩顶盖梁为矩形截面，宽为60～80cm。

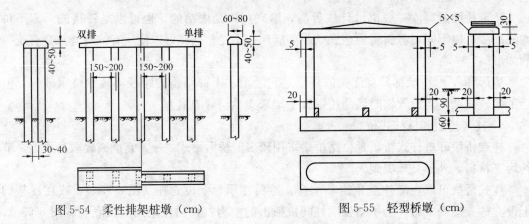

图 5-54 柔性排架桩墩（cm）　　　图 5-55 轻型桥墩（cm）

6. 轻型桥墩

小跨径的钢筋混凝土板桥，一般采用石砌或混凝土轻型桥墩较为经济（图5-55）。

墩帽用混凝土浇筑，厚度不小于30cm。墩帽四周挑檐宽度为5cm，周边做成5cm削角。当桥面的横向排水不用三角垫层调整时，可在墩帽顶面中心向两端加做三角垫层。墩帽上要预埋栓钉，位置与上部结构块件的栓孔相适应。

墩身用混凝土或浆砌块石做成，宽度不小于50cm，两边坡度为直立，两头做成圆墩形。

基础采用C15混凝土或砂浆砌片石（或块石）做成，平面尺寸较墩身底面尺寸略大（一般大20cm）。基础多做成单层式的，其高度在60cm上下。

二、桥台构造

1. 重力式U形桥台

重力式 U 形桥台由台帽、台身（前墙和后墙）和基础三部分组成（图 5-56）。前墙除承受上部结构传来的荷载外，还承受路堤的水平压力。前墙顶部设置台帽，以放置支座和安设上部构造，其构造要求与墩帽基本相同。台顶部分用防护墙将台帽与填土隔开，侧墙用以连接路堤并抵挡路堤填土向两侧的压力。

侧墙长度可根据锥形护坡长度决定，侧墙后端应伸入路堤锥坡内 75cm，以防填土松塌。尾端上部做成垂直，下部按一定坡度缩短，前端与前墙相连，改善了前墙的受力条件。桥台前墙的下缘一般与锥坡下缘相齐。两个侧墙间应填以渗透性较好的土。为了排除桥台前墙后面的积水，应于侧墙间略高于高水位的平面上铺一层向路堤方向设有斜坡的夯实黏土作为防水层，并在黏土层上再铺一层碎石，将积水引向设于桥台后横穿路堤的盲沟内（图 5-56）。

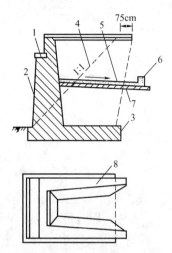

桥台两侧设有锥形护坡，锥形的坡度一般由纵向（顺路堤方向）为 1∶1 逐渐变至横向为 1∶1.5，以便和路堤边坡一致。锥坡的平面形状为 1/4 椭圆。锥坡用土夯筑而成，其表面用片石砌筑。

图 5-56　梁桥重力式 U 形桥台
1—台帽；2—前墙；3—基础；
4—锥形护坡；5—碎石；6—盲沟；
7—夯实黏土；8—侧墙

重力式 U 形桥台，主要依靠自身重力和台内填土重力来保持稳定，其构造虽然简单，但圬工数量大，并由于自身重量大而增强对地基的压力，因此，一般宜在填土高度和跨径不大的桥梁中采用。

2. 钢筋混凝土薄壁桥台

钢筋混凝土薄壁桥台是由扶壁式挡土墙和两侧的薄壁侧墙所构成（图 5-57）。挡土墙由厚度不小于 15cm（一般为 15~30cm）的前墙和每隔按 2.5~3.5m 设置的扶壁所组成。台顶由竖直小墙和支于扶壁上的水平板构成承梁部分，以支承桥跨。侧墙由两个边扶壁构成，在边扶壁上建有钢筋混凝土耳墙。

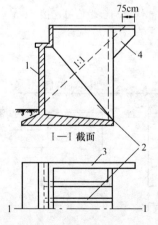

图 5-57　钢筋混凝土薄壁桥台
1—前墙；2—扶壁；
3—侧墙；4—耳墙

这种桥台比重力式 U 形桥台可减少圬工体积 40%~50%，同时还因自身重量轻而减小对地基的压力。但其构造复杂，钢筋用量也比较多，适用于在软土地基上建造的桥梁。

3. 埋置式桥台

当路堤填土高度超过 6~8m 时，可采用埋置式桥台。它是将台身埋在锥形护坡中，只露出台帽，以安放支座和上部结构。由于台身埋入土中，利用台前锥坡产生的土压力来抵消台后的主动土压力，可以增加桥台的稳定性，桥台的尺寸也相应减小。但埋置式桥台的锥坡挡水面积大，对桥孔下的过水面积有所压缩。

埋置式桥台台顶部分的内角到路堤锥坡表面的距离不应小于 50cm，否则应在台顶缺口的两侧设置横隔板，使台顶部分与路堤锥坡的填土隔开，防止土壅到支座平台上。桥台通过耳墙与路堤衔接，耳墙伸进路堤的长度一般不小于 50cm。

113

重力式埋置桥台的台身可用混凝土、片石混凝土或浆砌块石筑成，耳墙用钢筋混凝土做成。台身常做成向后倾斜，这样可减小台后土压力和基底合力偏心距。但施工时应注意桥台前后均匀填土，以防倾倒（图 5-58a）。

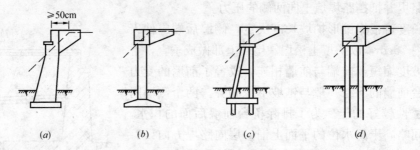

图 5-58 埋置式桥台
(a) 重力式埋置桥台；(b) 立柱式埋置桥台；(c) 框架式埋置桥台；(d) 柱式埋置桥台

除了重力式埋置桥台外，还有立柱式埋置桥台（图 5-58b）、框架式埋置桥台（图 5-58c）和柱式埋置桥台（图 5-58d）。这些桥台均较重力式桥台轻巧，能节约大量圬工。

在高等级公路中，对于桩式埋置桥台，由于桩的下沉量很小、路基下沉量较大而引起桥头跳车时，需设置桥头搭板。

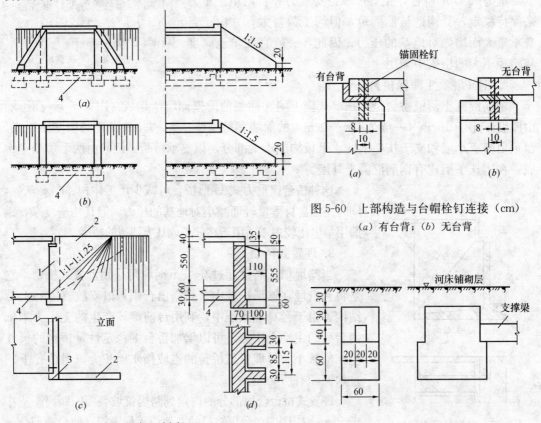

图 5-59 轻型桥台（cm）
(a) 八字形；(b) 一字形；(c) 边柱设置耳墙；(d) T 形截面
1—台墙；2—耳墙；3—边柱；4—支承梁

图 5-60 上部构造与台帽栓钉连接（cm）
(a) 有台背；(b) 无台背

图 5-61 支承梁顶座（cm）

4. 轻型桥台

轻型桥台用于跨径不大于13m的板（梁）桥。且不宜多于3孔，全长不大于20m。

台帽用混凝土浇筑。厚度不小于30cm。当填土高度较高或跨径较大时，宜采用有台背的台帽。当上部构造不设三角垫层时，可在台帽上做成有斜坡的三角垫层。

台身用混凝土浇筑或块石砌筑，宽度不小于60cm，两边坡度为直立。两边翼墙与桥台连成整体，成为一字形桥台（图5-59b）；也有把翼墙与桥台设缝分离，翼墙与水流方向成30°夹角，成为八字形桥台（图5-59a）。为了节约圬工数量，也可在边柱上设置耳墙（图5-59c）。为了增加桥台抵抗水平推力的抗弯刚度，也可将台身做成T形截面（图5-59d）。

上部构造与台帽间应用栓钉连接，栓钉孔、上部结构与台背之间需用小石头混凝土（强度等级同上部结构）或砂浆（M12）填实（图5-60）。栓钉直径不宜小于上部构造主筋的直径，锚固长度为台帽厚度加上三角垫层和板厚。

桥台下端与相邻桥台（墩）之间设置支撑梁。支撑梁的尺寸一般为20cm×30cm，设在铺砌层及冲刷线之下，中距为2～3m。对于多孔桥的一字形桥台，墩与台之间的支撑梁需设置支撑梁顶座（图5-61）。

第八节 桥梁支座构造

桥梁支座的主要作用是将桥跨结构上的恒载与活荷载反力传递到桥梁的墩台上去，同时保证桥跨结构所要求的位移与转动。常用的支座有板式橡胶支座、聚四氟乙烯滑板式橡胶支座和盆式橡胶支座等。

一、板式橡胶支座

板式橡胶支座由多层橡胶片与薄钢板镶嵌、粘合、压制而成（图5-62）。它具有足够的竖向刚度以承受垂直荷载，能将上部构造的反力可靠地传递给墩台；有良好的弹性，以适应梁端的转动；有较大的剪力变形以满足上部构造的水平位移。它的形状除了矩形之外，还有圆形。板式橡胶支座适用于中小跨径桥梁，标准跨径20m以内的梁板桥，可采用该种支座。

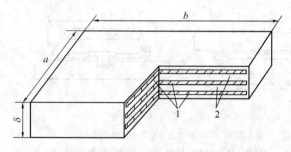

图5-62 板式橡胶支座结构示意图
1—薄钢板；2—橡胶片

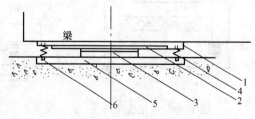

图5-63 四氟滑板式橡胶支座构造图
1—梁底上钢板；2—不锈钢板；3—四氟滑板式橡胶支座；4—支座保护皮腔；5—墩台下钢板；6—压板条

聚四氟乙烯滑板式橡胶支座（以下简称四氟滑板式支座），是板式橡胶支座的一种特殊形式，系将一块平面尺寸与橡胶支座相同，厚为1.5～3mm的聚四氟乙烯板材，与橡胶支座粘合在一起的支座。另在梁底支点处，设置一块有一定光洁度的不锈钢板，可在支座四氟乙烯板表面来回移动。它除了具有橡胶支座优点外，还能满足位移量需要较大的要求。

聚四氟乙烯滑板式橡胶支座能满足的反力为90～3600kN，适用于水平位移较大的桥梁需要。这种支座不仅适用于较大跨度的简支梁桥，而且还适用于桥面连续的桥梁和连续桥梁。

四氟滑板式橡胶支座是由六个部分组成，如图5-63所示。

梁底上钢板与梁底连接，该钢板可以预埋在梁的支点处，也可以在梁架设时用环氧树脂与梁底粘结。厚10～16mm。

不锈钢板上与梁底上钢板宽槽吻合，并用环氧树脂粘结，下与支座四氟板表面接触，一般是在支座就位架梁时安放，其目的是保护不锈钢板避免受伤锉毛，这样对减少四氟板的磨耗有利，并对减小摩擦系数有好处。

四氟滑板式橡胶支座是由纯聚四氟乙烯板、橡胶、Q235钢板三种不同材料硫化粘结而成。它系将一块平面尺寸与橡胶支座相同的，使用特殊的胶粘技术与橡胶支座粘结在一起。

皮腔是用人造革或优质漆布制成折叠式长方形的保护腔，设在四氟滑板式橡胶支座外围，其目的是隔绝或减少紫外线对橡胶老化的影响，另外保护不锈钢表面的清洁度以免受玷污而对四氟板起着有害作用。

墩台下钢板是用厚为10～12mmQ235钢板制成，预埋在墩以上，钢板面层有深与宽各为1mm的交叉对角线为方框线，是设定梁轴线和支座安放位置的标记。在垂直梁轴线的钢板两边附近有若干个螺钉，作固定皮腔之用。

二、盆式橡胶支座

盆式橡胶支座适用于支座承载力为1000～2000kN的梁。压板条是用厚为3mm，宽为15mm，长按支座要求而定的Q235钢板制成，一套压板有9条，每条压板条有若干只大于螺钉直径的圆孔，作压住皮腔之用。分为双向活动支座和单向活动支座，如图5-64、图5-65所示。

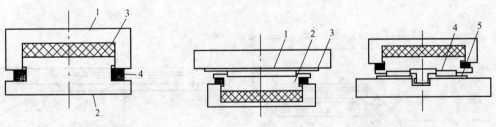

图5-64 固定支座
1—盆环；2—盆塞；
3—橡胶块；4—密封

图5-65 双、单向活动支座
1—四氟乙烯板-双向活动支座；2—中间支座板；
3—钢滑板；4—四氟乙烯板；5—不锈钢板装置

通常，一T形梁的支点宜设一个支座，一个箱梁的支点宜设两个支座，当超过此数时，基于盆式支座刚度很大，除应采取均衡受力措施外，还必须对支座承载能力及结构强度留有充分余地。

单向活动支座主要由下支座板、上支座板、聚四氟乙烯滑板、承压橡胶板、橡胶密封圈、中间支座板、钢紧箍圈、上下支座连接板等组成，如图 5-66 所示。

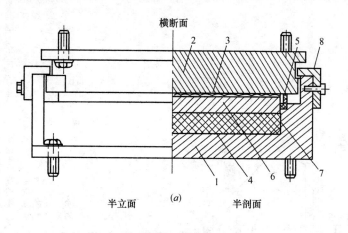

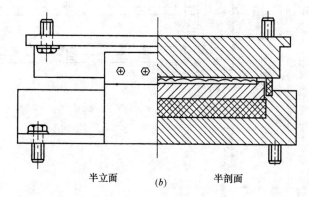

图 5-66 单向活动支座
(a) 横桥向；(b) 顺桥向
1—下支座板；2—上支座板；3—聚四氟乙烯滑板；4—承压橡胶块；
5—橡胶密封圈；6—中间支座板；7—钢紧箍圈；8—上下支座连接板

第九节 桥梁工程图识读

一、梁桥

（一）总体布置图

总体布置图一般由立面图（半剖面图）、平面图和横断面图表示，主要表明桥梁的形式、跨径、孔数、总体尺寸、各主要构件的相互位置关系、桥梁各部分的标高及说明等。

1. 立面图

总体立面图一般采用半立面图和半纵剖面图来表示，半立面图表示其外部形状，半纵剖面图表示其内部构造，如图 5-67 所示。由总体布置立面图可看出：

(1) 跨径：全桥为一跨，跨径为 20m；

(2) 桥墩台形式：桥台为重力式桥台，由台帽、台身、承台组成；

(3) 基础：桩基为钻孔灌注桩基础，每个桥台下布设两排；

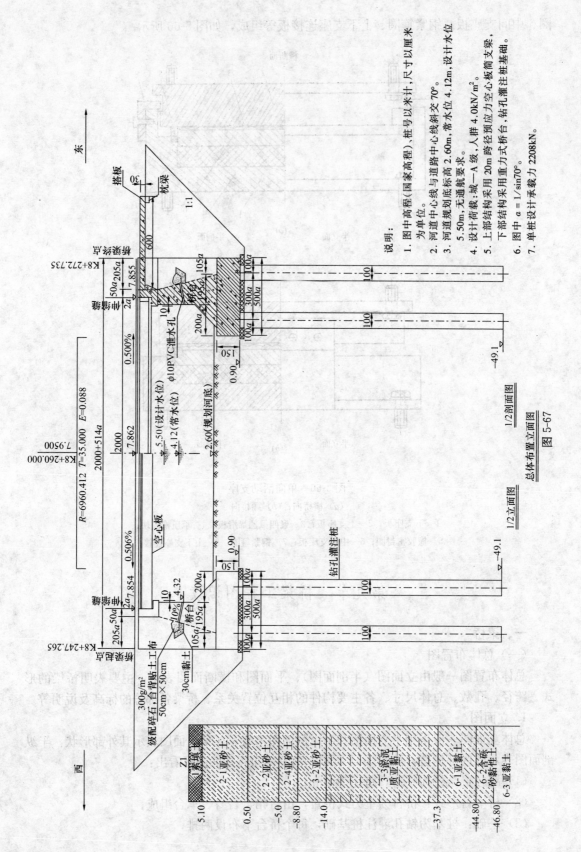

图 5-67 总体布置图

(4) 总体尺寸、标高：由图可了解桥梁起终点桩号、桥面标高、河底标高、水位标高、桩基底标高及桩径尺寸等；

(5) 其他：由地质剖面图可了解到地质大致情况及一些附属构件如桥台后搭板的长度等。

2. 平面图

表示桥梁的平面布置形式，可看出桥梁宽度、桥梁与河道的相交形式、桥台平面尺寸以及桩的平面布置方式，如图5-68所示。

3. 横断面图

主要表示桥梁横向布置情况，从图中可看出桥梁宽度、桥上路幅布置、梁板布置及梁板形式、也可看出桩基的横向布置，如图5-69所示。

(二) 构造及配筋图

1. 空心板构造及配筋图

(1) 构造图由平、立、剖面共同表示，可清楚了解空心板的内外部构造尺寸，并由图中的铰缝图了解空心板与空心板间的连接情况，如图5-70所示。

(2) 配筋图由普通钢筋构造图与预应力钢筋构造图组成。预应力空心板受力筋为预应力钢筋，普通钢筋则为构造钢筋，如图5-71 (a、b) 所示。

1) 普通钢筋构造图：表示空心板中构造钢筋布置情况，钢筋编号采用 N 表示，N_1、N_2、N_3 为纵向布置钢筋，为梁中主要构造钢筋，对分散梁中应力及控制非受力裂缝起较大作用，N_1 通长布置。由于铰缝的缘故，N_2、N_3 号筋共同组成通长筋，N_1 下缘布置8根，上缘8根，两侧各3根，共22根；N_4、N_5、N_6、N_7 共同组成箍筋，梁端部间距为10cm，中部为20cm，主要作用为架立并承担部分剪力，与纵向钢筋组成普通钢筋骨架；N_8 号筋为板间连接钢筋，作用为加强两空心板间的连接刚度；N_9、N_{10} 为空心板顶板下缘筋，主要承担空心板顶板弯矩。图中画出了每种钢筋的详图。

2) 预应力钢束构造图：板梁为后张法预应力空心板梁，由图中预应力钢束坐标表可知预应力筋立面布置位置；一块空心板共四束钢束，每束由4根高强低松弛钢绞线组成，由说明还可看出预应力孔道由预埋波纹管形成及锚具型号。预应力钢筋为梁板中主要受力钢筋，承受梁板的主要弯矩及剪力，如图5-71所示。

2. 桩基构造及配筋图

因桩基外形简单无需另出构造图，由图5-72中可知桩基为桩径1m的钻孔灌注桩基础。N_1、N_2 号筋为主筋，主要承受桩所受的弯矩及部分剪力，由于本桥桩基采用摩擦桩，考虑桩顶以下一定深度弯矩及水平力均较小，主筋不需通长布置，N_1 号筋从上到下约布置到桩长2/3、N_2 号筋约为桩长的1/2；N_3 号筋为加强钢筋，与主筋焊接，每2m布设一道；N_4、N_5 号筋为螺旋箍筋，与主筋绑扎形成钢筋笼，并受部分水平力，其中 N_5 号筋为桩顶处螺旋筋，主筋在桩顶处弯起，使其与承台连接更牢固；N_6 号筋为定位钢筋，布置在加强筋四周，如图5-72所示。

二、高架桥

(一) 高架立面图

立面图表示高架的立面形式，主要表现高架跨径布置、标高及相交道路情况，如图5-73所示范围高架跨径布置为三联连续梁，分别为5m×25m五孔一联、(25+40+25)m三

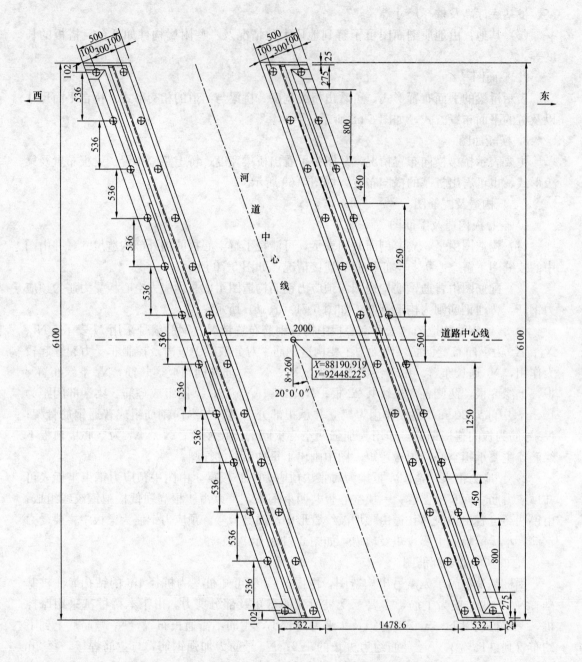

说明:
1.图中桩号、坐标均以米计,尺寸以厘米计。

总体平面布置图

图 5-68

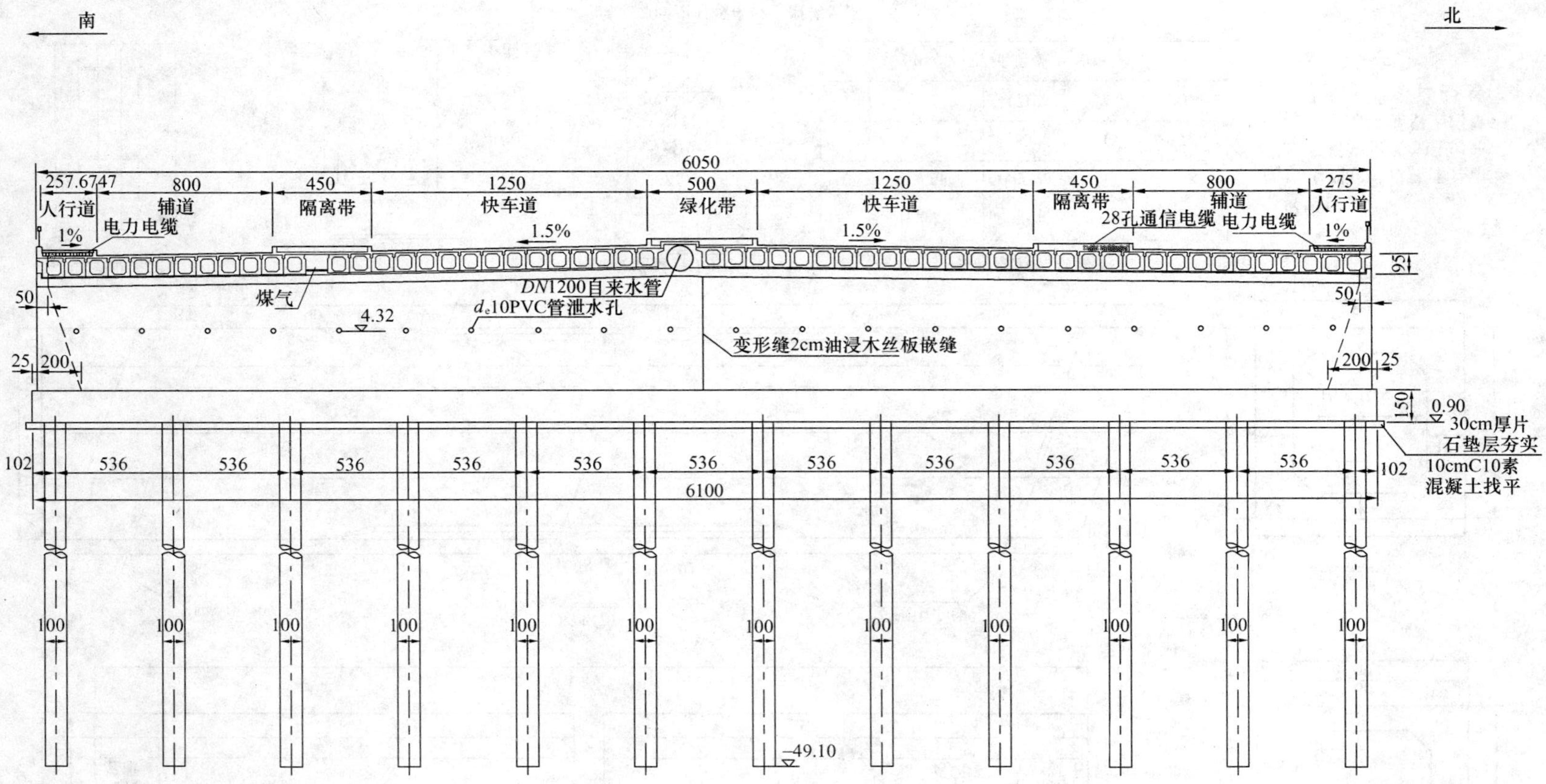

桥台横断面图

图 5-69

说明：
1. 图中标高以米计，尺寸以厘米为单位。

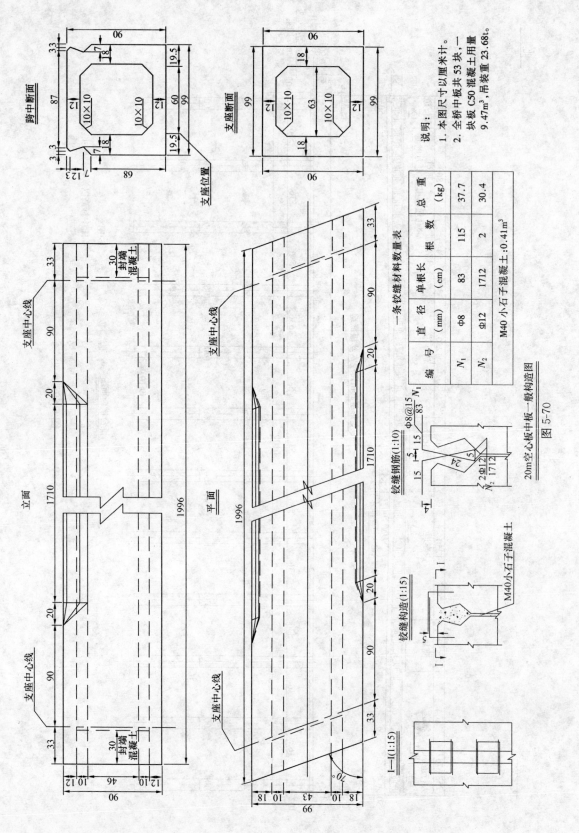

图 5-70 20m空心板中板一般构造图

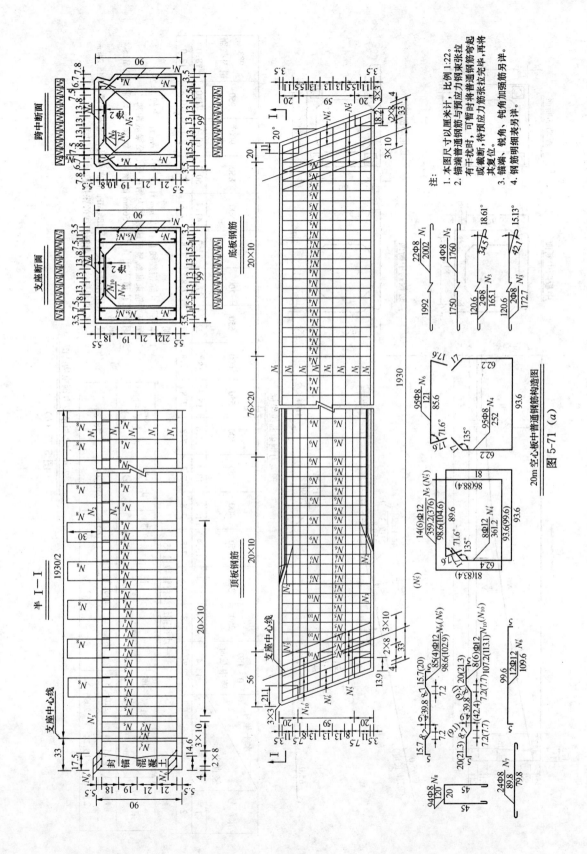

图 5-71 (a) 20m空心板中普通钢筋构造图

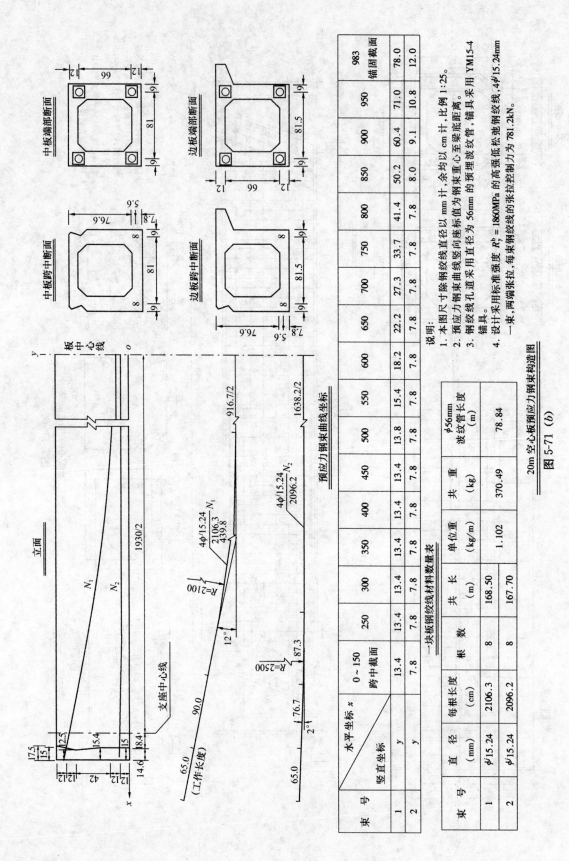

图5-71(b) 20m空心板预应力钢束构造图

一根桩材料数量表

编号	直径(mm)	长度(cm)	根数	共长(m)	共重(kg)	总重(kg)
1	Φ20	3718	10	371.80	918.3	1712.1
2	Φ20	2717	10	271.70	671.1	
3	Φ20	276	18	49.68	122.7	
4	Φ8	52655	1	526.55	208.0	214.9
5	Φ8	1749	1	17.49	6.9	
6	Φ12	53	72	38.16	33.9	33.9
C25 混凝土(m^3)						39.27

说明:
1. 图中尺寸除钢筋直径以毫米计,余均以厘米为单位。
2. 加强钢筋绑扎在主筋内侧,其焊接方式采用双面焊。
3. 定位钢筋 N_6 每隔2m设一组,每组4根均匀设于加强筋 N_3 四周。
4. 沉淀物厚度不大于15cm。
5. 钻孔桩全桥48根。

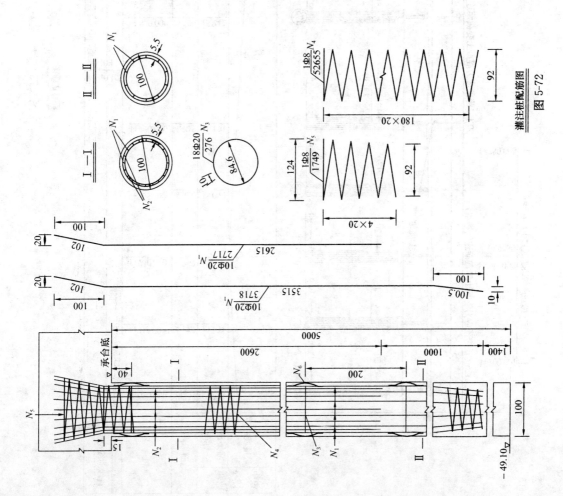

灌注桩配筋图
图 5-72

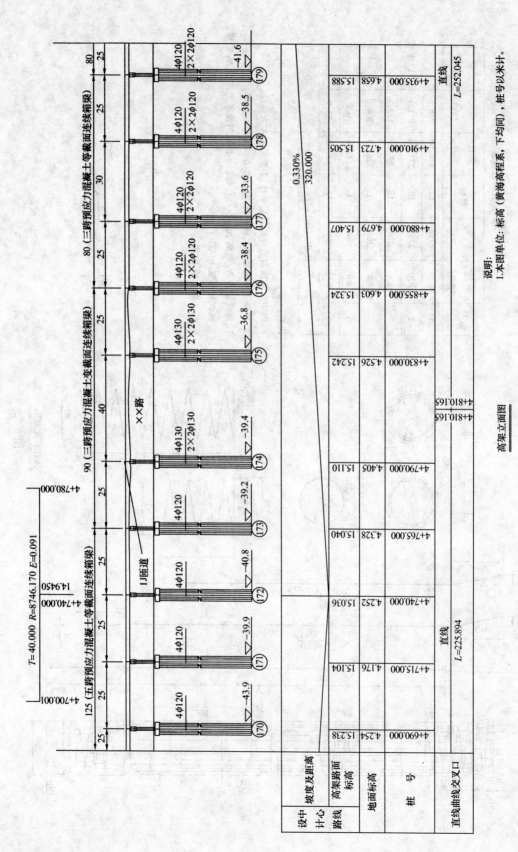

高架立面图

图 5-73

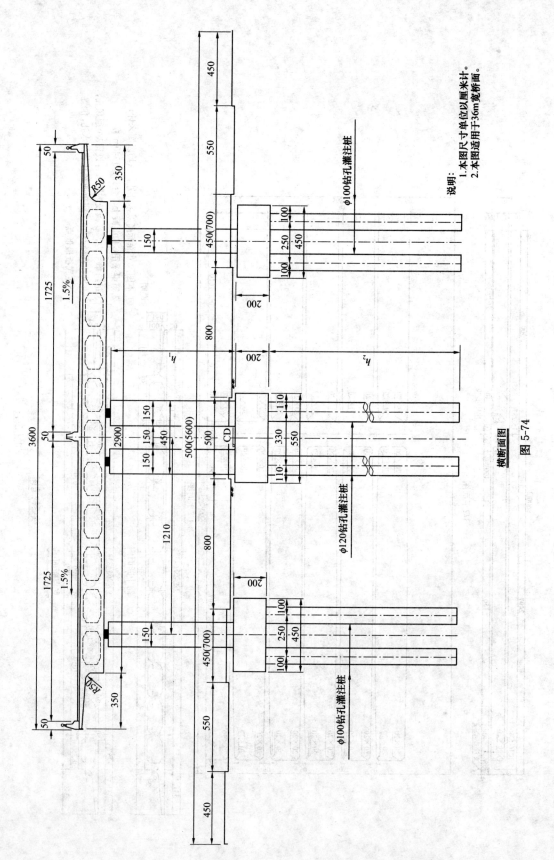

图 5-74 横断面图

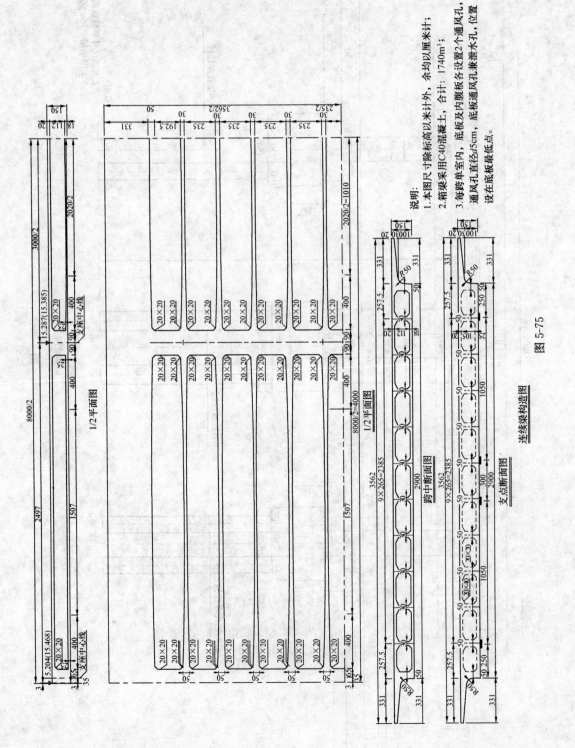

图 5-75 连续梁构造图

孔一联及（25+30+25）m 三孔一联；其中 40m 跨径处横跨××路；高架路面标高、地面标高以及高架纵坡可以从下面表格中了解到。

（二）高架横断面图

横断面图 5-74 表示高架横向布置以及与地面道路的相互位置等情况，从图中所示高架可了解高架总宽为 36m，箱梁下缘宽度 29m，两侧悬臂段长为 3.5m；高架上部结构采用单箱多室等截面预应力混凝土现浇箱梁，桥梁下部结构采用实体墩，桩接承台。从图中还可了解高架与地面道路相互关系，高架桥墩布置于道路机非隔离带及中央绿化带上。

（三）连续梁一般构造图

梁体一般构造图由平面图及横断面图表示，由于左右对称一般只表示 1/2 跨。一般构造图可了解箱梁外形及内部尺寸构造，图中可知箱梁共 11 室，为直腹板，中腹板从距横梁 4m 处开始由厚 30cm 逐渐加厚至 50cm，主要考虑梁体中预应力筋的锚固；边腹板为 50cm，如图 5-75 所示。

第六章 桥梁工程施工

桥梁的施工程序为：施工准备工作和桥位放样——→下部结构施工——→上部结构施工。

（1）施工准备工作和桥位放样，包括熟悉设计文件，施工图纸和现场调查施工条件，拟定施工方案，编制施工组织设计，以便有组织、有计划、有步骤地进行施工。成立施工管理机构并配备人员，组织劳力、材料和施工机具设备等；桥位施工勘测，墩台中心线定位与放样等。

（2）下部结构施工，包括墩台基础施工、墩台砌筑、支座安装和桥台锥坡施工等。

（3）上部结构施工，包括模板制作与安装，钢筋制作与安装，混凝土浇筑，预制构件的运输和安装，桥面系和装饰等。

在整个施工过程中必须严格控制施工质量，注意节约人力、物力和财力，同时要特别注意施工安全。在选择预制场地和临时道路时，要尽量节约用地。

施工完毕后，应清理场地，清除堵塞河道的施工设施。

第一节　桥梁施工准备工作

桥梁施工准备工作包括技术准备、组织准备、物资准备和现场准备工作。

一、技术准备

技术准备是施工准备工作的核心。技术准备必须认真做好以下准备工作。

1. 图纸会审和技术交底

1）图纸会审

施工单位在收到拟建工程的设计图纸和有关技术文件后，应尽快组织工程技术人员熟悉、研究所有技术文件和图纸，全面领会设计意图；检查图纸与其各组成部分之间有无矛盾和错误；在几何尺寸、坐标、高程、说明等方面是否一致；技术要求是否正确；并与现场情况进行核对。目的是在建设单位组织图纸会审时，能尽可能把问题解决在正式开工前，避免在施工中出现图纸上的问题，再来协商解决，浪费时间影响进度，有时还会影响质量。同时要做好详细记录，记录应包括对设计图纸的疑问和有关建议。

2）技术交底

施工中必须建立技术与安全交底制度。作业前主管施工技术人员必须向作业人员进行安全与技术交底，并形成文件。

设计技术交底一般由建设单位（业主）主持，设计、监理和施工单位（承包人）参加。先由设计单位说明工厂的设计依据、意图和功能要求，并对特殊结构、新材料、新工艺和新技术提出设计要求，进行技术交底。然后施工单位根据研究图纸的记录以及对设计意图的理解，提出对设计图纸的疑问、建议和变更。最后在统一认识的基础上，对所探讨的问题逐一做好记录，形成"设计技术交底纪要"。由建设单位正式行文，参加单位共同会签盖章作为与设计文件同时使用的技术文件和指导施工的依据，以及建设单位与施工单位进行工程结算的依据。当工程为设计施工总承包时，应由总承包人主持进行内部设计技术交底。

2. 原始资料的进一步调查分析

对拟建工程进行实地勘察，进一步获得有关原始数据的第一手资料，这对于正确选择施工方案、制定技术措施、合理安排施工顺序和施工进度计划是非常必要的。

1) 自然条件的调查分析

其内容包括：河流水文、河床地质、气候条件、施工现场的地形地物等自然条件的调查分析。

2) 技术经济条件的调查分析

主要内容包括：施工现场的动迁状况、当地可利用的地方材料状况、地方能源和交通运输状况、地方劳动力和技术水平状况、当地生活物资供应状况、可提供的施工用水用电状况、设备租赁状况、当地消防治安状况及分包单位的实力状况等。

3. 拟订施工方案

在全面掌握设计文件和设计图纸，正确理解设计意图和技术要求，以及进行以施工为目的的各项调查后，应根据进一步掌握的情况和资料，对投标时初步拟定的施工方法和技术措施等进行重新评价和深入研究，以制订出详尽的更符合现场实际情况的施工方案。

施工方案一经确定，即可进行各项临时性结构诸如基坑围堰、钢围堰的制造场地及下水、浮运、就位、下沉等设施，钻孔桩水上工作平台，模板支架及脚手架等施工设计。施工设计应在保证安全的前提下尽量考虑使用现有材料和设备，因地制宜，使设计出的临时结构经济适用、装拆简便、功能性强。

4. 编制施工组织设计

施工组织设计是施工准备工作的重要组成部分，也是指导工程施工中全部生产活动的基本技术经济文件。编制施工组织设计的目的在于全面、合理、有计划地组织施工，从而具体实现设计意图，优质高效地完成施工任务。

施工组织设计大致包括的内容有：

①编制说明；②编制依据；③工程概况和特点；④施工准备工作；⑤施工方案（含专项设计；⑥施工进度计划；⑦工料机需要量及进场计划；⑧资金供应计划；⑨施工平面图设计；⑩施工管理机构及劳动力组织；⑪季节性施工的技术组织保证措施；⑫质量计划；⑬有关交通、航运安排；⑭公用事业管线保护方案；⑮安全措施；⑯文明施工和环境保护措施；⑰技术经济指标等。

5. 编制施工预算

根据施工图纸、施工组织设计或施工方案、施工定额等文件及现场的实际情况，由施工单位编制施工预算。施工预算是施工企业内部控制各项成本支出、考核用工、签发施工任务单、限额领料以及基层进行经济核算的依据，也是制定分包合同时确定分包价格的依据。

二、组织准备

1) 建立组织机构

确定组织机构应遵循的原则是：根据工程项目的规模、结构特点和管理机构中各职能部门的职责建立组织机构，如图 6-1 所示。人员的配备应力求精干，以适应任务的需要。

坚持合理分工与密切协作相结合，使之便于指挥和管理，分工明确，责权具体。

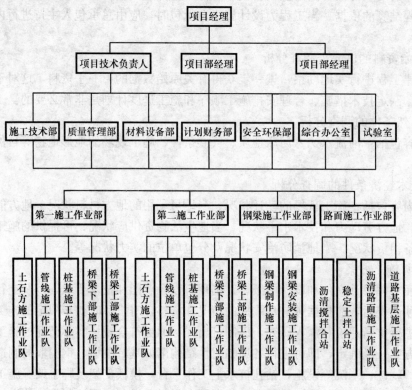

图 6-1 组织机构

2) 合理设置施工班组

施工班组的建立应认真考虑专业和工种之间的合理配置，技工和普工的比例要满足合理的劳动组织，并符合流水作业方式的要求，同时制订出该工程的劳动力需要量计划。

3) 集结施工力量，组织劳动力进场

进场后对工人进行技术、安全操作规程以及消防、文明施工等方面的培训教育。

4) 施工组织设计、施工计划、施工技术与安全交底

在单位工程或分部分项工程开工之前，应将工程的设计内容、施工组织设计、施工计划和施工技术等要求，详尽地向施工班组和工人进行交底，以保证工程能严格按照设计图纸、施工工艺、安全技术措施、降低成本措施和施工验收规范的要求施工；新技术、新材料、新结构和新工艺的实施方案和保证措施的落实；有关部位的设计变更和技术核定等事项。

5) 建立、健全各项管理制度

管理制度通常包括：技术质量责任制度、工程技术档案管理制度、施工图纸学习和会审制度、技术交底制度、技术部门及各级人员的岗位责任制、工程材料和构件的检查验收制度、工程质量检查与验收制度、材料出入库制度、安全操作制度、机具使用保养制度等。

三、物资准备

(1) 工程材料，如钢材、木材、水泥、砂石等的准备。

(2) 工程施工设备的准备。

(3) 其他各种小型生产工具、小型配件等的准备。

四、现场准备

1）施工控制网测量

按照勘测设计单位提供的桥位总平面图和测试图控制网中所设置的基线桩、水准高程以及重要的桩志和保护桩等资料，进行三角控制网的复测，并根据桥梁结构的精度要求和施工方案补充加密施工所需要的各种标桩，进行满足施工要求的平面和立面施工测量控制网。

2）搞好"四通一平"

"四通一平"是指水通、电通、通信通、路通和平整场地。为蒸汽养生的需要以及考虑寒冷冰冻地区特殊性，还要考虑暖气供热的要求。

3）建造临时设施

按照施工总平面图的布置，建造所有生产、办公、生活、居住和储存等临时用房，以及临时便道、码头、混凝土拌合站、构件预制场地等。

4）安装调试施工机具

对所有施工机具都必须在开工之前进行检查和试运转。

5）材料的试验和储存堆放

按照材料的需要量进行计划，应及时提供，包括混凝土和砂浆的配合比与强度、钢材的机械性能等各种材料的试验申请计划。并组织材料进场，按规定的地点和指定的方式进行储存堆放。

6）新技术项目的**试制和试验**

按照设计文件和施工组织设计的要求，认真组织新技术项目的试验研究。

7）冬期、雨期施工安排

按照施工组织设计要求，落实冬期、雨期施工的临时设施和技术措施，做好施工安排。

8）消防、保安措施

建立消防、保安等组织机构和有关的规章制度，布置安排好消防、保安等措施。

9）建立、健全施工现场各项管理制度

依据工程特点，制定施工现场必要的各项规章制度。

10）办理同意施工的手续

应遵守施工当地市政工程管理部门的管理要求，按一切要求办理的同意施工的手续。

第二节 桥梁基础施工

桥梁上部结构承受的各种荷载，通过桥台或桥墩传至基础，再由基础传给地基。基础是桥梁下部结构的重要组成部分，桥梁的基础施工属于桥梁下部结构施工。根据桥梁基础埋置深度分为浅基础和深基础。浅基础一般采用明挖工程，深基础有桩基础、管柱基础、沉井基础、地下连续墙基础等。本章主要介绍浅基础施工、打入桩施工、钻孔灌注桩施工及沉井施工。

一、明挖扩大基础施工

天然地基上浅基础施工又称明挖法施工。采用明挖法施工特点是工作面大，施工简便，其施工程序和主要内容为定位放样、基坑围堰、基坑排水、基坑开挖、基底检验、基础砌筑及基坑回填。

（一）基础定位放样

基础定位放样是根据墩台的位置和尺寸将基础的平面位置与基础各部分的标高标定在地面上。放样时，首先定出桥梁的主轴线，然后定出墩台轴线，最后详细定出基础各部尺寸。基础位置确定后采用钉设龙门板或测设轴线控制桩，作为基坑开挖后各阶段施工恢复轴线的依据。

基础的尺寸由设计图纸查得为 a、b 如图6-2所示，根据土质确定放坡率与工作面等宽度可得到基坑顶的尺寸为：

$$A = a + 2 \times (0.5 \sim 1m) + 2 \times H \times n \tag{6-1}$$
$$B = b + 2 \times (0.5 \sim 1m) + 2 \times H \times n \tag{6-2}$$

式中　A——为基坑顶的长；
　　　B——为基坑顶的宽；
　　　H——基础底高程与地面平均高程之差；
　　　n——边坡率。

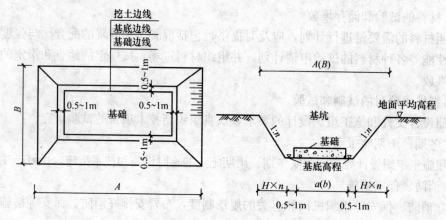

图6-2　基坑放坡示意

（二）基坑围堰

在水中修筑基础必须防止地下水和地表水浸入基坑内，常用的防水措施是围堰法。围堰是一种临时性的挡水结构物。其方法是在基坑开挖之前，在基础范围的四周修筑一个封闭的挡水堤坝，将水挡住，然后排除堰内水，使基坑的开挖在无水或很少水的情况下进行。待工作结束后，即可拆除。

1. 围堰的一般要求

（1）堰顶应高出施工期间可能出现的最高水位（包括浪高）0.5~0.7m。

（2）围堰的外形应与基础的轮廓线及水流状况相适应，堰内平面尺寸应满足基础施工的需要，堰的内脚至基坑顶边缘不小于1.0m距离。

（3）围堰要求坚固、稳定，防水严密，减少渗漏。

2. 常用围堰的形式和施工要求

（1）土围堰

如图6-3所示，适应于河边浅滩地段和水深小于1.5m，流速小于0.5m/s渗水性较小的河床上。

一般采用松散的黏性土作填料。如果当地无黏性时，也可以河滩细砂或中砂填筑，这时最好设黏土芯墙，以减少渗水现象。筑堰前，应将河床底杂物淤泥清除以防漏水，先从上游开始，并填筑出水面，逐步填至下游合拢。倒土时应将土沿着已出水面的堰顺坡送入水中，切勿直接向水中倒土，以免使土离析。水面以上的填土应分层夯实。

土堰的构造：顶宽 1~2m，堰外迎水面边坡为 1∶2~1∶3，堰内边坡为 1∶1~1∶1.5，外测坡面加铺草皮、柴排或草袋等加以防护。

（2）土袋围堰

土袋围堰适用于水深 3.5m 以下，流速小于 2m/s 的透水性较小的河床，如图 6-4 所示。

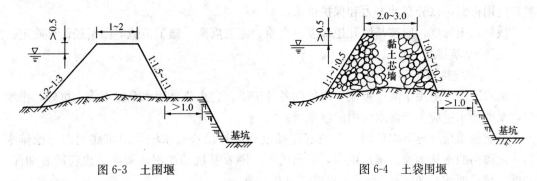

图 6-3　土围堰　　　　　　图 6-4　土袋围堰

堰底处理及填筑方向与土围堰相同。土袋内应装容量 1/3~1/2 松散的黏土或粉质黏土。土袋可采用草包、麻袋或尼龙编织袋。叠砌土袋时，要求上下、内外相互错缝，堆码整齐。土袋围堰也可用双排土袋与中间填充黏土组成。

土袋围堰构造：顶宽 2~3m，堰外边坡为 1∶0.5~1∶1.0，堰内边坡为 1∶0.2~1∶0.5。

（3）板桩围堰

1）木板桩围堰

木板桩围堰适用于砂性土、黏性土和不含卵石的其他土质河床。

水深在 2~4m，可采用单层木板桩围堰，必要时可在外侧堆土，如图 6-5（a）所示。

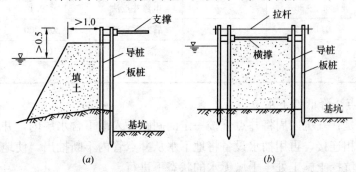

图 6-5　木板桩围堰
(a) 单层木板桩围堰；(b) 双层木板桩围堰

当水深在 4~6m，可用中间填黏土的双层木板桩围堰，如图 6-5（b）所示。

2）钢板桩围堰

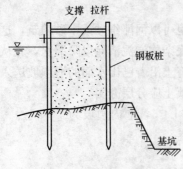

图 6-6 双层钢板桩围堰

钢板桩围堰适用水深 5m 以上各类土质的深水基坑，如图 6-6 所示。

钢板桩在使用前要检查其机械性能和尺寸，并进行锁口试验与检查，钢板桩的锁口应用止水材料捻缝。施打顺序一般由上游分两头向下游合拢，施打时宜先将钢板桩打到稳定的深度再依次打到设计深度。钢板桩需接长时，相邻两桩的接头位置应上下错开。施打过程要检查其位置的正确性和桩身的垂直度，不符合要求时应立即纠正或拔出重打。

钢板桩可用锤击、振动或辅以射水等方法下沉，但在黏土地基中不宜使用射水。锤击时宜使用桩帽，以分布冲击力和保护桩头。

板桩入土深度，应按基坑开挖深度、土质、施工周期、施工荷载等因素经计算确定。

（三）基坑排水

1. 集水坑排水

集水坑排水适用于除严重流砂以外的各种土质。它主要是用水泵将水排出坑外，排水时，泵的抽水量应大于集水坑内的渗水量。

基坑施工接近地下水位时，在坑底基础范围以外设置集水坑并沿坑底周围开挖排水沟，使渗出的水从沟流入集水坑内，排出坑外。随着基坑的挖深，集水坑也应随着加深，并低于坑底面约 0.30~0.5m，集水坑宜设在上游。

2. 井点排水法

井点排水法适用于粉、细砂或地下水位较高，挖基较深、坑壁不易稳定的土质基坑。井点的选择应根据土层的渗透系数、要求的降低水位深度以及工程特点而定。各种井点的适用范围见表 6-1。

各种井点法的适用范围　　　表 6-1

井点类别	渗透系数 (m/a)	降低水位深度 (m)	井点类别	渗透系数 (m/a)	降低水位深度 (m)
一级轻型井点法	0.1~80	3~6	电渗井点法	<0.1	5~6
二级轻型井点法	0.1~80	6~9	管井井点法	20~200	3~5
喷射井点法	0.1~50	8~20	深井泵法	10~80	>15
射流泵井点法	<50	<10			

（1）轻型井点法降低地下水位

轻型井点法是在基坑四周将井点管按一定的间距插入地下含水层内，井点管的上端通过弯联管与总管相连接，再用抽水设备将地下水从井点管内不断抽出，使地下水位降至坑底以下，保证基坑挖土施工处于干燥无水的状态下进行。

轻型井点系统的主要设备有井点设备（井点管、弯联管、集水总管）和抽水设备（真空泵、离心水泵、集水箱）。其施工程序为埋设井管、用弯联管连接井点管和集水总管、连接抽水系统、开动抽水系统抽水、拔管，如图 6-7 所示。

（2）井点法施工应注意事项：

1) 井点管距离基坑壁一般不宜小于1m，宜布置在地下水流的上游。

2) 井点的布置应随基坑形状、大小、地质、地下水位高低与降水深度等要求可采用单排、双排、环形井点。有时为了施工需要，也可留出一段不加封闭。

3) 井点管露出地面 0.2~0.3m，尽可能将滤水管埋设在透水性较好的土层中，埋深保证地下水位降至基坑底面以下 0.5~1.0m。

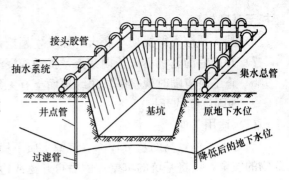

图 6-7　井点法布置示意图

4) 射水冲孔深度低于滤管底 1.0m，并灌粗砂至滤管以上 1.0m，距地面 1.5m 处用黏土封口以防漏气。

5) 应对整个井点系统加强维护和检查，保证不间断地抽水。

6) 应考虑水位降低区域建筑物可能产生的沉降，应做好沉降观测，必要时应采取防护措施。

7) 为防止在抽水过程中，个别井点管因失效而影响抽水效果，在使用时应比原来确定数增加 10%。

（四）基坑开挖

1. 不加固坑壁的开挖（放坡法）

(1) 适用条件

对于在干涸无水河滩、河沟或修筑围堰后排除地面水的河沟；在地下水位低于基底，或渗水小不影响坑壁稳定；基础埋置不深，施工周期短，挖基坑时不影响邻近建筑物的安全可采用放坡开挖。

(2) 开挖注意事项

1) 为避免地面水冲刷坑壁，在基坑顶四周适当距离设置截水沟。

2) 槽边堆土时，堆土坡脚距基坑顶边线的距离不得小于1m，堆土高度不得大于1.5m。

3) 基坑深度大于 5m 时，可采用二次放坡法施工，在边坡中段加设宽约 0.5~1.0m 的护道，如图 6-8 所示。

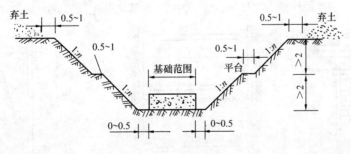

图 6-8　放坡开挖

4) 基坑开挖在有条件的情况下，宜在枯水或少雨季节进行，开挖后应连续快速施工。

5) 当采用机械挖土时，挖至坑底时应保留 0.1~0.2m 底层，在基础浇筑圬工前用人工挖至基底标高。

6) 基坑开挖不得扰动基底土；如发生超挖，严禁用土回填。

7) 开挖后的基坑不得长期暴露，扰动或浸泡，应及时组织验槽、砌筑。

8) 施工时应随时观察基坑边缘顶面土有无裂缝，坑壁有无松散塌落，确保安全施工。

2．加固坑壁的开挖

(1) 适用条件

当地下水位较高而基坑较深、坑壁土质不稳定，放坡开挖工作量大，施工影响邻近建筑物的安全，可将基坑的坑壁加固后再开挖或边开挖边加固坑壁。加固坑壁的方法有：挡板支撑和喷射混凝土护壁。

(2) 挡板支撑

1) 垂直衬板支撑加固坑壁　在黏性土，紧密的干砂土地基中，当基坑尺寸较小，挖深不超过2m时，可采用图6-9 (a) 的加固方法，一次挖至基底后再安装支撑。但有些黏性差的土，开挖时易坍塌，可采用图6-9 (b) 的加固方法，分段下挖，随挖随撑。

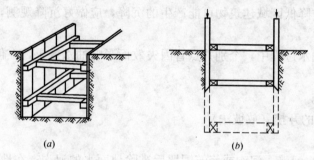

图6-9　垂直衬板式支撑
(a) 垂直衬板支撑一次完成；(b) 垂直衬板支撑分段完成

2) 水平衬板支撑加固坑壁　用水平衬板支撑加固坑壁要比垂直衬板加固坑壁来得简单方便。如土质的黏性较好，地基密实，可一次挖到设计标高后进行支撑加固，如图6-10 (a) 所示；对于黏性较差，易坍塌的土，可分层开挖，分层支撑，最后以长立木替换短立木，如图6-10 (b) 所示。

如果基坑宽度很大，无法安设支撑时，可采用锚桩式支撑，如图6-11所示。柱桩采用螺栓拉杆连接锚桩，锚桩距柱桩 $L \geqslant H/\tan\varphi$。式中 H 为基坑开挖深度，φ 为土的内摩擦角。

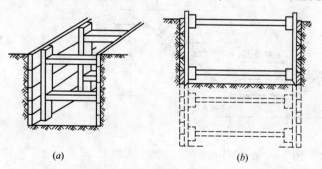

图6-10　水平衬板式支撑
(a) 水平衬板支撑一次完成；(b) 水平衬板支撑分段完成

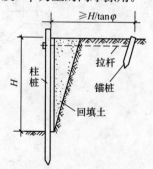

图6-11　锚桩式支撑

(3) 喷射混凝土护壁

喷射混凝土护壁施工是在基坑开挖限界内，先向下挖土 1m 左右，即用混凝土喷射机喷射一层含速凝剂的混凝土，以保护坑壁。应按设计要求逐层开挖，逐层喷护加固直至坑底。一次下挖深度，较稳定的土层可为 1m 左右，含水量大的土壁不宜超过 0.5m；对于无水少水的坑壁，喷射应由下向上进行，有渗水的坑壁，喷射则应由上向下进行，以防新喷的混凝土被水冲坏。

（五）基底检验与处理

1. 基底检验

基坑内地基承载力必须满足设计要求。基坑开挖完成后，应会同设计、勘探单位实地验槽，确认地基承载力满足设计要求。基底检验内容如下。

(1) 检查基底的平面位置、尺寸和高程是否符合设计要求。

(2) 检查基底的工程地质的均匀性、稳定性及承载力等。

(3) 对特别复杂的地质应进行荷载试验，对大、中桥，采用触探和钻探取样做土工试验。

(4) 检查开挖基坑处理施工过程中有关施工记录和试验等资料。

(5) 基坑内地基承载力必须满足设计要求。基坑开挖完成后，应会同设计、勘探单位实地验槽，确认地基承载力满足设计要求。

2. 基底处理

天然地基上的基础是直接靠基底土壤来承受荷载的，因此基底土壤性质的好坏，对基础、墩台及上部结构的影响极大。经基底检查发现土壤与容许承载力有问题还应进行基底处理，为土壤更有效地承担荷载创造条件。

（六）基础砌筑

基础施工可分为无水砌筑、排水砌筑及水下灌筑 3 种情况，扩大基础的种类有浆砌片石、浆砌块石、片石混凝土、钢筋混凝土等几种。

1. 浆砌块（片）石

一般要求砌块在使用前必须浇水湿润，将表面的泥土、水锈清洗干净，砌第一层砌块时，如基底为岩层或混凝土基础，应先将基底表面清洗、湿润，再坐浆砌筑。砌筑应分层进行，各层先砌筑外圈定位行列，然后砌筑里层，外圈砌石与里层砌块交错连成一体。各砌层的砌块应安放稳固，砌块间应砂浆饱满，黏结牢固，不得直接贴靠或脱空。

片石砌体宜以 2~3 层砌块组成一工作层，每层的水平缝应大致找平，各层竖缝应相互错开，不得贯通。外圈定位行列和转角石，应选择形状较为方正及尺寸较大的片石，并长短相间地与里层砌块咬接，砌缝宽度一般不应大于 4cm。较大的砌块应放在下层，石块的尖锐突出部分应敲除。竖缝较宽时，在砂浆中塞以小石块填实。

块石砌筑时每层石料高度应大致一样，外圈定位行列和镶面石块，应丁顺相间或二顺一丁排列，砌缝宽度不大于 3cm，上下层竖缝错开距离不小于 8cm。

2. 加石混凝土和片石混凝土

混凝土中填放片石时应符合以下规定。

(1) 埋放石块的数量不宜超过混凝土结构体积的 25%；当设计为片石混凝土砌体时，石块可增加为 50%~60%。

(2) 应选用无裂纹、高度小 15cm、具有抗冻性能的石块。

(3) 石块的抗压强度应不小于 25MPa 及混凝土强度等级。

(4) 石块应清洗干净，应在捣实的混凝土中埋入一半以上；石块应分布均匀，净距不小于 1cm，距结构侧面和顶面净距不小于 15cm，对于片石混凝土，石块净距不小于 4～6cm；石块不得挨靠钢筋或预埋体。

3. 钢筋混凝土基础

旱地浇筑钢筋混凝土基础，应在对基底及基坑验收完成后尽快绑扎、放置钢筋；在底部放置混凝土垫块，保证钢筋的混凝土净保护层厚度，同时安放墩柱或台身钢筋的预埋部分，保证其定位准确；对全部钢筋进行检查验收，保证其根数、直径、间距、位置满足设计文件和技术规范要求时，即可浇筑混凝土。拌制好的混凝土运输至现场后，若高差不大，可直接倒入基坑内；若倾卸高度过大，为防止发生离析，应设置串筒或滑槽，槽内焊上减速钢梳，保证混凝土整体均匀运入基坑，用插入式振捣密实。浇筑应分层进行，但应连续施工，在下层混凝土开始凝结之前，应将上层混凝土灌注捣实完毕。基础全部浇筑完凝结后，要立即覆盖草袋、麻袋、稻草或沙子，并经洒水养生。养生时间：一般普通硅酸盐水泥混凝土为 7 昼夜以上；矿渣水泥、火山灰质水泥或掺用塑化剂的混凝土应为 1.4 昼夜以上。水中混凝土基础在基坑排水的情况下施工方法与旱地基础相同，只是在混凝土凝固后即可停止排水，也不需要再进行专门的养生工作。

（七）基坑回填

基坑回填应满足下列要求：

(1) 基坑回填时，其结构的混凝土强度应不低于设计强度的 70%；

(2) 在覆土线以下的结构必须通过隐蔽工程验收；

(3) 填土前抽除基坑内积水，清除淤泥及杂物等；

(4) 凡淤泥、腐殖土、有机物质超过 5% 的垃圾土、冻土或大石块不得回填，应采用含水量适中的同类粉质黏土或砂质黏土；

(5) 填土应水平分层回填压实，每层松铺厚度一般为 30cm，在其含水量接近最佳含水量时压实；

(6) 填土经碾压、夯实后不得有翻浆、"弹簧"现象；

(7) 填土施工中，应随时检查土的含水量和密实度。

二、钻孔灌注桩基础施工

钻孔灌注桩基础施工是采用不同的钻孔方法，在土中形成一定直径的井孔，达到设计标高后，再将钢筋骨架吊入井孔中，灌注混凝土（有地下水是灌注水下混凝土）形成桩基础。

钻孔灌注桩施工应根据土质、桩径大小、入土深度和机具设备等条件选用适当的钻具和钻孔方法，目前使用的钻孔方法有冲击法、冲抓法和旋转法三种类型。钻孔灌注桩具有施工设备简单、便利施工、用钢量少、承载力大等优点，故应用普遍。旋转钻孔直径由初期的 0.25m 发展到 6m 以上，桩长从十余米发展到百余米以上。

钻孔灌注桩施工因成孔方法的不同和现场情况各异，施工工艺流程也不尽完全相同。在施工前，要安排好施工计划，编制具体的工艺流程图，作为安排各工序施工操作和进程的依据。钻孔灌注桩的工艺流程一般如图 6-12 所示，图 6-13 为旋转式钻孔灌注桩施

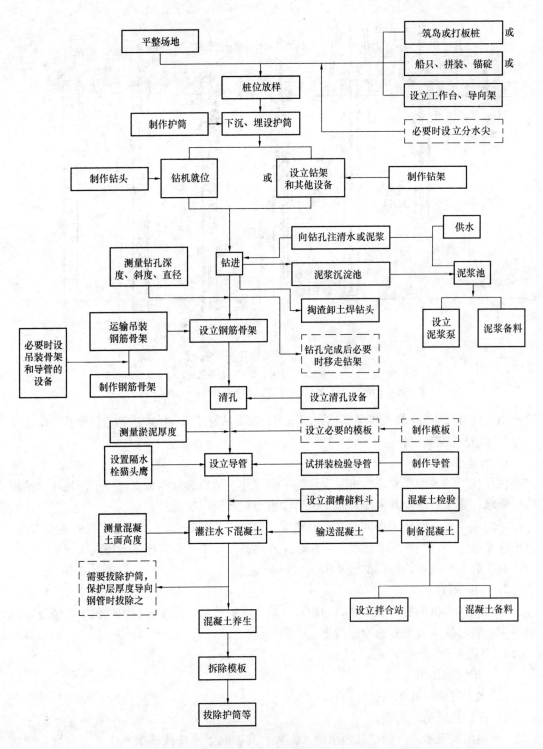

图 6-12 钻孔灌注桩工艺流程
注：虚线方框表示有时采用的工序。

工示意图。

当同时有几个桩位施工时，要注意互相的配合，避免干扰与冲突，并尽可能地做到均衡

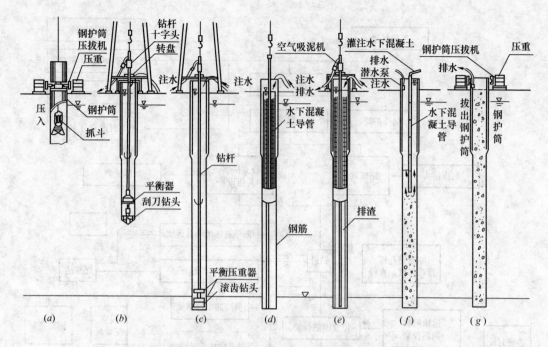

图 6-13 旋转式钻机成孔步骤示意图
(a) 埋入钢护筒；(b) 在覆盖层中钻进；(c) 在岩中钻进；(d) 安装钢筋及水下混凝土导管；(e) 清孔；(f) 灌注水下混凝土；(g) 拔出钢护筒

地使用机具与劳动力，既要抓紧新钻孔的施工，又要做好已成桩的养护和质量检验工作。

（一）钻孔准备工作

1. 场地准备

钻孔场地的平面尺寸应按桩基设计的平面尺寸、钻机数量和钻机机座平面尺寸、钻机移位要求、施工方法及其他配合施工机具设施布置等情况决定。

场地准备要查明施工场地的水文、地质、地下障碍物的情况，制定详尽的施工方案。旱地应平整坚实；浅水采取围堰筑岛法；深水可搭设施工平台。施工现场或工作平台的高度应高于施工期间可能出现的最高水位 0.5m 以上。

2. 桩位放样

根据设计提供的桩与墩台中心的相对位置，准确放出钻孔灌注桩的桩位中心位置，钉设的中心桩必须采取可靠的栓桩措施。

3. 埋设护筒

(1) 护筒的作用

1) 固定桩位，并作钻孔导向；

2) 保护孔口防止坍塌；

3) 隔离地表水，并保持孔内水位（泥浆）高出底下水位或施工水位一定高度，形成静水压力（水头），以保持孔壁；

(2) 护筒的要求

1) 用钢板或钢筋混凝土制成的护筒，应坚固，轻便耐用，不漏水；

2) 护筒的内径应比设计桩径稍大 200~400mm，长度应根据施工水位决定；

3) 护筒顶标高应高出地下水位和施工最高水位 1.5~2.0m，旱地应高出地面 0.3m；护筒应低于施工最低水位 0.1~0.3m；

4) 护筒的入土深度，当河底是黏性土时为 1~1.5m，砂性土时为 3~4m；

(3) 护筒的埋设

护筒对成孔、成桩的质量有重要影响，埋设时，其平面位置的偏差不得大于 5cm，倾斜度的偏差不得大于 1%。

1) 在旱地或岸滩设护筒（下埋设） 当地下水位在地面以下超过 1m 时，可采用挖埋法（图 6-14）。

在砂类土（粉砂，细、中砂）砂砾等河床挖埋护筒时，先在桩位处挖出比护筒外径大 80~100cm 的圆坑。然后在坑底填筑 50cm 左右厚的黏土，分层夯实，以备按设护筒。

在黏土中挖埋是，坑的直径与上述相同，坑底与护筒底相同，坑底应整平。

护筒埋设深度，在黏性土中不少于 1.0m，在砂土中不少于 1.5。在冰冻地区，护筒应埋入冻土层以下 0.5。

当桩位处的地面标高与施工水位（或地下水位）的高差小于 1.5~2.0m（视钻孔方法和土层情况而定）时，宜采用填筑法安装护筒，如图 6-15 所示。宜采用黏土填筑工作场地，再挖坑埋设护筒。填筑的土台高度应使护筒顶端比施工水位高 1.5~2.0m。顶面平面尺寸应满足钻孔机具布置需要，并便于操作。

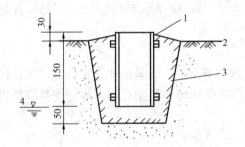 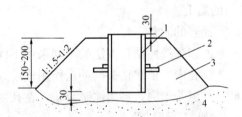

图 6-14 挖埋护筒（cm）　　　　　　　图 6-15 填筑式护筒（cm）
1—护筒；2—地面；3—夯填黏土；　　　　1—木护筒；2—井框；
4—施工水位　　　　　　　　　　　　　3—土岛；4—砂

2) 在水深小于 3m 的浅水处理设护筒（上埋设） 一般须围堰筑岛。岛面应高出施工水位 0.5~0.7m。若岛底河床为淤泥或软土，应先挖除，如果挖除量过大，此法不经济了。宜改用长护筒，用加压、捶击或振动法将护筒沉入河底土层，其刃应尽量插入土层。插入深度，在黏土层不小于 2m，在砂土不小于 3m，然后按前述旱地埋设护筒的方法施工（图 6-16）。

3) 在水深大于 3m 的深水河床安放护筒 在水深流急的江河，因流速较大（3m/s 以上），可用钢板桩围堰工作平台，如不先围堰，则钻孔桩基础施工十分困难。为了便于施工，常在墩位处设置围堰，使堰内的水成为静水，其钻孔桩基础在钢板桩围堰内设置工作平台进行。因钢板桩本身很坚固，打入河床后各板块互相扣合成整体，可抵抗水流冲刷和流水撞击。

4. 泥浆

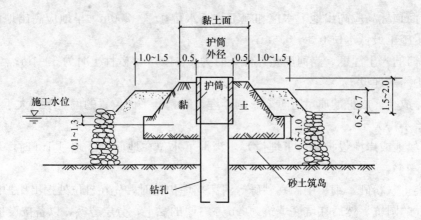

图 6-16 筑岛法定桩位（m）

(1) 泥浆的作用

1) 对砂性土地基起稳定和保护孔壁防止坍塌。

2) 泥浆可将钻渣浮起与泥浆一起排出孔外。

3) 泥浆可以冷却、润滑钻头。

(2) 泥浆的要求

泥浆有水、黏土（膨润土）和添加剂按适当配比配制而成。黏土以水化快、造浆能力强、黏度大的膨润土为好。通常采用塑性指数大于 25，粒径小于 0.005mm，黏粒含量大于 50%的黏土。

(3) 泥浆的制备

泥浆的制备按照钻孔方法的不同采用不同的制备方法：当采用冲击钻孔时，可直接将黏土投入钻孔内，依靠钻头的冲击作用成浆；当采用回转钻机钻孔时，通过泥浆搅拌机成浆，储存在泥浆池内，再用泥浆泵输入钻孔内。

5. 钻架与钻机就位

钻架是钻孔、吊放钢筋笼、灌注混凝土的支架。定型旋转钻机和冲击钻机都附有定型钻架。

钻架应能承受钻具和其他辅助设备的重量，具有一定的刚度；钻架高度与钢筋骨架分节长度有关，钻架主要受力构件的安全系数不宜小于 3。

在钻孔过程中，成孔中心必须对准桩位中心，钻机（架）必须保持平稳，不发生位移，倾斜和沉陷。钻机（架）安装就位时，应详细测量，底座应用枕木垫实塞紧，顶端用缆风绳固定平稳，并在钻孔过程中经常检查。

(二) 钻孔工艺

1. 钻孔工艺

各种成孔设备（方法）使用的土层、孔径、孔深、是否需要泥浆浮悬钻渣，与土结构的功率大小、施工管理好坏有关。目前钻孔均采用机械成孔，有冲击钻进成孔、冲抓锥钻进成孔和旋转钻进成孔。

(1) 冲击钻进成孔

利用钻锥（重 10～35kN）不断地提锥、落锥反复冲击孔底土层，把土层中泥砂、石块挤向四壁或打破碎渣，钻渣悬浮与泥浆中，利用掏渣筒取出，重复上述过程冲击钻进成孔。

冲击钻孔适用于各类土层。实心锥适用于漂、卵石、大块石的土层及岩层，空心锥（管锥）适用于其他土层，成孔深度一般不宜大于50m。

(2) 冲抓钻进成孔

用兼有冲击和抓土作用的抓土瓣，通过钻架，用带离合器的卷扬机操纵，靠冲锥自重（重为10~20kN）冲下，使抓土瓣锥尖张开插入土层，然后用带离合器的卷扬机锥头收拢抓土瓣，将土抓出，弃土后继续冲击而成孔。

冲抓成孔适用于黏性土，砂性土及夹有碎卵石的砂砾土层，成孔深度宜小于30m。

(3) 旋转钻进成孔

利用钻具的旋转切削土体钻进，并在钻进同时使用循环泥浆的方法护壁排渣，继续钻进成孔，钻机按泥浆循环的程序不同分为正循环与反循环两种。

1) 正循环回转法　正循环是用泥浆泵将泥浆以一定压力通过空心钻杆顶部，从钻杆底部射出。底部的钻锥在回转时将土搅松成为钻渣，被泥浆悬浮，随着泥浆上升而溢出流至孔外的泥浆池，经过沉淀池中沉淀净化，再循环使用，（如图6-17a所示）。孔壁靠水头和泥浆保护。因钻渣需靠泥浆浮悬才能随泥浆上升，故对泥浆要求较高。

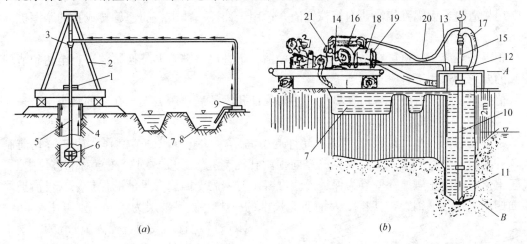

图6-17　旋转钻孔
(a) 正循环旋转钻孔；(b) 反循环旋转钻孔

1—钻机；2—钻架；3—泥浆笼头；4—护筒；5—钻杆；6—钻头；7—沉淀池；8—泥浆池；9—泥浆泵；10—钻杆；11—钻锥；12—转盘；13—液压电动机；14—油压泵；15—方型传动杆；16—泥石泵；17—吸泥胶管；18—真空罐；19—真空泵；20—真空胶管；21—冷却水槽；A—井盖；B—井底

2) 反循环回转法　反循环与正循环程序相反，泥浆由孔外流入孔内，而用真空泵或空气吸泥机将钻渣通过钻杆中心从钻杆顶部吸出，或将泥浆泵随同钻锥一同钻进，从孔底将泥渣吸出孔外，如图6-17(b)所示。反循环钻杆直径宜大于127mm，故钻杆内泥水上升较正循环快得多，就是清水也可把钻渣带上钻杆顶端流入泥浆池，净化后循环使用。因泥浆主要起护壁作用，其质量要求可降低，但如果钻深孔或易坍塌土层，则仍需用高质量的泥浆。

2. 钻孔应注意事项

(1) 钻孔过程中，始终保持孔内外既定的水位差和泥浆浓度，以起到护壁作用，防止坍孔。

(2) 钻孔宜一气呵成，不宜中途停钻以避免坍孔。

(3) 在钻孔过程中，应根据土质等情况控制钻进速度，开钻时均应慢速钻进。

(4) 钻孔过程中应加强对桩位、成孔情况的检查工作。终孔时应对桩位、孔径、形状、深度、倾斜度及孔底土质等情况进行检查，合格后立即清孔，吊放钢筋笼，灌注混凝土。

（三）清孔

1. 清孔目的

钻孔过程中必有一部分泥浆和钻渣沉于孔底，必须将这些沉积物清除干净，才能使灌注的混凝土与地层或岩层紧密结合，保证桩的设计承载能力。清孔方法有三种：

2. 清孔方法

（1）抽浆清孔

用空气吸泥机吸出含钻渣的泥浆而达到清孔，由风管将压缩空气输进排泥管，使泥浆形成密度较小的泥浆空气混合物，在水柱压力下沿排泥管向外排出泥浆和孔底沉渣，同时用水泵向孔内注水，保持水位不变直至喷出清水或沉渣厚度达设计要求为止，使用孔壁不易坍塌各种钻孔后的柱桩和摩擦桩。

（2）掏渣清孔

用掏渣筒或大锅锥掏清孔内粗粒钻渣，适用于冲抓、冲击、简便旋转成孔的摩擦桩。

（3）换浆清孔

正反循环旋转钻机可在钻孔完成后不停钻、不进尺，继续循环换浆清渣直至达到清理泥浆的要求，适用于各类土的摩擦桩。

清孔时要注意避免发生坍孔事故，必须保证孔内的静水压力大于孔外的水头压力。

（四）安放钢筋笼

钢筋笼根据图纸设计尺寸和钻架允许起吊高度，可整节或分节制作，应在清孔前制成，并经检查合格后使用。安放钢筋笼前须测孔深与孔径，安放时，注意对准桩位中心，轻轻下落，并防止碰撞孔壁。为保证灌注混凝土时钢筋笼四周有足够的保护层，可沿护筒顶面四周悬挂几根钢管，其长度为钢筋笼长度的一半。如保护层为5cm，则可用$\phi3.8\sim\phi4cm$的钢管，或用直径为10cm的混凝土设置在钢筋笼的箍筋上，其间距竖向为2m，横向圆周不得少于4处。骨架顶端应设置吊环。为了保证骨架起吊时不变形，宜用两点吊，第一吊点设在骨架的下部，第二吊点设在骨架长度的中点到上三分之一点之间。钢筋骨架下到设计高程后，检查钢筋骨架的顶面与底面标高，顶部采取相应措施反压，并固定在孔口，防止在混凝土灌注过程中产生上浮，立即灌注水下混凝土。

（五）水下混凝土灌注

1. 灌注方法

导管法的施工过程如图6-18所示。

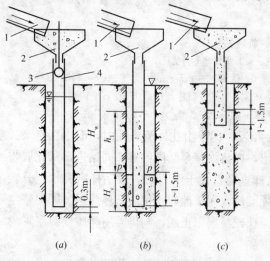

图6-18 灌注水下混凝土

1—通混凝土储料槽；2—漏斗；3—隔水球；4—导管

将导管居中插入到离孔底 0.30~0.40m（不能插入孔底沉积的泥浆中），导管上口接漏斗，在接口处设隔水球，以隔绝混凝土与管内水的接触。在漏斗中存备足够的混凝土，放开隔水球，存备的混凝土通过隔水球向孔底猛落，这时孔内水位骤张外溢，说明混凝土已灌入孔内。若落下有足够数量的混凝土则将导管内水全部压出，并使导管下口埋入孔内混凝土内 1m 深，保证钻孔内的水不可能重新流入导管。随着混凝土不断通过漏斗、导管灌入钻孔，钻孔内初期灌注的混凝土及其上面的水泥浆或泥浆不断被顶托升高，相应地不断提升导管和拆除导管，直到钻孔内混凝土灌注完毕。

导管的分节长度应便于拆装与搬运，一般为 1~2m，最下面一节导管应较长，一般为 3~4m。导管两端用法兰盘及螺栓连接，并垫橡皮圈以保证接头不漏水。为了首批灌注的混凝土数量能保证将导管内的水全部压出并满足导管初次埋入深度的需要，应计算漏斗应有的最小容量而确定漏斗的尺寸大小。漏斗和储料槽最小容量（m³）可参照图 6-18 和式（6-3）

$$V = h_1 \times \frac{\pi d^2}{4} + H_c \times \frac{\pi D^2}{4} \tag{6-3}$$

式中 V——首批混凝土的最小储量或储料斗，m³；

H_c——导管初次埋深加上开始时导管离孔底的间距，m；

h_1——孔内混凝土高度达 H_c 时，导管内混凝土柱与导管外水压平衡所需高度，m。

h_1 的计算公式：
$$h_1 = \frac{H_w \gamma_w}{\gamma_c} \tag{6-4}$$

式中 H_w——孔内混凝土面至孔内水面的距离，m；

γ_w、γ_c——孔内水或泥浆、混凝土密度（混凝土密度取 2.4t/m³），t/m³；

d、D——导管、钻孔桩直径，m。

漏斗顶端应比桩顶（桩顶在水面以下时应比水面）高出至少 3m，以保证灌注混凝土最后阶段时，管内混凝土须能满足顶出桩管外混凝土及其上的水泥或泥浆重量的需要。

【例 6-1】 设钻孔直径 1.5m 无扩孔，导管直径 0.25m，钻孔深度为孔内水面以下 50mm，泥浆相对密度 1.1，孔底有沉淀±0.1m，导管埋入混凝土中 1.0m，求首批混凝土的最小储量。

【解】
$H_c = 1 + 0.1 + 0.4 = 1.5\text{m}$
$H_w = 50 - 1.5 = 48.5\text{m}$
$h_1 = 48.5 \times \frac{1.1}{2.4} = 22.23\text{m}$
$V = 22.23 \times \frac{\pi \times 0.25^2}{4} + 1.5 \times \frac{\pi \times 1.5^2}{4}$
$= 3.74\text{m}^3 \ (8.9\text{t})$

若采用 0.4m³ 的混凝土拌合机则需要拌合 10 斗混凝土，总重约 9t，考虑 10t 以上的起吊设备。

2. 对混凝土材料的要求

水下混凝土常用的强度等级 C20~C25。为了保证质量，混凝土的配合比应按设计强度的混凝土强度提高 10%~20% 进行设计，混凝土应有必要的流动性，塌落度宜在 18~22cm 范围内，水泥的强度等级不应低于 42.5，每立方米混凝土水泥用量不得少于 350kg，水灰比宜采用 0.5~0.6，含砂率宜采用 0.4~0.5，使混凝土有较好的和易性；为防卡管，石料尽可能采用卵石，适宜粒径为 5～30mm，最大粒径不应超过 40mm。

3. 灌注水下混凝土应注意的问题

（1）首批灌注混凝土的初凝时间不得早于灌注桩全部混凝土灌注完成时间。首批混凝土的数量应能满足导管埋置深度≥1.0m 和充填导管底部的需要。

（2）灌注应连续进行，一气呵成，严禁中途停工。水下混凝土严禁有夹层和松散层。

（3）后续混凝土要徐徐灌入，以免在导管内行成高压气囊，挤出管节间的橡皮垫，而使导管漏水。

（4）在灌注过程中应经常用测深锤或超声波测深，导管的埋置深度宜控制在 2～6m。防止导管提升过猛，管底提离混凝土面或埋入过浅，而使导管内进水造成断桩夹泥，也要防止导管埋入过深，而造成导管内混凝土压不出或导管被混凝土埋住而不能提升，导致终止浇灌而断柱。

（5）提升导管时要保持其轴线竖直和位置中，逐步提升，拆除导管的动作还要快。

（6）为了防止钢筋骨架上浮，当灌注的混凝土顶面距钢筋骨架底部 1m 左右时，应降低混凝土的灌注速度。当混凝土上升到骨架底部 4m 以上时，提升导管，使其底口高于骨架底部 2m 以上再恢复正常的灌注速度。

（7）为了确保桩顶质量，灌注的桩顶标高应比设计高出 0.5～1.0m，待混凝土凝结前，挖除多余的桩头，但应保留 10～20cm，以待随后修凿，浇筑承台。

（8）灌注混凝土将结束时，因导管内混凝土超压力降低，混凝土上升困难可加水稀释泥浆。在拔最后一节导管时，提升必须缓慢，以防止桩顶沉淀的泥浆挤入导管形成泥心。

（9）在灌注混凝土时，每根桩应制作不少于 2 组的混凝土试件块。

（10）及时记录混凝土灌注的时间、混凝土面的深度、导管埋深等。灌注中如果发生故障，应及时查明原因，合理确定方案，及时进行处理。

三、人工挖孔灌注桩

1. 人工挖孔灌注桩施工程序

人工挖孔灌注桩的主要施工程序是：挖孔→支护孔壁→清底→安放钢筋笼→灌注混凝土。图 6-19 为人工挖孔桩示例，图 6-20 为人工挖孔桩施工流程图。

2. 适用条件与特点

人工挖孔灌注桩适用于无地下水或地下水道很少的密实土层或岩石地层。桩形有圆形、方形两种。人工挖孔灌注桩需用机甚少，成孔后可直观检查孔内土质情况，孔底易清除干净，桩身质量易保证。场区内各桩可同时施工，因此造价低，工期短。

3. 施工准备

施工前应根据地质和水文地质条件以及安全施工、提高挖掘速度和因地制宜的原则，选择合适的孔壁支护类型。

平整场地、清除松软的土层并夯实，施测墩出中心线，定出桩孔位置；在孔口四周挖排水沟，及时排除地表水；安装提升设备；布置出土道路；合理堆放材料和机具。

井口周围需用木料、型钢或混凝土制成框架或围圈予以围护，其高度应高出地面20～30cm，防止土、石、杂物滚入孔内伤人。沿井口地层松软，为防止孔口坍塌，应在孔口用混凝土护壁，高约 2m。

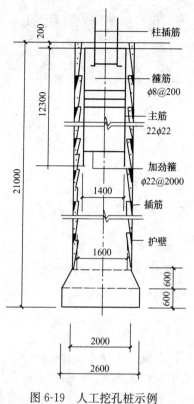
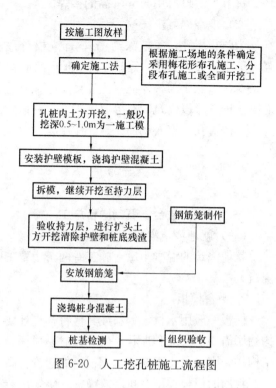

图 6-19 人工挖孔桩示例　　　　图 6-20 人工挖孔桩施工流程图

4. 挖掘成孔要求

（1）挖孔桩的桩芯尺寸不得小于 0.8m。

（2）桩孔挖掘及支撑护壁两道工序必须连续作业，不宜中途停顿，以防坍孔。

（3）土层紧实、地下水不大时一个墩台基础的所有桩孔可同时开挖，便于缩短工期。但渗水量大的一孔应超前开挖、集中抽水，以降低其他孔水位。

（4）挖掘时要使孔壁稍有凹凸不平，以增加桩的摩阻力。

（5）在挖孔过程中，应经常检查桩孔尺寸和平面位置，孔径、孔深、垂直度必须符合设计要求。

（6）挖孔达到设计深度后，应进行孔底处理。

（7）挖孔时应注意施工安全，经常检查孔内有害气体含量。二氧化碳含量超过 0.3% 或孔深超过 10m 时应采用机械通风。挖孔工人必须配有安全帽、安全绳。

（8）孔深大于 5m 时，必须采用电雷管引爆。孔内爆破后应先排烟 15min，并经检查无有害气体后，施工人员方可下井继续作业。

5. 支撑护壁

对岩层、较坚硬密实土层，不透水，开挖后短期不会坍孔者，可不设支撑。在其他土质等情况下，应设支撑护壁，以保证安全。支撑形式视土质、渗水情况等条件而定。支撑护壁方法有预制钢筋混凝土套壳护壁和现浇混凝土护壁。

（1）预制钢筋混凝土套壳护壁

一般用于渗水、涌水较大和流砂、淤泥的土层中。施工方法与沉井相同，通常用 C20

或 C25 混凝土预制，壁厚一般为 100～150mm。每节长度视吊装能力而定，上口顶埋吊环，每节上下口应用 50mm 高的接焊。

(2) 现浇混凝土护壁

为防止塌孔，每挖深约 1m，即立模分段浇筑一节混凝土护壁，壁厚 100～150mm，强度等级一般为 C15。等厚度两节护壁之间留 20～30cm 空隙，以便浇筑施工模板不需光滑平整，以利于与桩体混凝土连接。挖孔桩桩端部分可做成扩大头以提高承载能力。现浇混凝土护壁分段浇筑，有等厚度护壁、升齿式护壁与内齿式护壁三种形式。

其他清孔、安放钢筋笼、灌注混凝土等施工方法均同钻孔灌注桩。

第三节 桥梁墩台施工

一、混凝土墩台、石砌墩台施工

(一) 就地浇筑混凝土墩台施工

就地浇筑的混凝土墩台施工有两个主要工序：一是制作与安装墩台模板；二是混凝土浇筑。

1. 墩台模板

模板一般用木材、钢料或其他符合设计要求的材料制成。木模重量轻，便于加工成结构物所需要的尺寸和形状，但装拆时易损坏，重复使用次数少。对于大量或定形的混凝土结构物，则多采用钢模板。钢模板的造价较高，但可重复多次使用，且拼装拆卸方便。

常用的模板类型有拼装式模板、整体吊装模板、组合型钢模板及滑动钢模板等，如图 6-21 所示。各种模板在工程上的应用，可根据墩台高度、墩台形式、机具设备及施工期限等条件，因地制宜，合理选用。模板的设计可参照《公路桥涵钢结构及木结构设计规范》JTJ 025—86 的其他有关规定，验算模板的刚度时，其变形值不得超过下列数值：结构表面外露的模板，挠度为模板构件跨度的 1/400；结构表面隐蔽的模板，挠度为模板构件跨度的 1/250，钢板模的面板变形为 1.5mm，钢板模的钢棱、柱箍变形为 3.0mm。

图 6-21 桥墩模板

模板安装前应对模板尺寸进行检查；安装时要坚实牢固，以免振捣混凝土时引起跑模漏浆；安装位置要符合结构设计要求。

2. 混凝土浇筑施工要求

墩台身混凝土施工前，应将基础顶面冲洗干净，凿除表面浮浆，整修连接钢筋。灌注混凝土时,应经常检查模板、钢筋及预埋件的位置和保护层的尺寸,确保位置正确,不发生变形。混凝土施工中,应切实保证混凝土的配合比、水灰比和坍落度等技术性能指标满足规范要求。

(1) 混凝土的运送

混凝土运输可采用水平和垂直运输。如混凝土的数量大,浇筑振捣速度快时,可采用混凝土的皮带运输机或混凝土的输送泵。皮带运输机速度应不大于 1.0~1.2m/s,其最大倾角:当混凝土坍落度小于 40mm 时,向上传送为 18°,向下传送为 12°;当混凝土坍落度为 40~80mm 时,则分别为 15°与 10°。

(2) 混凝土的灌注速度

为保证灌注质量,混凝土的配制、运送及灌注的速度采用式(6-5)计算。

$$V \geqslant Sh/t \tag{6-5}$$

式中 V——混凝土配料、输送及灌注容许的最小速度,m^3/h;
S——灌注的面积,m^2;
h——灌注层的厚度,m;
t——所用水泥的初凝时间,h。

如混凝土的配制、运送及灌注需较长的时间,则采用式(6-6)计算。

$$V \geqslant Sh/(t-t_0) \tag{6-6}$$

式中 t_0——混凝土的配制、运送及灌注所消耗的时间,h。

混凝土灌注层的厚度 h,可根据使用捣固方法,按规定数值采用。

墩台是大体积圬工,为避免水化热过高,导致混凝土因内外温差引起裂缝,可采取如下措施。

1) 用改善集料级配、降低水灰比、掺加混合材料与外加剂、掺入片石等方法减少水泥用量。

2) 采用 C_3A、C_3S 含量小、水化热低的水泥,如大坝水泥、矿渣水泥、粉煤灰水泥、低强度水泥等。

3) 减少浇筑层厚度,加快混凝土散热速度。

4) 混凝土用料应避免日光暴晒,以降低初始温度。

5) 在混凝土内埋设冷却管道水冷却。

当浇筑的平面面积过大,不能在前层混凝土初凝或能重塑前浇筑完成次层混凝土时,为保证结构的整体性,宜分块浇筑。分块时应注意:各分块面积不得小于 $50m^2$;每块高度不宜超过 2m;块与块间的竖向接缝面应与墩台身或基础平截面短边平行,与平截面长边垂直;上下邻层间的竖向接缝应错开位置做成企口,并应按施工接缝处理。混凝土中填放片石时应符合有关规定。

(3) 混凝土浇筑

为防止墩台基础第一层混凝土中的水分被基底吸收或基底水分渗入混凝土,对墩台基底处理除应符合天然地基的有关规定外,还应满足以下要求。

1) 基底为非黏性土或干土时,应将其湿润。

2) 如为过湿土时,应在基底设计高程下夯填一层 10~15cm 厚片石或碎(卵)石层。

3) 基底面为岩石时,应加以润湿,铺一层厚 2~3cm 水泥砂浆,然后于水泥砂浆凝结前浇筑第一层混凝土。

墩台身钢筋的绑扎应和混凝土的灌注配合进行。在配置第一层垂直钢筋时，应有不同的长度，同一断面的钢筋接头应符合施工规范的规定，水平钢筋的接头，也应内外、上下互相错开。钢筋保护层的净厚度，应符合设计要求。如无设计要求时，则可取墩台身受力钢筋的净保护层不小于30mm，承台基础受力钢筋的净保护层不小于35mm。墩台身混凝土宜一次连续灌注，否则应按桥涵施工规范的要求，处理好连接缝。墩台身混凝土未达到终凝前，不得泡水。

（二）石砌墩台施工

石砌墩台具有就地取材、经久耐用等优点。在石料丰富地区建造墩台时，在施工期限许可的条件下，为节约水泥，应优先考虑石砌墩台方案。

1. 石料、砂浆与脚手架

石砌墩台是用片石、块石及粗料石以水泥砂浆砌筑的，石料与砂浆的规格要符合有关规定。将石料吊运并安砌到正确位置是砌石工程中比较困难的工序。当重量小或距地面不高时，可用简单的马登跳板直接运送；当重量较大或距地面较高时，可采用固定式动臂吊机、桅杆式吊机或井式吊机，将材料运到墩台上，然后再分运到安砌地点。脚手架一般常用固定式轻型脚手架（适用于6m以上的墩台）、简易活动脚手架（能用在25m以下的墩台）以及悬吊式脚手架（用于较高的墩台）。

2. 墩台砌筑施工要点

在砌筑前应按设计图放出实样，挂线砌筑。砌筑基础的第一层砌块时，如基底为土质，只在已砌石块的侧面铺上砂浆即可，不需坐浆；如基底为石质，应将其表面清洗、润湿后，先坐浆再砌筑。砌筑斜面墩台时，斜面应逐层放坡，以保证规定的坡度。砌块间用砂浆黏结并保持一定的缝厚，所有砌缝要求砂浆饱满。形状比较复杂的工程，应先做出配料设计如图6-22所示，注明块石尺寸；形状比较简单的，也要根据砌体高度、尺寸、错缝等，先行放样配好石料再砌。

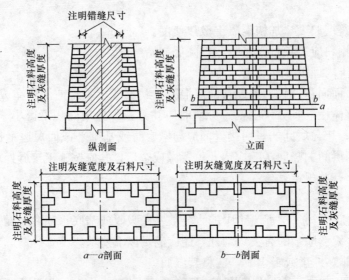

图6-22 桥墩配料大样图

砌筑方法：同一层石料及水平灰缝的厚度要均匀一致，每层按水平砌筑，丁顺相间，砌石灰缝互相垂直，灰缝宽度和错缝按见表 6-2。砌石顺序为先角石，再镶面，后填腹。填腹时的分层厚度应与镶面相同。圆端、尖端及转角形砌体的砌石顺序，应自顶点开始，按丁顺排列接砌镶面石。砌筑图如图 6-23 所示，圆端形桥墩的圆端顶点不得有垂直灰缝，砌石应从顶端开始先砌石块，如图 6-23（a）所示，然后应丁顺相间排列，安砌四周镶面石；尖端桥墩的尖端及转角处不得有垂直灰缝，砌石应从两端开始，先砌石块，如图 6-23（b）所示，再砌侧面转角，然后丁顺相间排列，安砌四周的镶面石。

浆砌镶面石灰缝规定　　表 6-2

种类	灰缝宽 (cm)	错缝（层间或行间）(cm)	3块石料相接处空隙 (cm)	砌筑行列高度 (cm)
粗料石	1.5～2	≥10	1.5～2	每层石料厚度一致
半细料石	1～1.5	≥10	1～1.5	每层石料厚度一致
细料石	0.8～1	≥10	0.8～1	每层石料厚度一致

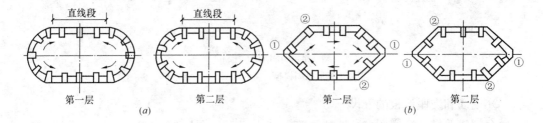

图 6-23　桥墩的砌筑
(a) 圆端形桥墩的砌筑；(b) 尖端形桥墩的砌筑

砌体质量应符合以下规定。
（1）砌体所有各项材料类别、规格及质量符合要求。
（2）砌缝砂浆或小石子混凝土铺填饱满、强度符合要求。
（3）砌缝宽度、错缝距离符合规定，勾缝坚固、整齐，深度和形式符合要求。
（4）砌筑方法正确。
（5）砌体位置、尺寸不超过允许偏差。

3. 墩台顶帽施工

墩台顶帽用以支承桥跨结构，其位置、高程及垫石表面平整度等均应符合设计要求，以避免桥跨安装困难，或使顶帽、垫石等出现碎裂或裂缝，影响墩台的正常使用功能与耐久性。墩台顶帽施工的主要工序为：墩台帽放样，墩台帽模板，钢筋和支座垫板的安设。

（1）墩台帽放样

墩台混凝土（或砌石）灌注至离墩台帽 30～50cm 高度时，即需测出墩台纵横中心线，并开始竖立墩台帽模板，安装锚栓孔或安装预埋支座垫板、绑扎钢筋等。墩台帽放样时，应注意不要以基础中心线作为台帽背墙线，浇筑前应反复核实，以确保墩台帽中心、支座垫石等位置方向与水平高程等不出差错。

（2）墩台帽模板

墩台帽是支撑上部结构的重要部分，其尺寸位置和水平高程的准确度要求较严，浇筑混凝土应从墩台帽下约 30~50cm 处至墩台帽顶面一次浇筑，以保证墩台帽底有足够厚度的紧密混凝土。图 6-24 所示为混凝土桥墩墩帽模板图，墩帽模板下面的一根拉杆可利用墩帽下层的分布钢筋，以节省铁件。台帽背墙模板应特别注意纵向支撑或拉条的刚度，防止浇筑混凝土时发生鼓肚，侵占梁端空间。

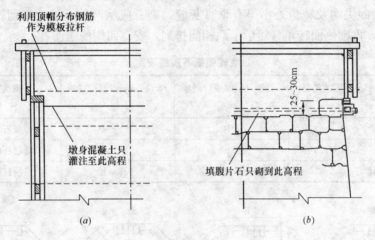

图 6-24 桥墩墩帽模板
(a) 混凝土桥墩墩帽模板；(b) 石砌桥墩墩帽模板

(3) 钢筋和支座垫板的安设

墩台帽钢筋绑扎应遵照《公路桥涵施工技术规范》JTJ 041—2000 有关钢筋工程的规定。墩台帽上的支座垫板的安设一般采用预埋支座和预留锚栓孔的方法。前者须在绑扎墩台帽和支座垫石钢筋时，将焊有锚固钢筋的钢垫板安设在支座的准确位置上，即将锚固钢筋和墩台帽骨架钢筋焊接固定，同时用木架将钢垫板规定在墩台帽上。此法在施工时垫板位置不易准确，应经常校正。后者须在安装墩台帽模板时，安装好预留孔模板，在绑扎钢筋时注意将锚栓孔位置留出。此法安装支座施工方便，支座垫板位置准确。

(三) 装配式墩台施工

装配式墩台适用于山谷架桥或跨越平缓无漂流物的河沟、河滩等的桥梁，特别是在工地干扰多，施工场地狭窄，缺水与砂石供应困难地区，其效果更为显著。装配式墩台的优点是：结构形式轻便，建桥速度快，圬工省，预制构件质量有保证等。目前经常采用的有砌块式、柱式、管节式、环圈式墩台等。

1. 砌块式墩台施工

砌块式墩台的施工大体上与石砌墩台相同，只是预制砌块的形式因墩台形式不同有很多变化。例如 1975 年建成的兰溪大桥，主桥身采用预制的素混凝土壳块分层砌筑而成。壳块按平面形状分为Ⅱ字形和Ⅰ字形两大类，再按其砌筑位置和具体尺寸又分为 5 种型号，每种块件等高，均为 35cm，块件单元重力为 0.9~1.2kN，每砌 3 层为一段落。该桥采用预制砌块建造桥墩，不仅节约混凝土约为 26%、节省木材 50m³ 和大量铁件，而且砌缝整齐，外形美观，更主要的是加快施工速度，避免了洪水对施工的威胁。图 6-25 所示为预制块件与空腹墩施工。

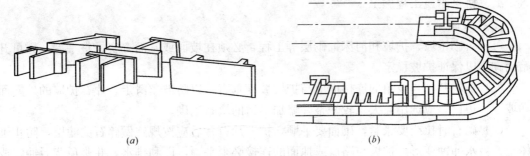

图 6-25 兰溪大桥预制砌块墩身施工
(a) 空腹墩壳板；(b) 空腹墩砌筑过程

2. 柱式墩施工

装配式柱式墩系将桥墩分解成若干轻型部件，在工厂或工地集中预制，再运送到现场装配桥梁。其形式有双柱式、排架式、板凳式和刚架式等。图 6-26 所示为各种柱式墩构造示意图。

施工工序为预制构件、安装连接与混凝土养护等。其中安装连接中的拼装接头是关键工序，既要牢固、安全，又要结构简单便于施工。常用的拼装接头有以下几种形式。

(1) 承插式接头：将预制构件插入相应的预留孔内，插入长度一般为构件宽度的 1.2～1.5 倍，底部铺设 2cm 砂浆，四周以半干硬性混凝土填充，常用于立柱与基础的接头连接。

(2) 钢筋锚固接头：构件上预留钢筋或型钢，插入另一构件的预留槽内，或将钢筋互相焊接，再灌注半干硬性混凝土，多用于立柱与顶帽处的连接。

(3) 焊接接头：将预埋在构件中的铁件与另一构件的预埋铁件用电焊连接，外部再用混凝土封闭。这种接头易于调整误差，多用于水平连接杆与立柱的连接。

(4) 扣环式接头：相互连接的构件按预定位置预埋环式钢筋，安装时柱脚先坐落在承台的柱芯上，上下环式钢筋互相错接，扣环间插入 U 形短钢筋焊牢，四周再绑扎钢筋一圈，立模浇筑外围接头混凝土。要求上下扣环预埋位置正确，施工较为复杂。

(5) 法兰盘接头：在相互连接的构件两端安装法兰盘，连接时用法兰盘连接，要求法兰盘预埋位置必须与构件垂直。接头处可不用混凝土封闭。

3. 装配式预应力混凝土墩施工

装配式预应力钢筋混凝土墩分为基础、实体墩身和装配墩身三大部分。装配墩身由基本构件、隔板、顶板及顶帽四种不同形状的构件组成，用高强钢丝穿入预留的上下贯通的孔道内，张拉锚固而成。实体墩身是装配墩身与基础的连接段，其作用是锚固预应力钢筋，调节装配墩身高度及抵御洪水时漂流物的冲击等。

施工工序分：施工准备、构件预制及墩身装配三方面。

4. 无承台大直径钻孔埋入空心桩墩施工

无承台大直径钻孔埋入空心桩墩由预钻孔、预制大直径钢筋混凝土桩墩节、吊拼装桩墩节并用预应力后张连接成整体、桩周填石压浆、桩底高压压浆、吊拼墩节、浇筑或组装盖梁等部分组成。它综合了预制桩质量的可靠性、钻孔成桩的工艺简单、成本低、适应性强等优越性；摒弃了管柱桩技术设备复杂、成本高、不易穿透沙砾层、桩易偏位及钻孔灌注桩桩身质量难以保证等缺陷，集当今桩基先进施工技术之大成。

二、桥台附属工程施工

1. 锥坡施工

（1）石砌锥坡、护坡和河床铺砌层等工程，必须在坡面或基面夯实、整平后，方可开始铺砌，以保证护坡稳定。

（2）护坡基础与坡脚的连接面应与护坡坡度垂直，以防坡脚滑走。片石护坡的外露面和坡顶、边口，应选用较大、较平整并略加修凿的块石铺砌。

（3）砌石时拉线要张紧，砌面要平顺，护坡片石背后应按规定做碎石倒滤层，防止锥体土方被水冲蚀变形。护坡与路肩或地面的连接必须平顺，以利排水，并避免背后冲刷或渗透坍塌。

（4）锥体填土应按设计高程及坡度填足。砌筑片石厚度不够时再将土挖去。不允许填土不足，临时边砌石边填土。锥坡拉线放样时，坡顶应预先放高约 2~4cm，使锥坡随同锥体填土沉降后，坡度仍符合设计规定。

（5）锥坡、护坡及拱上等各项填土，宜采用透水性土，不得采用含有泥草、腐殖物或冻土块的土。填土应在接近最佳含水量的情况下分层填筑和夯实，每层厚度不得超过 0.30m，密实度应达到路基规范要求。

（6）在大孔土地区，应检查锥体基底及其附近有无陷穴，并彻底进行处理，保证锥体稳定。

（7）干砌片石锥坡，用小石子砂浆勾缝时，应尽可能在片石护坡砌筑完成后间隔一段时间，待锥体基本稳定再进行勾缝，以减少灰缝开裂。

砌体勾缝除设计有规定外，一般可采用凸缝或平缝。浆砌砌体应在砂浆初凝后，覆盖养生 7~14 天。养生期间应避免碰撞、振动和承重。

2. 台后填土要求

（1）台后填土应与桥台砌筑协调进行。填土应尽量选用渗水土，如黏土含量较少的沙质土。土的含水量要适量，在北方冰冻地区要防止冻胀。如遇软土地基，为增大土抗力，台后适当长度内的填土可采用石灰土（掺 5％石灰）。

（2）填土应分层夯实，每层松土厚 20~30cm，一般应夯 2~3 遍，夯实后的厚度 15~20cm，使密实度达到 85％~90％，并做密实度测定。靠近台背处的填土打夯较困难时，可用木棍、拍板打紧捣实，与路基搭接处宜挖成台阶形。

（3）石砌圬工桥台背与土接触面应涂抹两道热沥青或用石灰三合土、水泥砂浆胶泥做不透水层作为台后防水处理。

（4）对于梁式桥的轻型桥台台后填土，应在桥面完成后，在两侧平行进行。

（5）台背填土顺路线方向长度，一般应自台身起，底面不小于桥台高度加 2m，顶面不小于 2m。

3. 台后泄水盲沟施工

（1）地下水较多时，泄水盲沟以片石、碎石或卵石等透水材料砌筑，并按坡度设置，沟底用黏土夯实。盲沟应建在下游方向，出口处应高出一般水位 0.2m。平时无水的干河沟应高出地面 0.3m。

（2）如桥台在挖方内，横向无法排水时，泄水盲沟在平面上可在下游方向的锥体填土内折向桥台前端排水，在平面上呈 L 形。

(3) 地下水较大时，盲沟的一般构造如图 6-26 所示。盲沟施工时应注意以下事项。

1) 盲沟所用各种填料应洁净、无杂质，含泥量应小于 2%。

2) 各层的填料要求层次分明，填筑密实。

3) 盲沟应分段施工，当日下管填料应一次完成。

4) 盲沟滤管一般采用无砂混凝土管或有孔混凝土管，也可用短节混凝土管，但应在接头处留 1~2cm 间隙，供地下水渗入。

5) 盲沟滤管基底应用混凝土浇筑，并与滤管密贴；纵坡应均匀，粒径小于 2cm 卵石无方向坡；管节应逐节检查，不合格者不得使用。

6) 管道安装完毕后，应将管内砂浆残渣、杂物清除干净。

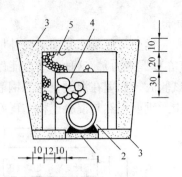

图 6-26 盲沟一般构造
1—渗水管基座；2—渗水管；3—粗砂层；4—粒径 2~3cm 卵石；5—粒径小于 2cm 卵石

4. 桥头搭板施工

桥头搭板位于桥梁端与引桥路始端相接处，为使它们顺接，防止和克服路端沉陷造成桥头"跳车"而设置。

设有钢筋混凝土桥头搭板的台后填土可用二灰碎石，至少应选用透水性好的砂性土或掺用 40%~70% 的沙石土，分层厚度 20~30cm，分层压实，压实度不小于 95% 台背填土前应进行防水处理。台后地基若为软土时，应按要求进行处理，预压时应进行沉降观测，预压沉降控制值应在搭板施工前完成。桥头搭板下的路堤可设置排水构筑物。钢筋混凝土搭板及枕梁宜采用就地现浇混凝土。

桥头搭板下应当按照设计要求做好基础，其范围应保证枕梁底处 1m 宽的襟边，向下以 1:1 放坡至 2m 深处。现浇桥头搭板基底应平整、密实，在砂土上浇筑应铺 3~5cm 厚水泥砂浆垫层。预制桥头搭板安装时应在与地梁、桥台接触面铺 2~3cm 厚水泥砂浆，搭板应安装稳固，不翘曲。预制板纵向留灌浆槽，灌浆应饱满，砂浆达到设计强度后方可铺筑路面。

第四节　钢筋混凝土桥施工

钢筋混凝土结构是由钢筋和混凝土两种物理—力学性能不同的材料所组成，目的是使它们在共同工作中，能尽显各自的优点。用这种材料作成的结构称为钢筋混凝土结构。

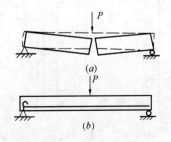

图 6-27 构件受力情况
(a) 纯混凝土；(b) 配钢筋后

混凝土是一种很好的人工石材，它和天然石材一样具有很高的抗压强度，但抗拉强度相当低，仅是抗压强度的十分之一。而钢筋是一种抗拉强度很高的结构材料，利用它的抗拉强度的特点，与混凝土结合在一起，发挥各自的特长来做成构件，即在构件的受压部分用混凝土，在构件的受拉部分配置钢筋，这种构件叫做钢筋混凝土构件，从而大大提高了构件的承载力；图 6-27 (a) 为纯混凝土构件，在受力后容易折断；而图 6-27 (b) 在其下部配置钢筋后，则可以承受较大的荷载而不折断。

钢筋与混凝土共同承受外加的荷载主要是因为钢筋与混凝土之间存在着足够的粘结力（亦称握裹力）。这种粘结力能保持到构件破坏时仍然存在。例如在做钢筋与混凝土的粘结试验时，如埋在混凝土中的钢筋有足够的锚固长度，把外露的钢筋拉断时，而埋在混凝土中的钢筋仍然与混凝土粘结良好。

钢筋混凝土桥施工方法可分为就地浇筑（简称现浇）和预制安装两大类。预制安装法具有上下部结构可平行施工，工期短，混凝土收缩徐变的影响下，质量易于控制，有利于组织文明生产，对于中、小跨径的简支梁桥普遍采用预制安装法。现浇法施工无需预制场地，不需要大型吊运设备，梁体的主筋也不中断。对于大、中跨径的悬臂和连续体系梁桥采用悬臂施工法。本章主要介绍钢筋混凝土桥施工的基本工序——制作（包括模板、钢筋和混凝土）、运输和安装，如图 6-28 所示。

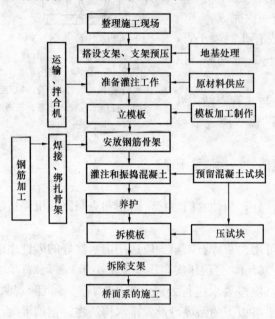

图 6-28 现浇钢筋混凝土简支梁桥的施工工序

一、模板与支架工程

模板和支架都是浇筑混凝土施工中的临时性结构，对构件的制作十分重要，不仅控制构件尺寸的精度，直接影响施工进度和混凝土的浇筑质量，而且还影响到施工安全。

（一）模板与支架应符合下列要求：

（1）保证结构物设计形状、尺寸及各部分相互位置的正确性；

（2）具有足够的强度、刚度和稳定性，能可靠地承受在施工过程中可能产生的各项荷载；

（3）构造和制作力求简单，装拆方便，周转率高；

（4）模板接缝紧密，以保证混凝土在振动器强烈振动下不致漏浆，支架连接件牢靠、不松动，能承受支架以上的各项荷载。

（二）模板的种类

1. 木模

木模由模板、肋木、立柱或由模板、直枋、横枋组成（图 6-29）。模板厚度通常为 3～5cm，板宽为 15～20cm，不得过宽，以免翘曲。肋木、立柱、直枋和横枋尺寸应通过计算确定。木模的优点是制作容易。

2. 钢模

钢模大都做成大型块件，一般长 3～8m，由

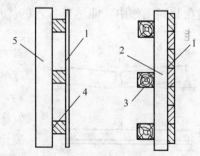

图 6-29 木模构造
1—模板；2—直枋；3—模枋；
4—肋木；5—立柱

钢板和加劲骨架焊接组成。通常钢板厚取用 4~8mm。骨架由水平肋和竖向肋组成，肋由钢板或角钢做成，肋距 500~800mm。大型钢模块件之间用螺栓或销连接。在梁的下部，常集中布置受力钢筋或预应力索筋，必要时可在钢模板上开设天窗，以便浇筑或振捣混凝土，如图 6-30 所示。多次周转使用的钢模，在使用前可用化学方法或机械方法清扫；在浇筑混凝土前，在模板内壁要用隔离剂。

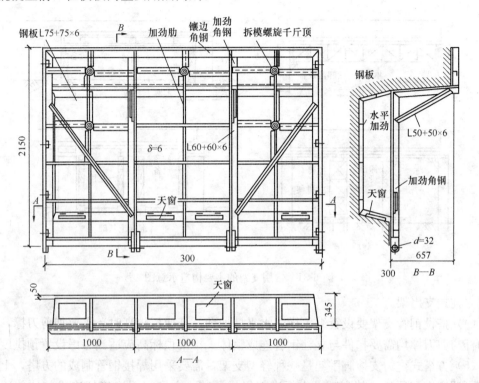

图 6-30 钢模板的主要构造（尺寸单位：mm）

钢模的优点是周转次数多，且结实耐用，拼缝严密，能经受强行振捣，浇筑时表面光滑。

（三）支架

支架的主要类型有 3 种：立柱式支架、梁式支架和梁柱结合式支架。

1. 立柱式支架

如图 6-31（a）、(b) 所示立柱式支架，主要由排架和纵梁等构件组成。其中排架由枕木或桩、立柱和盖梁组成。一般排架间距为 4m，桩的入土深度按施工设计要求设置，但是不能低于 3m。当水深大于 3m 时，桩要采用拉杆加强，还需要在纵梁下布置卸落设备。立柱式支架的特点是构造简单，主要用于城市高架桥或不通航道以及桥墩不高的小跨径桥梁施工。其构造如下。

（1）立柱式支架还可以采用直径为 48mm、壁厚 3.5mm 的钢管搭设，水中支架需要事先设置基础、排架桩，钢管支架在排架上设置。

（2）在城市里现浇高架桥，一般在平整路基上铺设碎石层或沙砾石层，在其上浇筑混凝土作为支架的基础；钢管排架纵、横向密排，下设槽钢支承钢管，钢管间距是根据高架桥的高度及现浇梁的自重、施工荷载的大小而定。

（3）钢管主要由扣件接长或者搭接，上端采用可调节的槽形顶托固定纵、横木龙骨，

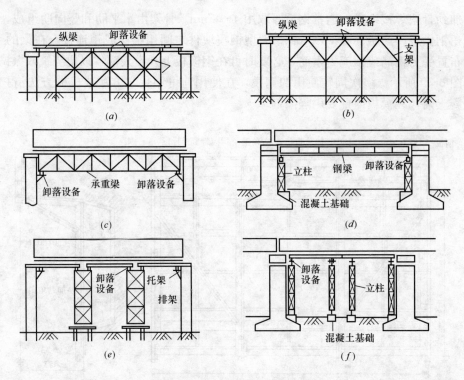

图 6-31 常用支架的主要构造示意图

形成立柱式支出架。

(4) 搭设钢管支架要设置纵、横向水平杆加劲，高架桥较高时还需要加剪刀撑，水平加劲杆与剪刀撑均需要扣件与立柱钢管连成整体。排架顶标高应适当考虑设置预拱度。

(5) 方塔式重力支撑脚手架是一种轻型支架，需要采用焊接钢管制成的方塔，上、下均有可调底座和顶托，其高度可由标准架组拼调整，方塔间用连接杆连成整体。通过测试，每个单元塔架子安全承载力约 180kN。

(6) 该支架装拆方便，用钢量少，通常在高度 5m 以下的支架上使用。塔架需要架设水平加劲及剪刀加劲杆，但是，对高桥和重载桥不适宜。

2. 梁式支架

根据高架桥的跨径不同，梁可采用工字钢、钢板梁或钢桁梁，如图 6-31 (c) 和图 6-31 (d) 所示。一般工字钢用于跨径小于 10m 的情况；钢板梁用于跨径小于 20m 的情况；钢桁梁用于跨径大于 20m 的情况。梁可以支承在墩旁支柱上，也可支承在桥墩上预留的托架或支承在桥墩处的横梁上。

3. 梁柱结合式支架

当高架桥较高、跨径较大或必须在支架下设孔通航或排洪时，可采用梁柱结合式支架，如图 6-31 (e) 和图 6-31 (f) 所示。梁支承在桥墩、台以及临时支柱或临时墩上，形成多跨的梁柱结合式支架。

(四) 支架和模板的安装

(1) 支架安装前应对各种杆件的质量、尺寸、外观和轴线等进行检查。支架的支承面应抄平。支架宜采用标准化、系列化、通用化的构件拼装，应进行施工图设计，并验算其强度、刚度和稳定性。

（2）支架立柱必须安装在有足够承载力的地基上，立柱底端应设垫木来分布和传递压力，扩大上、下支承点的承载面，以减少支架下沉量和模板变形，保证浇筑混凝土后不发生超过允许的沉降量。

（3）支架结构应满足立模高程的调整要求。按设计高程和施工预拱度立模。

（4）承重部位的支架和模板，必要时应在立模后预压，消除非弹性变形和基础沉降。支架预压应参照现行规范《钢管满堂支架预压技术规程》JGJ/T 194—2009，预压重力相当于以后所浇筑混凝土的重力。当结构分层浇筑混凝土时，预压重力可取浇混凝土质量的80%。

（5）相互连接的模板，木板面要对齐，连接螺栓不要一次锁紧到位，整体检查模板线形，发现偏差及时调整后再锁紧连接螺栓，固定好支撑杆件。

（6）模板连接缝间隙大于2cm时，应用灰膏类填缝或贴胶带密封。预应力管道锚具处空隙大时，用海绵泡沫填塞，防止漏浆。

（7）为加强支架纵、横向的刚度和稳定性，立柱在两个互相垂直的方向要设水平撑杆和斜撑，斜撑与水平交角不大于45°。一般立柱高度在5m左右时水平横撑不得少于两道，并应在横撑间加双向剪刀撑（十字撑）。在支架的转角、端头和纵向每30m左右均应设剪刀撑。剪刀撑要从顶到底连续布设，最后一对必须落地。

（8）遇6级以上大风时应停止施工作业。

（五）简支梁预拱度的施工

1. 确定预拱度时应考虑的因素

在支架上浇筑梁式上部构造时、在施工时和卸架后，上部构造要发生一定的下沉和产生一定的挠度。因此，为使上部构造在卸架后能满意地获得设计规定的外形，需在施工时设置一定数值的预拱度。在确定预拱度时应考虑下列因素。

（1）卸架后上部构造本身及一半活载所产生的竖向挠度 δ_1。

（2）支架在荷载作用下的弹性压缩 δ_2。

（3）支架在荷载作用下的非弹性变形 δ_3。

（4）支架基底在荷载作用下的非弹性沉陷 δ_4。

（5）由混凝土收缩及温度变化而引起的挠度 δ_5。

2. 预拱度的设置

根据梁的拱度和支架的变形所计算出来的预拱度之和，为预拱度的最高值，应设置在梁的跨梁中点。其他各点的预拱度，应以中间点为最高值，以梁的两端为零，按直线或二次抛物线比例进行分配。

二、钢筋工程

钢筋加工工序多，包括钢筋调直、切断、除锈、弯制、焊接或绑扎成型等，而且钢筋的规格和型号尺寸也比较多。并鉴于保证钢筋的加工质量和布置需要，钢筋进场后，钢筋应按不同钢种，等级，牌号，规格及生产厂家分批验收，确认合格后方可使用。在浇筑混凝土后再也无法检查和纠正，故必须仔细认真严格地控制钢筋加工的质量。

（一）钢筋加工

1. 钢筋的检查

钢筋进场后，应检查出厂试验证明书。若无证明文件或钢筋质量有疑问时应做抗拉试验、冷弯试验和可焊性试验。

2. 钢筋的调直

直径 10mm 以下Ⅰ级（HPB235 级）钢筋常卷成盘形，粗钢筋常弯成"发卡"型或出厂时截成 8～10m 长，便于运输和储存。

盘形钢筋应先放开，把它截成 30～40m 的长度，然后用人力或电动绞车拉直。拉直时对拉力要注意控制，使任一段的伸长率不超过 1‰。也可用钢筋调直机调直。

粗钢筋可放在工作台上用手锤敲直，亦可用手工扳子或自动机床矫直。整直后的粗钢筋，应挺直、无曲折，钢筋中心线的偏差不超过其全长的 1/100。

3. 除锈去污

钢筋应具有清洁的表面，使之与混凝土间有可靠的粘结力，因此油渍、漆皮、鳞锈均应在使用前清除干净。除锈的方法可采用钢丝刷、砂盘或喷砂枪喷砂等工具除锈污，也可以将钢筋在砂堆中来回抽动以除锈去污。

4. 钢筋的划线配料

为了使成型的钢筋，较正确地符合设计要求，下料前应进行用料的设计工作称为配料，配料应以施工图纸和库存料规格及每一根钢筋的下料长度为依据，将不同直径与不同长度的各号钢筋顺序填制配料单，按配料单进行配料，然后按型号规格分别切断弯制。

（1）钢筋下料长度计算

1）弯钩增加长度计算

① 180°弯钩（图 6-32a）

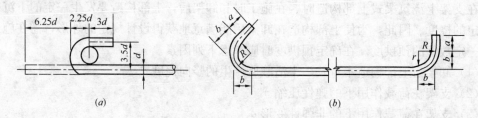

图 6-32 弯钩
(a) 半圆弯钩；(b) 90°及 135°弯钩

如 ϕ20 以下Ⅰ级钢筋末端弯钩形状为 180°，按弯心直径不小于钢筋直径 d 的 2.5 倍，作 180°的圆弧弯曲，其平直部分的长度等于钢筋直径 3 倍。

钢筋弯曲时，内皮缩短，外皮伸长，中轴不变。弯钩长度计算公式为

半圆弯钩全长　　　　　　$3d + \dfrac{3.5\pi d}{2} = 8.5d$

半圆弯钩增加长度　　　　$8.5d - 2.25d = 6.25d$

② 90°及 135°弯钩（如图 6-32b）

弯钩增长值的计算方法与半圆弯钩相同。90°、135°的弯钩增长度为 3.5d、4.9d。

用Ⅰ级钢筋制作的箍筋，其末端应做弯钩，弯钩的弯曲直径应大于受力主钢筋直径，且不小于箍筋直径的 2.5 倍。弯钩平直部分长度，一般结构不宜小于箍筋直径 5 倍，有抗

震要求的结构，不应小于箍筋直径的 10 倍。

箍筋弯钩的形式，如设计无要求时，可按图 6-33(a)、(b) 加工，有抗震要求的结构，应按图 6-33(c) 加工。

2) 弯曲伸长计算

钢筋弯曲后有所伸长，通常有 30°、45°、60°、90°、135° 和 180° 等几种，在钢筋剪断时应将延伸部分扣除，一般可做若干次试验，以求得实际的切断长度。

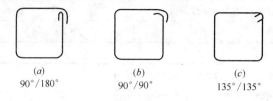

图 6-33 箍筋弯钩形式图

①当不用搭接时：

下料长度＝钢筋原长＋弯钩增长量－弯曲伸长量

②当需要搭接时（搭接焊或绑扎接头）：

下料长度＝钢筋原长＋弯钩增长量－弯曲伸长量＋搭接长度

【例 6-2】 直径 ϕ10mm 光圆钢筋，弯曲形状如图 6-34 所示，试计算钢筋下料长度。

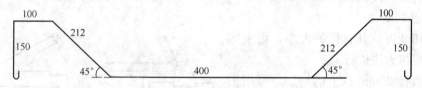

图 6-34 钢筋弯曲示意（cm）

【解】 钢筋原长＝150×2＋100×2＋400＋150×1.414×2＝1748cm

2 个半圆弯钩增长量＝6.25×2×1＝12.5cm

2 个 180°弯曲伸长量＝1.5×2×1＝3cm

2 个 90°弯曲伸长量＝1.0×2×1＝2cm

4 个 45°弯曲伸长量＝0.5×4×1＝2cm

若无搭接则钢筋下料长度为：

$$L=1748+12.5-3-2-2=1753.5 \text{cm}$$

(2) 钢筋配料注意事项

1) 对于有接头的钢筋，配料时应注意使接头位置设在内力较小处，并错开布置。

2) 对于焊接接头，受拉钢筋接头的截面积在同一截面内不得超过钢筋总截面积的 50%。上述同一截面是指钢筋长度方向 35d 长度范围内，但不得小于 50cm。

3) 对于绑扎搭接接头，其截面积在同一截面内受拉区不得超过钢筋总面积的 25%；受压区不得超过钢筋总截面积的 50%。上述同一截面是指钢筋搭接长度范围内，绑扎接头的最少搭接长度见表 6-3。

受拉钢筋绑扎接头的搭接长度   表 6-3

钢筋牌号	混凝土强度等级		
	C20	C25	>C25
HPB235	35d	30d	25d
HPR335	45d	40d	35d

续表

钢筋牌号	混凝土强度等级		
	C20	C25	>C25
HRB400	—	50d	45d

注：1. 当带肋钢筋直径 $d>25$mm 时，其受拉钢筋的搭接长度应按表中数值增加 5d 采用；
2. 当带肋钢筋直径 $d<25$mm 时，其受拉钢筋的搭接长度应按表中值减少 5d 采用；
3. 当混凝土在凝固过程中受力钢筋易受扰动时，其搭接长度应适当增加；
4. 在任何情况下，纵向受拉钢筋的搭接长度不得小于 300mm；受压钢筋的搭接长度不得小于 200mm；
5. 轻骨料混凝土的钢筋绑扎接头搭接长度应按普通混凝土搭接长度增加 5d；
6. 当混凝土强度等级低于 C20 时，HPB235、HRB335 钢筋的搭接长度应按表中 C20 的数值相应增加 10d；
7. 对有抗震要求的受力钢筋的搭接长度，当抗震烈度为七度（及以上）时应增加 5d；
8. 两根直径不同的钢筋的搭接长度，以较细钢筋的直径计算。

4）所有接头与钢筋弯曲处应不小于 10d，也不宜位于构件的最大弯钩处。

5）在任一焊接或绑扎接头长度区段内，同一根钢筋不得有两个接头。

5. 钢筋切断

钢筋切断可依其直径的大小，用不同的人工或机械方法进行。

截切直径 25mm 以上的钢筋，可用钢锯锯断；10～22mm 的钢筋可用上下搭口及铁锤割断（图 6-35a）；10mm 以下的钢筋可用电动剪切机，也可用剪筋刀剪断（图 6-35b）。电动剪切机，可以截切直径 40mm 以下的钢筋可一次切断数根。

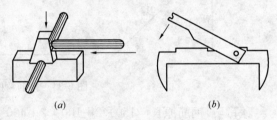

图 6-35 用人工方法切断钢筋
(a) 以上下搭口切断钢筋；(b) 用剪刀剪钢筋

（二）钢筋接长（钢筋连接）

钢筋接长的方式有闪光接触对焊、电弧焊（搭接焊、帮条焊、熔槽焊等）和绑扎搭接三种。一般多应用电焊接头，只有在没有焊接条件时，才可用绑扎接头。

1. 连接方式

（1）闪光接触对焊

用闪光接触对焊接长钢筋，其优点是使钢筋传力性能好、省钢材、能电焊各种钢筋，避免了钢筋的拥挤，便于混凝土浇筑。故一般焊接均以采用闪光对焊为宜，如图 6-36 所示。闪光接触对焊系将夹紧于对焊机钳口内的钢筋，在接通电流时，以不大的压力将近钢筋两头，使其轻微接触。在移近过程中，钢筋端隙向四面喷射火花，钢筋到既定的长度值后，便将钢筋进行快速的顶锻，至此焊接过程结束。

（2）电弧焊

图 6-37 是电弧焊焊接过程示意图。一根导线接在被焊钢筋上，另一根导线接在夹有焊条的焊钳上。合上开关，将接触焊件接通电流，此时立即将焊条提起 2～3mm，产生电弧。由于电弧最高可达 4000℃ 能熔化焊条和钢筋，并汇合成一条焊缝，至此焊接过程结束。

（3）机械连接

钢筋机械连接是指通过连接的机械咬合作用或钢筋端面的承压作用，将一根钢筋中的

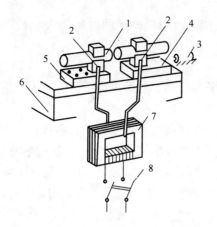
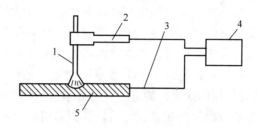

图 6-36 接触对焊示意图　　　　　图 6-37 电弧焊接示意图
1—钢筋；2—电极；3—压力构件；4—活　　1—焊条；2—焊钳；3—导线；4—电源；
动平板；5—固定平板；6—机身；7—变压　　　　　　5—被焊金属
器；8—闸刀

力传递至另一根钢筋的连接方法。它具有接头质量稳定可靠，不受钢筋化学成分的影响，操作简便，施工速度快，且不受气候条件影响，无污染，无火灾隐患，施工安全等优点。目前推广应用的有套筒挤压连接法（通过挤压机施工），直螺纹连接法和锥螺纹连接法等，如图 6-38、图 6-39 和图 6-40 所示。

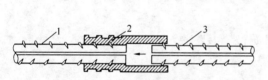

图 6-38 套筒挤压连接法　　　　　图 6-39 直螺纹连接法
1—已挤压的钢筋；2—钢套筒；3—未挤压的钢筋

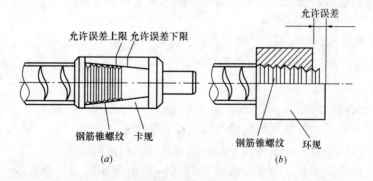

图 6-40 锥螺纹连接法

（4）钢丝绑扎搭接

当没有条件采用焊接时，接头可采用钢丝绑扎搭接，绑扎应在钢筋搭接处的两端和中间至少三处用钢丝扎紧。受拉区内 HPB235 级钢筋的接头末端应做弯钩。

对轴心受拉构件的接头及直径大于 25mm 的钢筋均应用焊接，不得采用绑扎接头；

冷拔钢丝的接头,只能采用绑扎,不得采用焊接接头;冷拉钢筋的焊接接头应在冷拉前焊接。

2. 钢筋骨架的焊接

钢筋骨架的焊接应采用电弧焊,先焊成单片平面骨架,然后再将平面骨架组焊成立体骨架,使骨架有足够刚性和不弯形性,以便吊运。

钢筋在焊接过程中由于温度变化,骨架将会发生翘曲变形,使骨架的形状和尺寸不能符合设计要求,同时会在焊缝内产生收缩应力而使焊缝开裂。因此,为了防止施焊过程中骨架的变形,在施工工艺上要采取一定的措施。一般常在电焊工作台上用先点焊后跳焊(即错开焊接的次序)的方法。另外,宜采用双面焊缝使骨架的变形尽可能均匀对称。

钢筋按设计图布置就绪后,各钢筋用点焊固定相对位置,使钢筋骨架各部分不致因施焊时加热膨胀及冷却收缩而变形。

无论是点焊或电弧焊,骨架相邻部位的钢筋不能连续施焊,而应该错开焊接顺序(跳焊),如图 6-41 所示,钢筋骨架焊接顺序宜由中到边对称地向两端进行,先下排钢筋跳焊,再焊上排钢筋。同一部位有多层钢筋时,各条焊缝也不能一次焊好,而要错开施焊。当多层钢筋直径不同时,可先焊两直径相同的,再焊直径不同的。

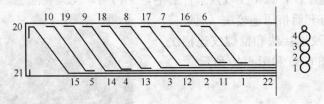

图 6-41 钢筋骨架焊接顺序

3. 钢筋弯制成型

钢筋应按设计尺寸和形状用冷弯的方法弯制成型。当弯制的钢筋较少时,可用人工弯筋器在成型台上弯制。

弯制大量钢筋时,宜采用电动弯筋机,能弯制直径 6～40mm 的钢筋,并可弯成各种角度。

弯制各种钢筋的第一根时,应反复修正,使其与设计尺寸和形状相符,并以此样件作标准,用以检查以后弯起的钢筋。钢筋弯曲成型后,表面不得有裂纹、鳞落或断裂等现象。

(三)钢筋的安装

在模板内安装钢筋之前,必须详细检查模板各部分的尺寸,检查模板有无歪斜、裂缝及变形尺寸不符之处和各板之间的松动都应在安装钢筋之前予以处理好。

焊接成型的钢筋骨架,安装用一般起重设备吊入模板内即可。

对于绑扎钢筋的安装,应拟定安装顺序。一般的梁肋钢筋,先放箍筋,再安下排主筋,后装上排钢筋。在钢筋安装工作中为了保证达到设计及构造要求,应注意下列几点:

(1)钢筋的接头应按规定要求错开布置;

(2)钢筋的交叉点,应用钢丝绑扎结实,必要时可用点焊焊牢;

(3)除设计有特殊要求外,梁中箍筋应与主筋垂直,箍筋弯钩的叠合处,在梁中应沿梁长方向置于上面并交错布置,在柱中应沿柱高方向交错布置;

(4) 为保证混凝土保护层厚度，应在钢筋与混凝土间错开 0.7~1.0m 设水泥浆垫块，不应贯通截面全长；

(5) 为保证与固定钢筋间的横向净距，两排钢筋间可用混凝土分隔块或短钢筋扎结固定。

三、混凝土工程

混凝土工程施工工艺：浇筑前的准备工作→混凝土的拌制→混凝土的运输→混凝土的灌注→混凝土的振捣→混凝土的养护→混凝土的拆模。混凝土工程质量的好坏，直接影响结构的承载能力、耐久性与整体性。因此施工中必须保证每一个工序的施工质量。

（一）混凝土浇筑前的准备工作

1. 检查原材料

（1）水泥

水泥进场必须有制造厂的水泥品质试验报告等合格证明文件。水泥进场后应按其品种、强度、证明文件以及出厂时间等情况分批进行检查验收，并对水泥进行反复试验。超过出厂日期三个月的水泥，应取样试验，并按其复验结果使用。对受过潮的水泥，硬块应筛除并进行试验，根据实际强度使用，一般不得用在结构工程中。已变质的水泥，不得使用。不同品种、强度等级和出厂日期的水泥应分别堆放。堆垛高度不宜超过 10 袋，离地、离墙 30cm。做到先到的先用，严禁混掺使用。

（2）砂子

混凝土用的砂子，应采用级配合理、质地坚硬、颗粒洁净、粒径小于 5mm 的天然砂，砂中有害杂质含量不得超过规范规定（一般以江砂或山砂为好）。

（3）石子

混凝土用的石子，有碎石和卵石两种，要求质地坚硬、有足够强度、表面洁净，针状、片状颗粒以及泥土、杂物等含量不得超过规范规定。粗骨料的最大粒径不得超过结构最小边尺寸的 1/4 和最小钢筋净距的 3/4；在两层或多层密布钢筋结构中，不得超过钢筋最小净距的 1/2，同时最大粒径不得超过 100mm。

（4）水

水中不得含有妨碍水泥正常硬化的有害杂质，不得含有油脂、糖类和游离酸等。pH 值小于 5 的酸性水及含硫酸盐量 SO_4^{2-} 计，超过 $0.27kg/cm^3$ 的水不得使用，海水不得用于钢筋混凝土和预应力混凝土结构中。饮用水均可拌制混凝土。

2. 检查混凝土配合比

混凝土配合比设计必须满足强度、和易性、耐久性和经济性的要求。根据设计的配合比及施工所采用的原材料，在与施工条件相同的情况下，拌合少量混凝土做试块试验，验证混凝土的强度及和易性。

上面所述的配合比均为理论配合比，其中砂、石均为干料，但在施工现场所用的材料均包含一定量的水。因此，在混凝土搅拌前，均需测定砂石的含水率，调整施工配合比。

3. 检查模板与支架

检查模板的尺寸和形状是否正确，接缝是否紧密，支架接头、螺栓、拉杆、撑木等是否牢固，卸落设备是否符合要求；清除模板内的灰屑，并用水冲洗干净，模板内侧需涂刷隔离剂，以利于脱模，若是木模还应洒水润湿。

4. 检查钢筋

检查钢筋的数量、尺寸、间距及保护层厚度是否符合设计要求；钢筋骨架绑扎是否牢固；预埋件和预留孔是否齐全，位置是否正确。

(二) 混凝土拌合

1. 人工拌合

人工拌合混凝土是在铁板或在不渗水的拌合板上进行。拌合时先将拌合所需的砂料堆正中耙成浅沟，然后将水泥倒入沟中，干拌至颜色一致，再将石子倒入里面加水拌合，反复湿拌若干次到全部颜色一致，石子和水泥砂浆无分离和无不均匀现象为止。

2. 机械拌合

机械拌合混凝土是在搅拌机内进行。混凝土拌合前，应先测定砂石料的含水率，调整配合比，计算配料单，水泥以包为单位。

假设实验室配合比为水泥∶砂∶石子 $=1:x:y$

水灰比：W/C

现场测得砂含水率 W_x、石子含水率 W_y

则施工配合比为：水泥∶砂∶石子 $=1:x(1+W'_{砂}):y(1+W_y)$

水灰比 W/C 不变（但用水量要减去砂石中的含水量）

【例 6-3】 混凝土实验室配合比为 1∶2.28∶4.47，水灰比 $W/C=0.63$，每立方米混凝土水泥用量 $C=285$kg，现场实测砂子含水率 3％，石子含水率 1％，求施工配合比及每立方米混凝土各种材料用量。

【解】 施工配合比 $1:x(1+w_x):y(1+w_y)=1:2.28\times(1+0.03):4.47\times(1+0.01)$
$$=1:2.35:4.51$$

按施工配合比每立方米混凝土各组成材料用量：

水泥　　　$C'=C=285$kg

砂　　　　$G'_{砂}=285\times2.35=669.75$kg

石　　　　$G'_{石}=285\times4.51=1285.35$kg

用水量 $W'=W-G_{砂}\cdot W_x-G_{石}\cdot W_y$
$$=0.63\times285-2.28\times285\times3\%-4.47\times285\times1\%$$
$$=179.55-19.49-12.74=147.32\text{kg}$$

混凝土混合料中的砂、石必须过磅，配料数量的允许偏差（以质量计）见表 6-4。

配料数量允许偏差　　　　表 6-4

材料类别	允许偏差 (％)	
	现场拌制	预制场或集中搅拌站拌制
水泥、混合材料	±2	±1
粗、细骨料	±3	±2
水、外加剂	±2	±1

混凝土拌合时，应先向鼓筒内注入用水量的 2/3，然后按石子→水泥→砂子的上料顺序全部混合料倒入鼓筒，随着将余下的 1/3 水量注入。投入搅拌机的第一盘混凝土材料应适量增加水泥、砂和水或减少石子，以覆盖搅拌筒的内壁而不降低拌合物所需的含浆量。

拌合时间一般为 3min 左右，以石子表面包满砂浆，混凝土颜色均匀为标准，不得有离析和泌水现象。

（三）混凝土运输

1. 基本要求

（1）混凝土运输路线应尽量缩短，尽可能减少转运次数。道路应平坦，以保证车辆行驰平稳。

（2）混凝土运输过程中不应发生离析、泌水和水泥浆流失现象，坍落度前后相差不得超过 30％，如有离析现象，必须在浇筑前进行两次搅拌。二次搅拌时不得任意加水，可同时加水和水泥以保持原水灰比不变。如二次搅拌仍不符合要求，则不得使用。

（3）运输盛器应严密坚实，要求不漏浆、不吸水，并便于装卸拌合料。

（4）混凝土从拌合机内卸出后所需的运输时间不宜超过表 6-5 中的规定。

混凝土拌合物运输时间限制（min）　　　　　　　　表 6-5

气温（℃）	无搅拌设施运输	有搅拌设施运输
20～30	30	60
10～19	45	75
5～9	60	90

2. 运输工具

一般采用独轮手推车、双轮手推车、窄轨倾斗车、自动倾卸卡车、井字架起吊设备、悬臂起重机、缆索起重机、搅拌运输车和混凝土泵车（扬程高度 100m、输送水平距离 1000m）等。

（四）混凝土的浇筑

浇筑前仔细检查模板和钢筋的尺寸，预埋件的位置是否正确，并检查模板的清洁、润滑和紧密程度。

1. 允许间隙时间

混凝土浇筑应依照次序，逐层连续浇完，不得任意中断，并应在前层混凝土开始初凝前即将次层混凝土拌合物浇捣完毕。其允许间隙时间以混凝土还未初凝或振动器尚能顺利插入为准。

2. 工作缝的处理

当间歇时间超过表 6-6 所规定的数值时，应按工作缝处理，其方法如下：

浇筑混凝土允许间歇时间　　　　　　　　表 6-6

混凝土入模温度（℃）		20～30	10～19	5～9
允许间歇时间（h）	普通水泥	1.5	2.0	2.5
	矿渣火山灰水泥	2.0	2.5	3.0

（1）需待下层混凝土强度达到 1.2MPa（钢筋混凝土为 2.5MPa）后方可浇筑上层混凝土。

（2）在浇筑混凝土前应凿除施工缝处下层混凝土表面的水泥砂浆和松弱层，使坚实混凝土层外露并凿成毛面。

(3) 旧混凝土经清理干净后,用水清洗干净并排除积水。垂直接缝应刷一层净水泥浆;水平接缝应铺一层厚为1~2cm的1:2水泥砂浆。斜缝可把斜面凿毛呈台阶状,按前处理。

(4) 无筋构件的工作缝应加锚固钢筋或石榫。

(5) 对施工接缝处的混凝土,振动器离先浇混凝土5~10cm,应仔细地加强振捣,使新旧混凝土紧密结合。施工缝的位置宜留置在结构受剪力和弯矩较小且便于施工的部位。

3. 混凝土浇筑时的分层厚度

每层混凝土的浇筑厚度,应根据拌合能力、运输距离、浇筑速度、气温及振动器工作能力来决定,一般为15~25cm。

4. 混凝土的自由倾落高度

为保证混凝土在垂直浇筑过程中不发生离析现象,应遵守下列规定:

(1) 浇筑无筋或少筋混凝土时,混凝土拌合物的自由倾落高度不宜超过2m。当倾落高度超过2m时,应用滑槽或串筒输送;当倾落高度超过10m时,串筒内应附设减速设备。

(2) 浇筑钢筋较密的混凝土时,自由倾落高度最好不超过30cm。

(3) 在溜槽串筒的出料口下面,混凝土堆积高度不宜超过1m。

5. 斜层浇筑混凝土的方法

对于大型构造物,每小时的混凝土浇筑量相当大,使混凝土的生产能力很难适应,采用斜层浇筑混凝土的方法,可以减少浇筑层的面积,从而减少每小时的混凝土浇筑量。

6. 分成几个单元浇筑混凝土的方法(大体积混凝土浇筑)

对于大型构造物如桥梁墩台,当其截面积超过100~150m^2时,为减少混凝土每小时需要量,可把整体混凝土分成几个单元来浇筑。每个单元面积最好不小于50m^2,其高度不超过2m,上下两个单元间的垂直缝应彼此相间、互相错开约1~1.5m。

把厚大的混凝土体分成单元,还可以防止墩台表面发生裂缝。大体积混凝土的浇筑应在一天中气温较低时进行。

7. 片石混凝土的浇筑(混凝土墩台及基础)

为了节约水泥,可在混凝土中加片石,但加入的数量不宜超过混凝土结构体积的25%。片石在混凝土中应均匀分布,两石块间的净距不小于10cm,石块距模板的净距不小于15cm。石块的最小尺寸为15cm,石块不得接触钢筋和预埋件。石块的抗压强度不应低于30MPa。

8. 上部构造混凝土的浇筑

(1) 简支梁混凝土的浇筑

浇筑上部构造混凝土可以采用水平分层浇筑法或斜层浇筑法。

整体式简支板梁混凝土的浇筑,宜不间断地一次浇筑完毕。勿使整个上部构造浇筑完毕时,其最初浇筑的混凝土强度还不大,并仍有随同支架的沉陷而变形的可塑性。一般采用斜层浇筑法,从两端同时开始,向跨中将梁和行车道板一次浇筑完毕。

简支梁式上部构造混凝土的浇筑也可用水平层浇筑法,在所有钢筋绑扎安装之后,把上部构造分层一次浇筑完毕,浇筑时通过上部钢筋间的缝隙,从上面把混凝土浇入模板内并进行捣实。

(2) 悬臂梁、连续梁混凝土的浇筑

混凝土浇筑顺序从跨中向两端墩台进行,在桥墩处(刚性支点)设接缝,待支架稳定后,浇接缝混凝土。

跨径较大的,并且在满布式支架上浇筑简支梁式上部构造,以及在基底刚性不同的支架上浇筑悬臂梁式和连续梁式上部构造,其浇筑方法要选用适当,应不使浇筑的混凝土因支架沉陷不均匀,而发生裂缝。因此,必须按下列方法之一进行浇筑。

1) 尽可能加速混凝土的浇筑速度,勿使全梁的混凝土浇筑完毕时,其最初浇筑的混凝土的强度还不大,仍有随同支架的沉陷而变形的可塑性。

2) 浇筑前预先在支架上加以相当于全部混凝土重量的砂袋等,使其充分变形,浇筑时将预加的荷重逐渐撤去。

3) 将梁分成数段,按照适当的顺序分段浇筑。

(五) 混凝土的振捣

为了使混凝土具有所需要的密实度,从而提高混凝土的强度与耐久性,应采用振动器进行捣实。

1. 人工振捣

采用人工振捣的混凝土,适用于坍落度大、混凝土数量少或布筋较密的场合,且应按规定分层浇筑。为使混凝土密实,且表面平整、无蜂窝麻面等现象,每层须以捣钎捣实,并须沿模板边缘捣边,捣边时要用手锤或木锤轻敲模板外侧,使之抖动。振捣时应注意均匀,大力振捣不如小力而加快振捣更有效。

2. 机械振捣

1) 插入式振捣 用插入式振动器插入混凝土内部振捣,适用于非薄壁构件的振捣,如实心板、墩台基础和墩台身,捣实效果比较好。振动棒插入混凝土时要垂直,不可触及模板和钢筋。振捣时快插慢拔、插点要均匀,可按行列式或交错式进行,两点间距离以 1.5 倍作用半径为宜,如图 6-42 所示。作用半径一般 40~50cm。振捣上一层的混凝土时振动器应略插入下层混凝土 5~10cm 以消除两层之间的接触面。与侧模应保持 5~10cm 的距离,以避免振动棒碰撞模板。

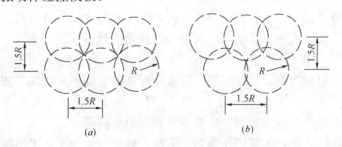

图 6-42 插入式振动器移位示意
(a) 并列式;(b) 交错式

振动时间以混凝土不再下沉、气泡不再发生、水泥砂浆开始上浮、表面平整为止。插入式振动器振捣时间约为 15~30s。

延长振捣时间,并不能提高混凝土的质量;相反,过久地振捣,可能使混凝土产生离析，使混凝土发生石子下沉，灰浆上升，过多地振捣所造成的危害比振捣不足更大，尤其对塑性的、稠度较稀的混凝土更为显著。

2) 平板式振捣　系用平板式振动器放在混凝土浇筑层的表面振捣，适用于混凝土面积较大的振捣，如实心板、空心板的底板和顶板、桥面和基础等。平板式振动器移位间距，应以使振动器平板能覆盖已振实部分10cm左右，振动时间约为20～40s。

3) 附着式振捣　系用附着式振动器安装在模板外部振捣，适用于薄壁构件的振捣，如T形梁等。振动器的布置与构件厚度有关，当厚度小于15cm时，可两面交错布置；当厚度大于15cm时，应两面对称布置。振动器布置的间距不应大于它的作用半径。附着式振动器振捣时间约为40～60s。这种方法因系借助振动模板以振实混凝土，效果并不理想，且对模板要求很高，故一般只有在钢筋过密而无法采用插入式振动器时方可采用。

（六）混凝土的养护

混凝土中水泥的水化作用过程，就是混凝土凝固，硬化和强度发展过程，为了保证已浇筑的混凝土有适当的硬化条件，并防止天气干燥使混凝土表面产生收缩裂缝，应对新浇筑的混凝土加以润湿养护。混凝土养护主要方法有浇水养护和喷膜养护。

1. 浇水养护

在自然温度条件下（高于+5℃），对塑性混凝土应在浇筑后12h以内，对干硬性混凝土应在浇筑后1～2h内，用湿草袋覆盖和洒水养护保持混凝土表面处于湿润状态。混凝土的浇水养护日期，随环境气温而异，在常温下，用普通水泥拌制时，不得少于7昼夜；用矾土水泥拌制时，不得少于3昼夜；用矿渣水泥，火山灰质水泥或在施工中掺用塑化剂时，不得少于14昼夜。干燥炎热天气应适当延长，气温低于5℃时，不得浇水，但须加以覆盖。

2. 喷膜养护

喷膜养护是混凝土表面喷洒1～2层塑料溶液，待溶液挥发后，在混凝土表面结合成一层塑料薄膜，使混凝土与空气隔绝，使混凝土水分不再蒸发，从而完成水化作用。此养护方法适用于表面较大的混凝土及垂直面混凝土。

（七）模板与支架的拆除程序、方法和期限

模板拆除应遵循先支后拆、先拆非承重、后拆承重的顺序，自下而上进行。

非承重侧模板应在混凝土强度保证其表面及棱角不致因拆模而受损坏方可拆除，一般在抗压强度达到2.5MPa及以上。

芯模和预留孔道的内模，应在混凝土强度能保证其表面不发生塌陷和裂缝现象时方可抽除。

预应力混凝土结构的承重底模，应在施加预应力后拆除。

拆除立杆（拉杆）时，要特别注意防止失稳，一般最后一道水平横撑杆要与立杆（拉杆）同时拆下。卸落支架时要设专人用仪器观测梁、拱的变形情况并做详细记录。

现浇钢筋混凝土桥落架工作，应从挠度最大处的支架上的落架设备开始向两支点进行。卸落量是开始宜小以后逐渐增大，并要纵向对称、横向一致同时卸落。简支梁、连续梁宜从跨中向支座依次循环卸落；悬臂梁应先卸挂梁及悬臂的支架，再卸无铰跨内的支架。

在拆除模板及其支架以前，应将混凝土立方体进行试压，以确定所达到的强度。混凝土立方体应取浇筑承重结构的混凝土中,并且应与承重结构处于相同的条件下进行养护。

模板及其支架的拆除期限与混凝土硬化的速度、气温及结构性质有关。钢筋混凝土结构的承重模板、支架和拱架的拆除,应符合设计要求。当设计无规定时,应符合表 6-7 规定。

现浇结构拆除底模时的混凝土强度　　　　　　　　　　表 6-7

结构类型	结构跨度（m）	按设计混凝土强度标准值的百分率（%）
板	≤2	50
板	2～8	75
板	>8	100
梁、拱	≤8	75
梁、拱	>8	100
悬臂构件	≤2	75
悬臂构件	>2	100

注：构件混凝土强度必须通过同条件养护的试件强度确定。

模板拆除时,应尽量避免对混凝土的振动,已拆除模板的结构,应在混凝土达到设计强度的 100% 时,才允许承受全部计算荷载。

（八）混凝土的冬期、高温期和雨期施工

1. 混凝土的冬期施工

混凝土的强度发展,与周围的温度有关,当温度低于 15℃ 时,它的硬化速度减慢,当温度至 0℃ 以下时,硬化基本停止,虽然在温度回升后,仍能重新进行硬化,但最终强度却被削弱了,所以在冬季条件下进行混凝土施工,要求混凝土强度未达到设计强度的 30%～40% 时不得受冻,需要采取保温措施。

实验证明,当混凝土强度达到设计强度的 70% 时,再受冻就没有影响了,当天气转暖后,混凝土仍可发展到正常的强度。当工地昼夜平均气温连续 5d 低于 5℃ 或最低气温低于 −3℃ 时,应按冬期施工法浇筑混凝土。

冬期混凝土宜优先选用强度等级在 42.5 级以上的硅酸盐水泥,普通硅酸盐水泥;水灰比一般不应大于 0.45;宜选用较小的水灰比和较小的坍落度。

（1）一般措施

运输时间应缩短,并减少中间倒运。减少用水量和增加混凝土拌合时间。改进运输工具,在其周围设置保温装置,减少热量损失。

（2）原材料加热

一般情况是优先将水加热,水加热温度不宜高于 80℃。在严寒情况下,也可将骨料加热,骨料加热温度不得高于 60℃。拌合时先将水和砂石材料拌合一定时间,再加入水泥一起拌合,避免水泥和热水接触,产生"假凝现象",拌合时间应延长 50%。

混凝土拌合物入模温度不宜低于 10℃。

（3）掺早强剂

在混凝土中掺入一定数量的早强剂,既可加快提高混凝土的早期强度,又可降低混凝土中水的冰点,从而防止混凝土的早期冻结。

对无筋或少筋的混凝土结构可加入2%的氯化钙，对钢筋混凝土结构可加入亚硝酸钠复合剂0~1.0%。

当混凝土掺用防冻剂时，其试配强度应较设计强度提高一个等级。

(4) 提高养护温度

1) 蓄热法（暖瓶法）

在混凝土表面上覆盖稻草、锯末等保温材料，延迟混凝土热量的散失。此法宜用于不甚寒冷的气候，成本最低，使用简便。

2) 暖棚法

把结构物用棚子盖起来，在棚内生火炉，使温度保持在10℃左右。暖棚内应保持一定的湿度，湿度不足时，应向混凝土面及模板上洒水。

3) 电热法

在混凝土内埋入钢筋或铅丝，然后通电，使电能变为热能。在养护中控制温度并观测混凝土表面的湿度，出现干燥现象时应停电，并应温水润湿表面。

4) 蒸汽加热法

把构件放在密闭的养护室内，通以湿热蒸汽加以养护。蒸汽养生以混凝土浇筑后2h开始加温，升温速度不得超过15℃/h，养护时间为8~12h，最高温度不宜超过80℃，降温速度不得超过10℃/h。

2. 混凝土高温期施工

混凝土高温期施工是指浇筑混凝土时的昼夜平均气温高于30℃。

(1) 控制原材料温度

降低水温能有效地降低混凝土的温度。实验证明，若水温降低2℃，则能使混凝土降低0.5℃，拌制混凝土用水可采用地下水，水泥、砂、石料应遮阳防晒，以降低骨料温度。

(2) 掺减水剂

掺加减水剂以减少水泥用量和提高混凝土的早期强度。减水剂的用量为水泥用量的3%。

(3) 控制操作时间

混凝土的浇筑温度应控制在30℃以下，施工宜在凌晨或夜间进行，运输时尽量缩短时间，宜采用混凝土搅拌运输车、运输距离力求最短，减少拌合时间，保证以最短的时间连续浇筑完毕。

(4) 注意养护

混凝土浇筑完毕后，表面宜立即覆盖塑料膜，终凝后覆盖土工布等材料，并应洒水保持湿润，洒水养护保持湿润最少7d。

3. 混凝土雨期施工

混凝土雨期施工是指在降雨量集中的季节且易对混凝土的质量造成影响时进行的施工。

(1) 避开大风大雨天浇筑混凝土。

(2) 雨期施工的工作面不宜过大，应逐段、逐片分期施工。

(3) 基础施工防止雨水浸泡基坑，基坑设挡水梗，基坑内设集水井，用水泵将水排出坑外。

（4）减少混凝土用水量。

（5）在浇筑点加盖雨棚防水。

（6）混凝土浇筑完毕后，及时覆盖塑料布。

（7）雷区应设置防雷措施，高耸结构应有防雷设施。露天使用的电器设备要有可靠的防漏电措施，台风区要有防风措施。

（8）施工前检查和疏通现场排水系统。

（9）雨后及时清除模扳和钢筋上的污物。

（10）有洪水危害时，工程应停止施工。

（九）泵送混凝土施工

泵送混凝土是在混凝土泵的推动下，沿输送管道进行运输和浇筑的坍落度不低于100mm的混凝土。泵送混凝土技术具有工效高、劳动强度低、快速方便、浇筑范围大、适应性强等优点，适用于各种大体积混凝土和连续性强、浇筑效率要求高的混凝土工程。

1. 泵送混凝土原材料和配合比

（1）泵送混凝土原材料的要求

1）水泥。水泥品种对混凝土可泵性有一定影响。一般以采用硅酸盐、普通硅酸盐水泥为宜，均应符合相应标准的规定，一般不用矿渣水泥。采用适当提高砂率、降低坍落度、掺加粉煤灰、提高保水性等技术措施，对降低水泥水化热、防止温差引起裂缝等是有利的。

2）粗集料。为防止混凝土泵送时管道堵塞，必须严格控制粗集料最大粒径与输送管径之比。规定粗集料最大粒径与输送管径之比：泵送高度在50m以下时，对碎石不宜大于1∶3，对卵石不宜大于1∶2.5；泵送高度在50～100m时，宜在1∶3～1∶4；泵送高度在100m以上时，宜在1∶4～1∶5。粗集料针片状颗粒含量对混凝土可泵性影响很大。当针片状颗粒含量多，石子级配不好时，输送管道弯头处的管壁往往易磨损或泵裂。针片状颗粒一旦横在输送管中，易造成输送管堵塞，因此，规定针片状颗粒含量不宜大于10%。

3）细集料。细集料宜采用中砂。规定通过0.315mm筛孔的砂，不应少于15%。

4）水。拌制泵送混凝土所用的水，应符合国家现行标准《混凝土用水标准》JGJ 63—2006的规定。

5）外掺材料。泵送混凝土中掺用外加剂和粉煤灰（简称"双掺"）对提高混凝土的可泵性十分有利，同时还可节约水泥，但均需符合国家现行相应标准的规定。掺粉煤灰的泵送混凝土配合比设计，必须经过试配确定。

（2）泵送混凝土配合比

确定泵送混凝土的配合比时，仍可采取用普通方法施工的混凝土配合比设计方法。故泵送混凝土配合比设计应符合用普通方法施工的混凝土配合比设计所应遵守的规定。只是考虑混凝土拌合物在泵压作用下，由管道输送的特点，在水泥用量、坍落度、砂率等方面予以特殊处理。

1）坍落度。泵送混凝土的坍落度，对不同泵送高度、入泵时混凝土的坍落度，见表6-8。

不同泵送高度入泵时混凝土坍落度选用值　　　　表 6-8

泵送高度（m）	30 以下	30~60	60~100	100 以上
坍落度（mm）	100~140	140~160	160~180	180~200

2）水灰比。泵送混凝土水灰比过小，混凝土流动阻力急剧上升，泵送极为困难；水灰比过大，混凝土易离析，可泵性差。泵送混凝土的水灰比宜为 0.4~0.6。

3）砂率。泵送混凝土的砂率宜为 38%~45%。

4）水泥用量。水泥含量是影响管道内输送阻力的主要因素。泵送混凝土最小水泥用量与输送管直径、泵送距离、集料等有关。泵送混凝土的最小水泥用量宜为 300kg/m。

2. 混凝土泵送设备

(1) 混凝土泵

混凝土泵是将混凝土拌合物加压并通过管道做水平或垂直连续输送到浇筑工作面的混凝土输送机械，是泵送混凝土施工的主要设备。

混凝土泵按驱动形式主要分为挤压式和活塞式。目前一般采用的是液压活塞式混凝土泵。

混凝土泵按其移动方式可分为拖式、固定式、臂架式和车载式等。

(2) 输送管道

混凝土泵的输送管有直管、锥形管、弯管和软管等。除软管为橡胶外，其余一般均为钢管。直管管径一般有 3 种：100mm、125mm、150mm。管道直径可按实际需要和可能，通过变径锥管连接。

3. 施工方法

(1) 混凝土的泵送

泵送前应先开机进行空运转，然后泵送适量水以湿润混凝土泵的料斗、活塞及输送管的内壁等直接与混凝土接触部位。经泵送水检查，确认混凝土泵和输送管中无异物，并且接头严密后，应采用下列方法之一润滑混凝土泵和输送管内壁。

1）泵送水泥浆。

2）泵送 1:2 水泥砂浆。

3）泵送与混凝土内除粗集料外的其他成分相同配合比的水泥砂浆。

润滑浆的数量可根据混凝土泵操作说明提供的定额和管道长度来确定。润滑用的水泥浆或水泥砂浆应分散布料，不得集中浇筑在同一处。

开始泵送时，转速以 500~550r/min 为好，混凝土泵应处于慢速、匀速并随时可反泵的状态。泵送速度，应先慢后快，逐步加速。同时，应观察混凝土泵的压力和各系统的工作情况，待各系统运转顺利后，方可以正常速度进行泵送。

在混凝土泵送过程中，要密切注意观察油压表和各部分的工作状态。泵送中应注意不要使料斗里的混凝土降到 20cm 以下。料斗内剩料过少，不但会使泵送量减少，还会因吸入空气而造成堵塞。泵送时，每 2h 更换一次清洗水箱里的水。当混凝土泵送开始后就应连续进行，尽可能不要中途停顿。料斗内的混凝土部分带有离析倾向时，应先搅拌均匀后再压送。

泵送过程中,废弃的和泵送终止时多余的混凝土,应按预先确定的处理方法和场所,及时进行妥善处理。

混凝土泵送即将结束前,应正确计算尚需用的混凝土数量,并应及时告知混凝土搅拌站。泵送完毕时,应将混凝土泵和输送管清洗干净。

(2) 泵送混凝土的浇筑

泵送混凝土的浇筑施工,应根据工程结构特点、平面形状和几何尺寸、混凝土供应和泵送设备能力、劳动力和管理能力,以及周围场地大小等条件,预先划分好混凝土浇筑区域。

1) 混凝土的浇筑顺序。浇筑泵送混凝土时,为了方便施工,提高工效,缩短浇筑时间,保证浇筑质量,应当确定合理的浇筑次序,并加以严格执行。其注意事项如下。

① 当采用输送管输送混凝土时,应由远而近浇筑,可使布料、拆管和移动布料设备等不会影响先浇筑混凝土的质量。

② 同一区域的混凝土,应按先竖向结构后水平结构的顺序,分层连续浇筑。

③ 当不允许留施工缝时,区域之间、上下层之间的混凝土浇筑间歇时间,不得超过混凝土初凝时间。

④ 当下层混凝土初凝后,浇筑上层混凝土时,应先按留施工缝的规定处理。

2) 混凝土的布料方法如下。

① 在浇筑竖向结构混凝土时,布料设备的出口离模板内侧面不应小于 50mm 且不得向模板内侧面直冲布料,也不得直冲钢筋骨架,以防止混凝土离析。

② 浇筑水平结构混凝土时,不得在同一处连续布料,应在 2~3m 范围内水平移动布料,且宜垂直于模板布料。

(3) 混凝土的浇捣

① 混凝土浇筑分层厚度,宜为 300~500mm。当水平结构的混凝土浇筑厚度超过 500mm 时,可按 1:6~1:10 坡度分层浇筑,且上层混凝土应超前覆盖下层混凝土 500mm 以上。

② 振捣泵送混凝土时,振动器移动间距宜为 400mm 左右,振捣时间宜为 15~30s,且隔 20~30min 后进行第二次复振。

③ 对于有预留洞、预埋件和钢筋太密的部位,应预先制订技术措施,确保顺利布料和振捣密实。在浇筑混凝土时,应经常观察,当发现混凝土有不密实等现象时,应立即采取措施予以纠正。

④ 水平结构的混凝土表面,应适时用木抹子抹平搓毛两遍以上。必要时,还应先用铁滚筒压两遍以上,以防止产生收缩裂缝。

四、装配式梁桥施工

(一) 构件的起吊

装配式桥梁构件在脱底膜、移运、吊装时,混凝土强度一般不低于设计强度的 75%,对孔道已压浆的预应力混凝土构件,其孔道水泥浆的强度不应低于设计强度,如无设计规定时,不得低于 30MPa。构件的吊环应顺直,吊绳与起吊构件的交角小于 60°时,应设置吊架或扁担,尽可能使吊环垂直受力;吊移板式构件时,不得吊错上、下面,以免构件折断。

预制构件的吊环必须采用未经冷拉的 HPB235 热轧光圆钢筋制作，不得以其他钢筋替代。

1. 吊点位置的选择

钢筋混凝土构件制作时，一般都在设计图纸上规定好吊点位置，预留吊孔或预埋吊环。当设计无规定时，应根据构件配筋情况、外形特征等慎重确定。

(1) 细长构件

钢筋混凝土方桩等细长构件中所放的钢筋，一般钢筋对称放于四周，选择吊点时，当正、负弯矩相等时桩所受弯矩最小。否则吊点选择不当会使方桩产生裂缝以至断裂。根据桩长的不同，一般会有三种情况：

1) 桩长在 10m 以下时，用单点吊（图 6-43b）；
2) 桩长在 11～16m 时，用双点吊或单点吊（图 6-43a、b）；
3) 桩长在 17m 以上时，用双点吊或四点吊（图 6-43a、c）。

(2) 一般构件

如钢筋混凝土简支梁、板等多采用两吊点。但因

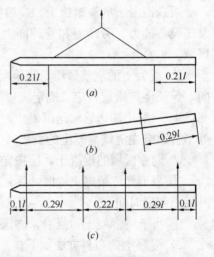

图 6-43 桩的吊点
(a) 双吊点；(b) 单吊点；(c) 四吊点

钢筋配置并非同方桩一样上下对称，而是上边缘稀少，下边缘密集，所以吊点位置一般均在距支点不远处，以减少起吊时构件吊点处的负弯矩。

(3) 厚大构件

尤其是平面尺寸较大的板块（如涵洞盖板），为增大吊运过程中的稳定性，防止翻身，常采用四点吊，吊点沿对角线设于交点处，如图 6-44 所示。

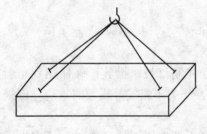

图 6-44 木块板件的吊点

2. 构件绑扎

为了节约钢材及起吊方便，构件预制时常在吊点处预留吊孔以代替预埋吊环。构件起吊时，必须用千斤绳来绑扎，此时应注意：

(1) 绑扎方式应符合绑扎迅速、起吊安全、脱钩方便的要求；

(2) 绑扎处必须位于构件重心之上，防止头重；

(3) 千斤绳与构件棱角接触处，须用橡胶、麻袋或木块隔开，以防止构件棱角损伤和减少千斤绳的磨损。

3. 起吊方法

(1) 三角扒杆偏吊法

将捯链斜挂在三脚扒杆上，偏吊一次，移动一次三脚扒杆，把构件逐步移出后搁在滚移设备上，便可将构件拖移至安装处。

三脚扒杆偏吊法，设备简单，取材容易，操作方便，对于重量不大的构件如小跨径的

T形梁,用这种方法起吊较为适宜。

(2) 横向滚移法

把构件从预制底座上抬高后,在构件底面两端装置横向滚移设备,用捯链牵引,把构件移出底座。

在装置横向滚移设备时,从底座上抬高构件的方法有吊高法和顶高法。吊高法是用小型门架配捯链把构件从底座吊起,顶高法是用特别的凹形托架配千斤顶把构件从底座顶起。

滚移设备包括走板、滚筒和滚道三部分。走板托在构件底面,与构件一起行走。滚筒放在走板与滚道之间,由于它的滚动而使构件行走。滚筒用硬木或无缝钢管制成。滚道是滚筒的走道,有钢轨滚道和木滚道两种。

(3) 龙门吊机法

用专设的龙门吊机把构件从底座上吊起,横移至运输轨道,卸落在运构件的平车上。

龙门吊机(也称龙门架)是由底座、机架和起重行车三部分组成,运行在专用的轨道上。吊机的运动方向有三个,即荷重上下升降、行车的横向移动和机架的纵向运动。

龙门吊机的结构有钢木组拼和贝雷片组拼两种。钢木组拼门吊机,以工序梁为行车梁,以圆木为支柱组成的支架,安装在窄轨平车和方木组成的底座上,可在专用的轨道上运行。

贝雷片组拼龙门吊机,是以贝雷片为主要构件,配上少量圆木组成的机架,安装在由平车和方木组成的底座上,也在专用的轨道上运行(图6-45)。

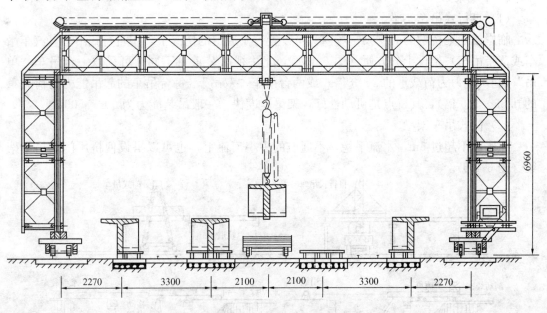

图6-45 贝雷片组拼龙门吊机(mm)

(二) 构件运输

1. 纵向滚移法

用滚移设备,以人力或电动绞车牵引,把构件从预制场运往桥位。其设备和操作方法同横向滚移基本相同,不过走板的宽度要适当加宽,以便在走板上装置斜撑,使T形梁具有足够的稳定性。

2. 轨道平车运输

把构件吊装在轨道平车上,用电动绞车牵引,运往桥位。轨道平车设有转盘装置,以便装上构件后能在曲线轨道上运行,同时装设制动设备,以便在运行过程中发生情况时刹车,运构件时,牵引的钢丝绳必须挂在后面一辆平车上,或从整根构件的下部缠绕一周后再引向导向轮至绞车。

3. 汽车运输

把构件吊装在拖车或平台拖车上,由汽车牵引,运往桥位。拖车仅能运10m以下的预制梁;平台拖车可运20m的T形梁。一般构件应顺宽度方向侧立放置,并应有防止其倾倒的固定措施,如必须平放时,在吊点处必须设支垫方木;桁架和大梁应顺高度方向竖立放置,如有特制的固定梁,将构件绑扎牢固。当车短而构件长时,外悬部分可能超过允许的外悬长度,应在预制前核算其负弯矩值,必要时在构件预制时,增加抵抗负弯矩的钢筋,以防运输时顶面开裂。运输构件的车辆应低速行驶,尽量避免道路的颠簸。

(三) 构件安装

桥梁在安装前,应用仪器校核支承结构(墩台盖梁)和预埋件的平面位置和标高,划好安装轴线与端线与端线,支座位置,检查构件外形尺寸,并在构件上画好安装轴线,以便构件安装就位。下面介绍几种常用的架梁方法:

1. 旱地架梁

(1) 自行式吊车架梁

临岸或陆地桥墩的简支梁,场内又可设置行车通道的情况下,用自行式吊车(汽车吊车或履带吊车)架设十分方便(图6-46a)。此法视吊装重量不同,可采取一台吊车"单吊"(起吊能力为荷载重的2~3倍)或两台吊车"双吊"(每台吊车的起吊能力为荷载重的0.85~1.5倍),其特点是机动性好,架梁速度快。一般吊装能力为50~3500kN。

(2) 门式吊车架梁

在水深不超过5m,水流平稳,不通航的中小河流上,也可以搭设便桥用门式吊车架梁(图6-46b)。

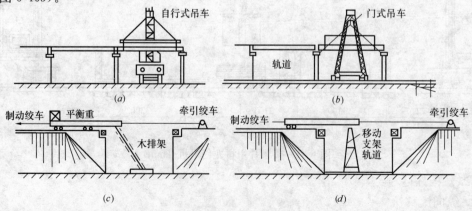

图6-46 旱地架梁法

(a) 自行式吊车;(b) 门式吊车;(c) 摆动排架;(d) 移动支架

(3) 摆动排架架梁

用木排架或钢排架作为承力的摆动支点,由牵引绞车和制动绞车控制摆动速度。当顶制梁就位后,再用千斤顶落梁就位。此方法适用于小跨径桥梁（图 6-46c）。

(4) 移动支架架梁

对于高度不大的中小跨径桥梁,当桥下地基良好能设置简易轨道时,可采用木制或钢制的移动支架来架梁（图 6-46d）。

2. 水中架梁

由于水流较急、河较深或通航等原因不能采取上述方法时,还可采用下述一些方法架梁。

(1) 钓鱼法

适用于重量小于 50kN,小跨径的钢筋混凝土桥（图 6-47）。

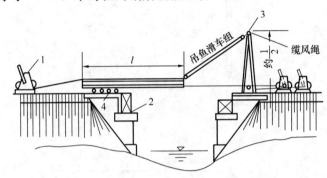

图 6-47 钓鱼法
1—制动绞车；2—临时木垛；3—扒杆；4—滚筒

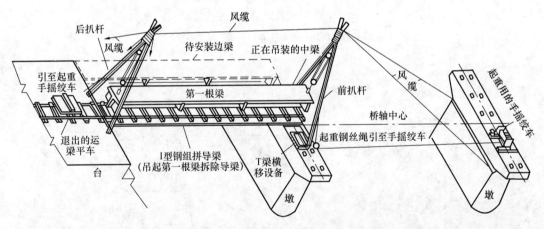

图 6-48 扒杆导梁安装的施工布置示意图

钓鱼法安装是先绞紧前面的牵引绞车,同时放松后面的制动绞车,使梁等速前进。当梁的前端悬空后,就逐渐绞紧扒杆上的钓鱼滑车组,将梁端提起。当梁的前端伸出后,后端上翘,前端低头,这时可绞紧拖拉绞车和钓鱼滑车组,将低头梁端逐渐提起,然后放松制动绞车,梁即前进一步,梁前进后,前端又要低头。再重复上述办法至梁到达前方墩台为止。

(2) 扒杆导梁法

扒杆导梁安装是以扒杆、导梁为主体,配合运梁平车和横移设备使预制梁从导梁上通过桥孔,由扒杆装吊就位。起重量一般为 50～150kN。其施工布置如图 6-48 所示。

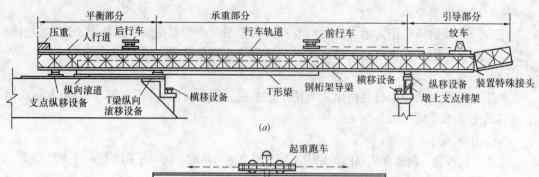

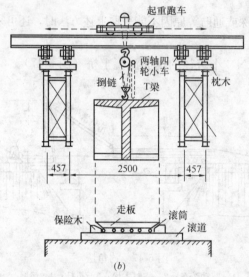

图 6-49 穿式导梁悬吊安装（mm）
（a）穿式导梁的构造及施工布置；（b）导梁的横断面

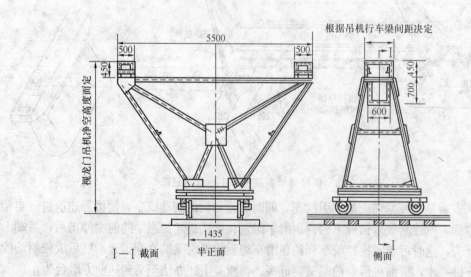

图 6-50 蝴蝶架（mm）

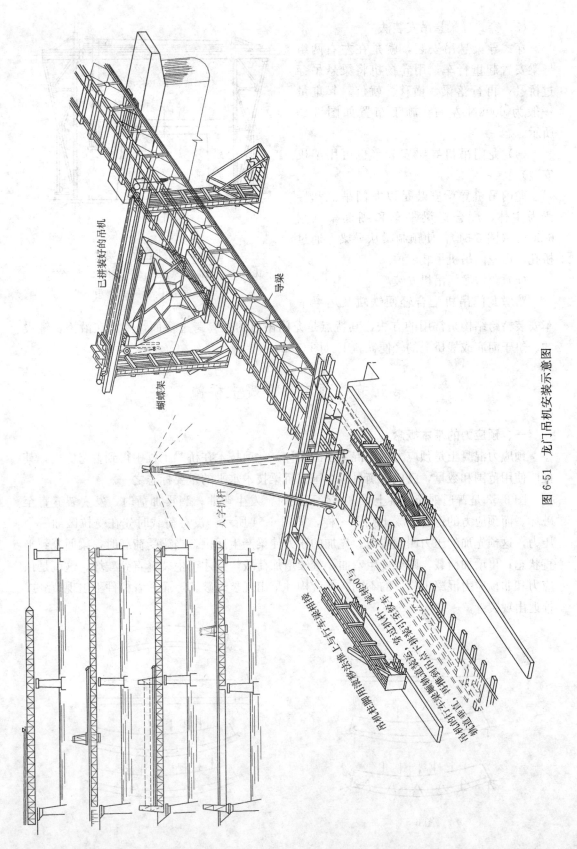

图 6-51 龙门吊机安装示意图

(3) 穿式导梁悬吊安装法

穿式导梁悬吊安装，就是在左右两组导梁安置起重行车，用卷扬机将梁悬吊穿过桥孔，再行落梁、横移、就位。起重量一般为 600kN 左右，施工布置如图 6-49 所示。

(4) 龙门吊机导梁安装（也可用架机安装）

龙门吊机导梁安装是以龙门吊机和导梁为主体，配合运梁平车和蝴蝶架（图 6-50）、（图 6-51），使预制梁从导梁上通过桥孔，由龙门吊机吊装就位。

(5) 跨墩龙门吊机安装

跨墩龙门吊机配合轻便铁轨及运梁平车安装桥跨结构是常用的方法，其特点是龙门吊机的柱脚跨过桥面，支承在沿桥长铺设的、筑于河底或栈桥上的轻便铁轨上（图 6-52）。

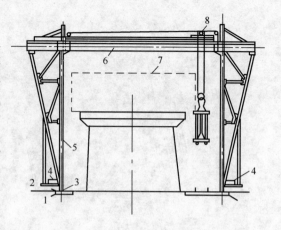

图 6-52　用龙门吊机架梁
1—枕木；2—钢轨；3—跑轮；4—卷扬机；5—立柱；
6—横梁；7—结构轮廓；8—吊车

第五节　预应力混凝土桥施工

一、预应力的基本概念

预应力混凝土是预应力钢筋混凝土的简称，此项技术在桥梁工程中得到普遍应用，其推广使用范围和数量，已成为衡量一个国家桥梁技术水平的重要标志之一。

图 6-53 是普通钢筋混凝土梁，在受荷载时，发生弯曲；当再加荷时，发生裂缝直至破坏。而预应力的钢筋混凝土则不一样，如图 6-54 所示。没有荷载时先在受拉区加一个压力，这预先加的压力叫预应力。先加的压力使梁产生反拱，当梁受荷载时，梁回复到平直状态；再增加荷载，则梁发生弯曲；继续增加荷载，梁才产生裂缝直到破坏。这就是预应力和非预应力混凝土构件的不同。前者构件早出现裂缝破坏，而后者构件不出现裂缝或推迟出现裂缝。

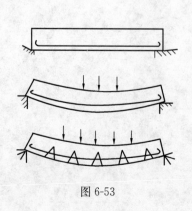

图 6-53

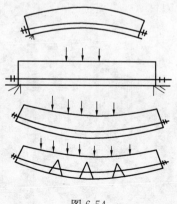

图 6-54

预应力混凝土与普通钢筋混凝土相比，有以下优点：
(1) 提高构件的抗裂度和刚度；
(2) 增加了结构及构件的耐久性；
(3) 结构自重轻，能用于大跨度结构；
(4) 节约大量钢材，降低成本。

施加混凝土预加应力的方法有先张法和后张法。

(一) 先张法

先张法是先将预应力筋在台座上按设计要求的张拉控制应力张拉，然后立模浇筑混凝土，待混凝土强度达到设计强度后，放松预应力筋，由于钢筋的回缩，通过其与混凝土之间的粘结力，使混凝土得到预压应力。

先张法的优点是：只需夹具，可重复使用，它的锚固是依靠预应力筋与混凝土的粘结力自锚于混凝土中。工艺构造简单，施工方便，成本低。

先张法的缺点是：需要专门的张拉台座，一次性投资大，构件中的预应力筋只能直线配筋，适用于长25m内的预制构件。

(二) 后张法

后张法是先制作留有预应力筋孔道的梁体，待混凝土达到设计强度后，将预应力筋穿入孔道，并利用构件本身作为张拉台座张拉预应力筋并锚固，然后进行孔道压浆并浇筑封闭锚具的混凝土，混凝土因有锚具传递压力而得到预压应力。

后张法的优点是：预应力筋直接在梁体上张拉，不需要专门台座；预应力筋可按设计要求配合弯矩和剪力变化布置成直线形或曲线形；适合于预制或现浇的大型构件。

后张法的缺点是：每一根预应力筋或每一束两头都需要加设锚具，在施工中还增加留孔、穿筋、灌浆和封锚等工序，工艺较复杂，成本高。

二、夹具和锚具

夹具与锚具都是锚固预应力筋的工具。夹具与锚具的种类很多，下面介绍几种目前桥梁结构中常用的锚夹具形式。

(一) 夹具

在构件制作完毕后，能够取下重复使用的，通常称为夹具。夹具根据用途分为张拉夹具与锚固夹具。张拉时，把预应力筋夹住并与测力器相连的夹具称为张拉夹具；张拉完毕后，将预应力筋临时锚固在台座横梁上的夹具称为锚固夹具。

1. 圆锥形夹具（张拉钢丝）

它由锚环和销子两部分组成（图6-55）。销子上的线槽尺寸，带括弧者是锚固$\phi 5$钢丝的；不带括弧者是锚固$\phi 4$钢丝的。槽内需凿倒毛，张拉完毕后，将销子击入锚环内，借锥体挤压所产生的摩阻力锚固钢丝，适用于张拉直径为4mm和5mm的光面钢丝或冷拉钢丝。

2. 圆锥形二层式夹具（张拉钢筋）

它由锚环和夹片两部分组成（图6-56）。锚环内壁是圆锥形，与夹片锥度吻合。夹片为两个半圆片，其圆心部分开成半圆形凹槽，并刻有细齿，钢筋就夹紧在夹片中的凹槽内。适用于锚固直径为12~16mm的冷拉Ⅱ、Ⅲ、Ⅳ级钢筋。

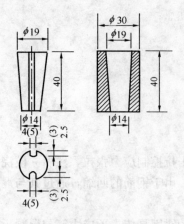

图 6-55 圆锥形钢丝夹具
（单位：mm）

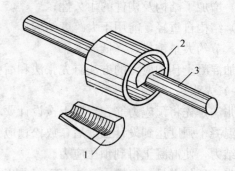

图 6-56 圆锥形钢筋夹具
1—夹片；2—锚环；3—钢筋

3. 圆锥形三片式夹具（张拉钢绞线）

张拉钢绞线用的圆锥形夹具与张拉钢筋用的圆锥形夹具相仿，圆片的圆心部分开成凹槽，并刻有细齿。适用于一般 7 支直径为 4mm 的钢绞线（图 6-57）。

（二）锚具

锚固在构件两端与构件连成一体共同受力的通常称为锚具。

1. 锥形锚具（弗氏锚）

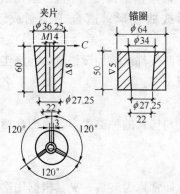

图 6-57 三片式锥形夹具

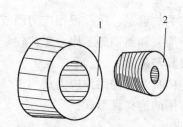

图 6-58 锥形锚具
1—锚环；2—锚塞

锥形锚具（图 6-58）由锚环和锚塞两部分组成。锚环内壁与锚塞锥度相吻合，且锚塞上刻有细齿槽。

锚固时，将锚塞塞入锚环，顶紧，钢丝就夹紧在锚塞周围，适用于锚固由 12～24 根直径为 5mm 的光面钢丝组成的钢丝束。

2. 环销锚具

环销锚具是由锚套、环销和锥销三部分组成，均用细石混凝土配以螺旋筋制成，钢丝锚固在环销外围及锥销外围（图 6-59）。适用于锚固由 37～50 根直径为 5mm 的光面钢丝组成的钢丝束。

3. 螺丝端杆锚具

它由螺丝端杆和螺母组成（图 6-60）。这种锚具是将螺丝端杆和预应力钢筋焊接成一个整体（在预应力钢筋冷拉以前进行），用张拉设备张拉螺丝端杆，用螺母锚固预应力钢筋。适用于锚固直径为 12~40mm 的冷拉Ⅲ、Ⅳ级钢筋。

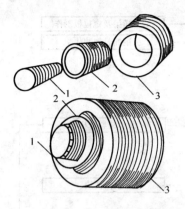

图 6-59　环销锚具
1—锥销；2—环销；3—锚套

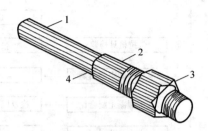

图 6-60　螺丝端杆锚具
1—钢筋；2—螺丝端杆；3—螺母；
4—焊接接头

4. JM12 型锚具

它由锚环和夹片组成（图 6-61）。锚环和夹片的锥度要吻合。适用于锚固 6 根直径为 12mm 的冷拉Ⅳ级钢筋组成的钢丝束或 5 根 7 支 4mm 钢绞线组成的钢绞线束。

5. 星形锚具

它由星形锚圈和锥形锚塞两部分组成（图 6-62）。锚圈中间呈星形孔，星形孔内壁有嵌线槽，锚塞呈圆锥形。适用于锚固每束 5 根 7 支 4mm 的钢绞线束。

夹具与锚具应符合如下要求：

（1）材料性能符合规定指标，加工尺寸精确，锚固力筋的可靠性好，不致滑脱；

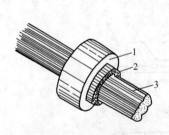

图 6-61　JM-12 型锚具
1—锚环；2—夹片；3—钢筋束

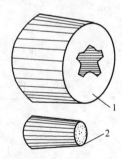

图 6-62　星形锚具
1—锚圈；2—塞

（2）使用时不变形锈蚀，装拆容易；

（3）构造简单，制作容易，成本低廉；

（4）能与张拉机具配套使用。

三、先张法施工工艺

先张法制作预应力混凝土构件的基本工艺流程如图 6-63 所示。

（一）张拉台座

张拉台座由承力支架、横梁、定位钢板和台面等组成（图 6-64），要求有足够强度、

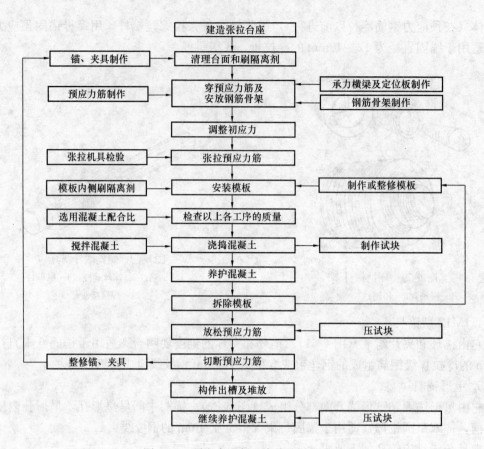

图 6-63 预应力混凝土先张法工艺流程

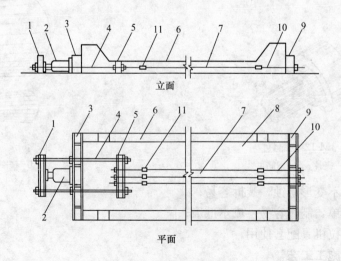

图 6-64 槽式台座示意图
1—活动前横梁；2—千斤顶；3—固定前横梁；4—大螺丝杆；5—活动后横梁；6—传力柱；
7—预应力筋；8—台面；9—固定后横梁；10—工具式螺丝杆；11—夹具

刚度与稳定性（其抗倾覆安全系数不小于1.5，抗滑移系数不小于1.3），台座长度一般在50～100m。

1. 承力支架

承力支架是台座的重要组成部分，要承担全部张拉力，在设计和建造时应保证不变形、不位移、经济、安全和操作方便。目前在桥梁施工中所采用的承力支架多用槽式（图6-65），这种支架一般能承受1000kN以上的张拉力。

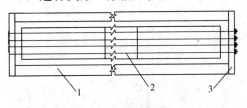

图 6-65 槽式承力支架
1—压杆；2—钢筋；3—横梁

2. 台面

台面是制作构件的底模，要求坚固平整、光滑，一般可在夯实平整的地基上，浇铺一层素混凝土，并按规定留出伸缩缝。

3. 横梁

横梁是将预应力筋的全部张拉力传给承力支架的两端横向构件，可用型钢或钢筋混凝土制作，并要根据横梁的跨度、张拉力的大小，通过计算确定其断面，以保证其强度、刚度和稳定性，避免受力后产生变形或翘曲。

4. 定位板

定位板是用来固定预应力钢筋位置的，一般都用钢板制作。其厚度必须满足在承受张拉力后，具有足够的刚度。圆孔位置按照梁体预应力钢筋的设计位置确定。孔径的大小应略比预应力钢筋大2～4mm，以便穿筋。

（二）模板的制作

模板的制作除满足一般要求外，还有如下要求。

1. 端模预应力筋孔道的位置要准确，安装后与定位板上对应的力筋要求均在一条中心线上。

2. 先张法制作预应力板梁，预应力钢筋放松后梁压缩量为1‰左右。为保证梁体外形尺寸，侧模制作要增长1‰。

（三）预应力钢筋的制作

预应力混凝土构件所用的预应力钢筋，种类很多，有直径为3～5mm的高强钢丝、钢绞线、冷拉Ⅲ、Ⅳ级钢筋等。本节仅介绍预应力钢筋的制作，它包括下料、对焊、镦粗、冷拉等工序。进场分批验收除检查三证外，尚需按规定检验，每批重量不大于60t，若按规定抽样试样不合格，另取双倍试样检验不合格项，如再有不合格项，则整批预应力筋报废。

1. 钢筋的下料

预应力钢筋的下料长度，应通过计算。计算时应考虑构件或台座长度、锚夹具长度、千斤顶长度、焊接接头或镦头预留量、冷拉伸长值、弹性回缩值、张拉伸长值和外露长度等因素。

如图6-66所示，其计算公式（按一端张拉）为：

$$L = \frac{L_0}{1+\delta_1-\delta_2} + n_1 l_1 + l_2 \tag{6-7}$$

$$L_0 = L_1 + L_2 + L_3$$

式中 L——下料长度;

δ_1——钢筋冷拉率(对 L 而言);

δ_2——钢筋回缩率(对 L 而言);

n_1——对焊接头的数量;

l_1——每个对焊接头的预留量;

l_2——镦粗头的预留量;

L_0——钢筋的要求长度;

L_1——长线台座的长度(包括横梁、定位板在内);

L_2——夹具长度;

L_3——张拉机具所需的长度(按具体情况决定)。

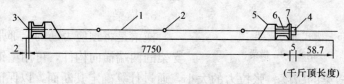

图 6-66 长线台座预应力钢筋下料长度示意图(单位:cm)
1—预应力筋;2—对焊接头;3—镦粗头;4—夹具;
5—台座承力支座;6—横梁;7—定位板

【例 6-4】 采用先张法制作预应力桥面空心板,长线台座长 77.5m,预应力钢筋直径为 12mm 的 44Mn_2Si 直条钢筋,每根长 9m,锚固端用镦粗头,一端张拉。试计算预应力钢筋的下料长度。

【解】 按式(6-6)计算

根据测定结果 $\delta_1=3\%$,$\delta_2=0.3\%$,$n_1=8$,$l_1=1.5$cm,$l_2=2$cm,

$$L_1=7750\text{cm},L_2=5\text{cm},L_3=58.7\text{cm}$$

$$L_0=L_1+L_2+L_3=7750+5+58.7=7813.7\text{cm}$$

$$L=\frac{L_0}{1+\delta_1-\delta_2}+n_1 l_1+l_2=\frac{7813.7}{1+0.03-0.003}+8\times 1.5+2=7622.3\text{cm}$$

实际下料长度为 8 根 9m 钢筋和 1 根 4.223m 钢筋。

2. 钢筋的对焊

预应力钢筋的接头必须在冷拉前采用对焊,以免冷拉钢筋高温回火后失去冷拉所提高的强度。

普通低合金钢筋的对焊工艺,多采用闪光对焊。一般闪光对焊工艺有:闪光—预热—闪光焊和闪光—预热—闪光焊加通电热处理。对焊后应进行热处理,以提高焊接质量。预应力筋有对焊接头时,宜将接头设置在受力较小处,在结构受拉区及在相当于预应力筋 30d 长度(不小于 50cm)范围内,对焊接头的预应力筋截面面积不得超过钢筋总截面积的 25%。

3. 镦粗

制作预应力混凝土构件时,要用夹具和锚具,需耗费一定的优质钢材。因此,为了节约钢材,简化锚固方法,可将预应力钢筋端部做一个大头(即镦粗头),加上开孔的垫板,

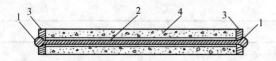

图 6-67 预应力钢筋（或钢丝）镦粗头
1—镦粗头；2—预应力钢筋；
3—开孔垫板；4—构件

以代替夹具和锚具（图 6-67）。钢筋的镦粗头可以采用电热镦粗；高强钢丝可以采用液压冷镦；冷拔低碳钢丝可以采用冷冲镦粗。冷拉钢筋端头的镦粗及热处理工作应在钢筋冷拉前进行。

钢筋或钢丝的镦粗头制成后，要经过拉力试验，当钢筋或钢丝本身拉断，而镦粗头仍不破坏时，则认为合格；同时外观检查，不得有烧伤、歪斜和裂缝。

4. 钢筋的冷拉

为了提高钢筋的强度和节约钢筋，预应力粗钢筋在使用前一般需要进行冷拉（即在常温下用超过钢筋屈服强度的拉力拉伸钢筋）。

钢筋冷拉按照控制方法可分为"单控"（即控制冷拉伸长率）和"双控"（同时控制应力和冷拉伸长率）两种。目前由于材质不良，即使同一规格钢筋采用相同冷拉伸长率冷拉后建立的屈服强度也并不一致；或在同一控制应力下，伸长率又不一致。因此，单按哪一种指标控制都不能保证质量，最好采用"双控"冷拉，既可保证质量，又可在设计上充分利用钢材强度。采用"双控"冷拉时，应以应力控制为主，伸长率控制为辅。只有在没有测力设备的情况下，采用"单控冷拉"。

预应力筋采用应力控制方法张拉时，应以伸长值进行校核，实际伸长值与理论伸长值的差值应控制在 6% 以内，否则应暂停张拉，待查明原因并采取措施予以调整后方可继续张拉。

钢筋的冷拉应力和冷拉率不应超过表 6-9 的规定。

冷拉钢筋的控制应力和冷拉率　　　　表 6-9

钢筋种类	双控		单控
	控制应力（MPa）	冷拉率（%）不大于	
Ⅱ级钢筋	450	5.5	3.5～5.5
Ⅲ级钢筋	530	5.0	3.5～5.0
Ⅳ级钢筋	750	4.0	2.5～4.0

（四）预应力筋的张拉

先张法预应力钢筋、钢丝和钢绞线的张拉按预应力筋数量、间距和张拉力的大小，采用单根张拉和多根张拉。当采用多根张拉时，必须使它们的初始长度一致，张拉后应力才均匀。为此应在张拉前调整初应力，初应力值一般为张拉控制应力值的 10%～15%。

预应力筋的张拉控制应力必须符合设计规定。

为了减少预应力筋的松弛损失，可采用超张拉的方法进行张拉。超张拉值为张拉控制应力值的 105%（即 $105\%\sigma_k$）。先张法预应力筋张拉程序见表 6-10。

先张法预应力筋张拉程序　　　　表 6-10

预应力筋种类	张 拉 程 序
钢　筋	$0 \rightarrow$ 初应力 $\rightarrow 1.05\sigma_{con} \rightarrow 0.95\sigma_{con} \rightarrow \sigma_{con}$（锚固）

续表

预应力筋种类	张 拉 程 序
钢丝、钢绞线	$0\to$初应力$\to 1.05\sigma_{con}$（持荷2min）$\to 0\to\sigma_{con}$（锚固） 对于夹片式等具有自锚性能的锚具： 　普通松弛力筋 $0\to$初应力$\to 1.03\sigma_{con}$（锚固） 　低松弛力筋 $0\to$初应力$\to\sigma_{con}$（持荷2min锚固）

注：σ_{con}张拉时的控制应力值，包括预应力损失值。

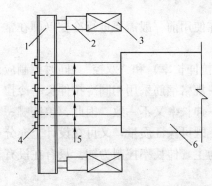

图6-68 千斤顶放松张拉力的布置
1—横梁；2—千斤顶；3—承力支架；
4—夹具；5—钢筋；6—构件

（五）混凝土工作

预应力混凝土梁的混凝土工作，除了要选用强度等级较高以及在配料、制备、浇筑、振捣和养护等方面更应严格要求外，基本操作与钢筋混凝土构件相仿。混凝土可掺入适量的外加剂，但不得掺入氯化钙、氯化钠等氯盐；混凝土的水泥用量不宜超过500kg/m³；水灰比不超过0.45；坍落度不大于3cm；水、水泥、减水剂用量应准确到±1%；集料用量准确到±2%。此外，在台座内每条生产线上的构件，其混凝土必须一次性浇筑完毕；振捣时，应避免碰击预应力筋，尽量采用侧模振捣工艺。

（六）预应力筋的放松

当混凝土强度达到设计规定后（当无设计规定，一般应不少于强度设计值的75%），可逐渐放松受拉的预应力筋，然后再切割每个梁的端部预应力筋。

预应力筋的放松速度不宜过快。当采用单根放松时，每根预应力筋严禁一次放松，以免最后放松的预应力筋自行崩断。常用的放松方法有以下两种。

1. 千斤顶放松

在台座固定端的承力支架和横梁之间，张拉前预先安放千斤顶（图6-68）。待混凝土达到规定的放松强度后，两个千斤顶同时回程，使拉紧的预应力筋徐徐回缩，张拉力被放松。

2. 砂箱放松

以砂箱代替千斤顶（图6-69）。使用时从进砂口灌满烘干的砂子，加上压力压紧。待混凝土达到规定的放松强度后，打开出砂口，砂子即慢慢流出，放砂速度应均匀一致，预应力筋随之徐徐回缩，张拉力即被放松。当单根钢筋采用拧松螺母的方法放松时，宜先两侧后中间，分阶段、对称地进行。

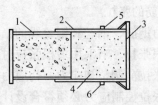

图6-69 砂箱
1—活塞；2—套箱；3—套箱底板；
4—砂子；5—进砂口；6—出砂口

钢筋放张后，可用乙炔气切割，但应采取措施防止烧坏钢筋端部，钢丝放张后，可用切割、锯断或剪断的方法切断；钢绞线放张后，可用砂轮锯切断。

四、后张法施工工艺

后张法制作预应力混凝土构件，一般在施工现场进行，适用于大于25m的简支梁或现场浇筑的桥梁上部结构。预应力混凝土后张法工艺流程如图6-70所示。

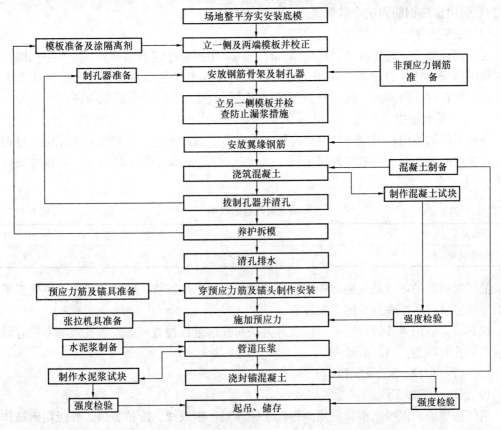

图6-70 预应力混凝土后张法工艺流程

（一）预留孔道

1. 制孔器种类

为了在梁体混凝土内形成钢束的管道，应在浇筑混凝土前预先安放制孔器。按制孔的方式可分预埋式制孔器和抽拔式制孔器两类。

预埋式制孔器有预埋铁皮波纹管。管道用薄钢板卷制而成，径向接头可采用咬口，轴向接头则用点焊，按设计位置，在浇筑混凝土前，直接固定在钢筋骨架上。多用于曲线形的孔道。

抽拔式制孔器有橡胶管制孔器、金属伸缩管制孔器和钢管制孔器。橡胶管制孔器是用橡胶夹两层钢丝编织而成，在管内插入钢筋芯棒，也可在管内充以压力水增加刚度，在直线和曲线孔道中均适用。金属伸缩管制孔器是用金属丝编织成的软管套，内用橡胶封管和钢筋芯棒加劲，并用铁皮管作伸缩管接头。钢管制孔器仅适用于直线形孔道，钢管必须平直，表面光滑，预埋前除锈刷油，两根钢管连接处可用2mm钢板做成两道长约40cm的套管连接。

2. 制孔器安装

(1) 安装要求

1) 保证预留孔道位置正确。
2) 保证预留孔道畅通,芯管的连接处不漏浆。
3) 采用定位钢筋固定安装管道。

(2) 安装方法

安装制孔器时,可先将外管沿梁体长度方向顺序穿越各定位钢筋的"井"字网眼,然后在梁中部安装好外管接头,并固定外管,最后穿入钢筋芯棒。外管接头布置在跨中附近,但不宜在同一断面上(同一断面是指顺制孔器长度方向为1m的范围内)。

3. 制孔器的抽拔

制孔器的抽拔应在混凝土初凝后与终凝前进行。过早抽拔,混凝土可能塌陷;过迟抽拔,可能拔断制孔器。一般以混凝土抗压强度达到 0.4~0.8MPa 时为宜。抽拔时间可参照表 6-11 规定。

抽拔制孔器的时间   表 6-11

环境温度(℃)	>30	30~20	20~10	<10
抽拔时间(h)	3	3~5	5~8	8~12

抽拔制孔器的顺序是先抽芯棒,后拔胶管;先拔下层胶管,后拔上层胶管;先拔早浇筑的半根芯管,后拔晚浇筑的半根芯管。

抽芯后,应用通孔器或压水、压气等方法对孔道进行检查,如发现孔道堵塞或有残留物或与邻孔有串通,应及时处理。

(二) 预应力筋加工及下料

1) 预应力筋加工

后张法预应力混凝土桥梁常用高强碳素钢丝束、钢绞线、冷拉Ⅲ级、Ⅳ级粗钢筋作为预应力筋。对于跨径较小的 T 型梁桥,也可采用冷拔低碳钢丝作为预应力筋。

(1) 碳素钢丝束的加工

碳素钢丝束的加工包括下料和编束。编束时可将钢丝对齐后穿入特殊的疏丝板使其排列整齐成束。

(2) 粗钢筋的加工

粗钢筋的加工主要包括下料、对焊、墩粗(采用墩台锚具、冷拉等工序)。

(3) 钢绞线的加工

钢绞线预应力筋在使用前应进行预拉,以减少钢绞线的构造变形和应力松弛损失,并便于等长控制。钢绞线成束的编扎方法与钢丝束相同。

钢绞线、钢丝束和钢筋的下料,宜采用切割机或砂轮机,不得使用电弧焊切割下料。

2. 预应力钢丝束的下料

预应力筋的下料长度应根据锚具类型、张拉设备确定,其计算公式为:

$$L = L_0 + n(l_1 + 0.15) \tag{6-8}$$

式中 L——下料长度,m;
　　　L_0——梁的管道长度加两端锚具长度,m;

l_1——千斤顶支承端到夹具外缘距离，m；

n——张拉端个数。

(三)预应力筋安装与张拉

1. 预应力筋安装

预应力筋安装可在浇筑混凝土之前或之后穿入孔道，对钢绞线可逐根将钢绞线穿入孔道，也可将全部钢绞线编束后整体装入管道中。穿束前应检查锚垫板位置是否准确，孔道内是否畅通，有无水和其他杂物。在混凝土浇筑之前，必须将管道上一切非有用的孔、开口或损坏之处修复，并应检查力筋能否在管道内自由滑动。

2. 预应力筋张拉

当构件的混凝土强度达到设计强度时，便可对构件的预应力筋进行张拉。设计未规定时不得低于设计强度的75%。且应将限制位移的模板拆除后，方可进行张拉。

(1)张拉原则

1)对曲线预应力筋或长度不小于25m的直线预应力筋，宜在两端同时张拉，对长度小于25m的直线预应力筋，可在一端张拉。

2)张拉时应避免构件呈大的偏心状态，因此，应对称于构件截面进行张拉，或先张拉靠近截面重心处的预应力筋，后张拉距截面重心较远处的预应力筋。

(2)张拉程序

后张法预应力筋的张拉程序见表6-12。

后张法预应力筋张拉程序　　　　　　　　表6-12

预应力筋种类		张 拉 程 序
钢绞线束	对夹片式等有自锚性能的锚具	普通松弛力筋 0→初应力→1.03σ_{con}（锚固） 低松弛力筋 0→初应力→σ_{con}（持荷2min锚固）
	其他锚具	0→初应力→1.05σ_{con}（持荷2min）→σ_{con}（锚固）
钢丝束	对夹片式等有自锚性能的锚具	普通松张力筋 0→初应力→1.03σ_{con}（锚固） 低松弛力筋 0→初应力→σ_{con}（持荷2min锚固）
	其他锚具	0→初应力→1.05σ_{con}（持荷2min）→0→σ_{con}（锚固）
精轧螺纹钢筋	直线配筋时	0→初应力→σ_{con}（持荷2min锚固）
	曲线配筋时	0→σ_{con}（持荷2min）→0（上述程序可反复几次） →初应力→σ_{con}（持荷2min锚固）

注：1. σ_{con}为张拉时的控制应力值，包括预应力损失值；

　　2. 梁的竖向预应力筋可一次张拉到控制应力，持荷5min锚固。

预应力筋的张拉操作方法与配用的锚具和千斤顶的类型有关。如张拉钢丝束可配用锥形锚具、锥锚式千斤顶；张拉粗钢筋可配用螺丝端杆锚具、拉杆式千斤顶；张拉精轧螺纹钢筋可配用特制螺母、穿心式千斤顶；张拉钢绞线束可配OVM锚、穿心式千斤顶。其中锥形锚具配锥锚式千斤顶张拉操作程序为准备工作、初始张拉、正式张拉和顶锚。

预应力筋在张拉控制应力达到预定后方可锚固。锚固完毕并经检验合格后即可切割端头多余的预应力筋，用砂轮机切割，严禁用电弧焊切割，但应保留30mm外伸长度。

(四)孔道压浆

为了使孔道内预应力筋不受锈蚀，并与构件混凝土结成整体，保证构件的强度和耐久性，当预应力钢筋张拉完毕后，应尽快进行孔道压浆。

孔道压浆的操作要点如下：

1. 冲洗孔道

压浆前先用清水冲洗孔道，使之湿润，以保持灰浆的流动性，同时要检查灌浆孔、排气孔是否畅通无阻。

2. 确定灰浆配合比

灰浆的配合比应根据孔道形式、灌浆方法、材料性能及设备条件由试验决定。孔道压浆一般宜采用水泥浆，孔道较大时可在水泥浆中掺入适量的细砂。压浆所用水泥宜采用普通硅酸盐水泥，强度等级不宜低于 42.5 级。水灰比应控制在 0.4～0.45 之间。水泥浆强度符合设计规定，如无规定不得小于 30MPa。掺入减水剂时，水灰比可减少到 0.35。水泥浆的泌水率最大不超过 3%，拌和后 3h 泌水率宜控制在 2%，泌水应在 24h 内重新全部被浆吸收。水泥浆自调制至压入孔道的间隔时间不得超过 30～45min，水泥浆在使用前和压注过程中应连续搅拌。

3. 压浆方法

压浆时，对曲线孔道和竖向孔道应以最低点的压浆孔压入，由最高点的排气孔排气和泌水。压浆顺序宜先压注下层孔道，后压注上层孔道。压浆应缓慢、均匀、连续进行，不得中断，如中间因故停顿时，应立即将已灌入孔道的灰浆用水冲洗干净后重新压浆。压浆时，每一工作班应留取不少于 3 组的 70.7mm×70.7mm×70.7mm 立方体试件，标准养护 28d，检查其抗压强度。压浆过程中及压浆后 48h 内，结构混凝土温度不得低于+5℃，否则应采取保温措施。当温度高于 35℃时，压浆宜在夜间进行。

（五）封锚锚固

孔道压浆后应立即将锚固端水泥浆冲洗干净，并将端面混凝土凿毛。在绑扎端部钢筋网和安装封锚模板时，要妥善固定，以免浇筑封锚混凝土时，模板走样。封锚混凝土强度等级应符合设计规定，一般不宜低于构件混凝土强度等级的 80%。封锚混凝土必须严格控制梁体长度。浇筑后 1～2h 带模养护，脱模后继续洒水养护不少于 7d。对于长期外露的锚具，应采取可靠的防锈措施。

五、预应力连续梁悬臂和顶推法施工

在桥梁施工中，桥梁架设不用支架的施工方法的出现，乃是大跨径预应力混凝土连续梁和悬臂梁桥迅速发展的重要原因。本节简要介绍其中最常用的悬臂施工法和顶推施工法。

（一）预应力连续梁悬臂施工法

悬臂施工法也称为分段施工法。悬臂施工法是以桥墩为中心向两岸对称地逐节悬臂接长的施工方法。

悬臂施工法，充分利用了预应力混凝土能抗拉和承受负弯矩的特性，是将设计和施工的要求密切配合在一起而出现的新方法。即它把跨中的最大施工困难移至支点，又用支点的扩大截面来承受施工期间和通车之后的最大弯矩，所以能用较低的造价来修建大跨度的桥梁。

1. 适用范围

悬臂施工法应用范围很广,能建造大跨度的悬臂梁、连续梁、刚架桥、斜拉桥等体系的桥梁。为了增加梁体的刚度,它们的横截面几乎都是箱形(单箱或多箱)。

2. 施工方法

(1) 悬臂浇筑法

悬臂浇筑法采用移动式挂篮作为主要施工设备,以桥墩为中心,对称向两岸利用挂篮浇筑梁段混凝土,每段长 2～5m。每浇筑完一对梁段,待混凝土达到规定强度后,张拉预应力束并锚固,再向前移动挂篮,进行下一节段的施工。

挂篮是由底模板、悬挂系统、钢桁架、行走系统、平衡重力及锚固系统、工作平台等组成,构造如图 6-71 所示。挂篮能沿轨道行走,能悬挂在已经完成悬浇施工的悬臂梁段上进行下一梁段施工。由于梁段的模板架设、钢筋绑扎、制孔器安装、混凝土浇筑、预加应力和管道压浆均在挂篮上进行,所以挂篮除具备足够的强度外,还应满足变形小、行走方便、锚固、拆装容易以及各项施工作业的操作要求,必须注意安全设施保障。

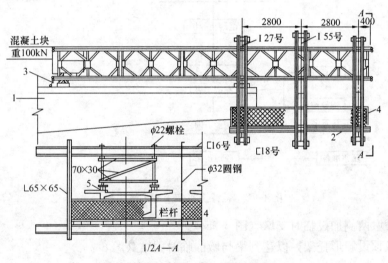

图 6-71 挂篮构造(单位:mm)
1—已浇箱梁;2—纵梁;3—地锚;4—栏杆;5—垫木

当挂篮就位后,即可在上面进行梁段悬臂浇筑施工的各项作业,其施工工艺流程,如图 6-72 所示。

当桥墩宽度较小时,浇筑桥墩两侧的 1 号梁段,因挂篮拼装场地不足,往往采用托架支撑(图 6-73),然后再在其上安装脚手钢桁架(图 6-74a),供吊设挂篮和浇筑 2 号悬臂梁段。待左右两侧的 2 号梁段浇好后,再延伸钢桁架,并移动挂篮位置至外端,供 3 号梁段浇筑(图 6-74)。浇筑几段后,将钢桁架分成两半浇筑,后端锚固或压重,以防止倾覆。

桥墩两侧梁段悬壁施工应对称、平衡。平衡偏差不得大于设计要求。

悬臂施工时,最重要的问题是悬臂的平衡。保持悬臂在桥墩两侧绝对平衡是不可能的,因此,常采用下列临时措施:

1) 用预应力临时固结,完工后解除,以恢复原来的支承条件(图 6-75a)。

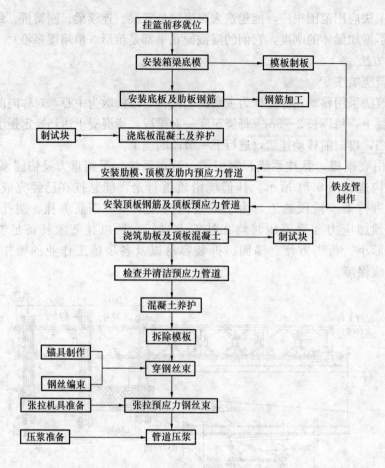

图 6-72 悬臂浇筑施工工艺流程图

2）在桥墩两侧加设临时支墩（图 6-75b）。
3）在墩顶设扇形托架，以达到梁与墩的临时固结（图 6-75c）。

每段混凝土经养护达到设计强度的 70% 后，再经过孔道检查和修理孔口等工作，即可进行穿束、张拉、压浆和封锚。

（2）悬臂拼装法

悬臂拼装法是利用移动式悬拼吊机将预制梁段起吊至桥位，然后采用环氧树脂和预应力悬臂拼装法施工，包括块件的预制、运输、拼装及合拢。

为了使段与段之间的接缝紧密，可先浇筑奇数编号的块件，然后在其间浇筑偶数编号的块件。为了使拼装构件的位置准确，可以在顶板和腹板上设榫头作导向（图 6-76）。腹板上的榫头对于增强接缝抗剪能力、防止滑动起到重要作用。

悬臂拼装的顺序是先安装墩顶梁段，再用墩顶上的悬臂钢桁架，同时拼装两侧块件（图 6-77a）。待拼装几段后，分开导梁，一端支在已拼装的 3 号块件上，另一端支在岸墩和靠近桥墩的块件上，依次对称拼装其他块件（图 6-77b）。

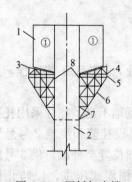

图 6-73 用托架支撑
浇筑墩桩两侧的①号梁段
1—①号梁段；2—墩柱；
3—三角垫架；4—木楔；
5—工字钢；6—扇形托架；
7—垫块；8—预埋钢筋

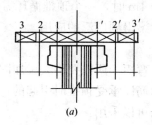 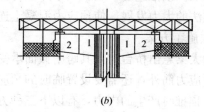

图 6-74 悬臂对称浇筑

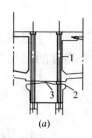 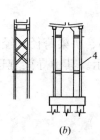 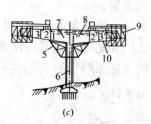

图 6-75 悬臂的平衡措施

1—穿在钢管内的临时预应力筋；2—临时混凝土垫块；3—支座；4—临时支墩；5—扇形托架；
6—桥墩；7—墩顶梁段；8—逐段施加的预应力筋；9—挂篮；10—梁段

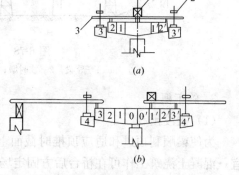

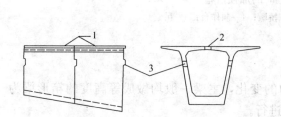

图 6-76 预制块件上的榫头

1—拼装块件；2—中间榫头；3—侧面榫头

图 6-77 悬臂梁块拼装程序

1—卷扬机；2—起吊机；3—导梁

当梁的位置经校正其误差在允许范围后，即可穿束、张拉，使其自成悬臂，如此循环，直至墩顶梁段安装完毕。

(二) 预应力连续梁顶推施工法

顶推施工法是先在后台的路堤上预制箱形梁段，每段约 10~20m 长，待预制 2~3 段后，在箱梁上、下板内施加能承受施工中变号内力的预应力，然后用水平千斤顶穿顶推设备将支承在聚四氟乙烯板与不锈钢板滑道上的箱梁向前推移，推出一段再接长一段，这样周期性地反复操作直至整段梁浇筑顶推完成。

1. 适用范围

跨径 40~60m 的预应力混凝土桥采用顶推法最适宜。一般来说，三孔以上较为经济，特别对桥下难以树立支撑的深涧峡谷的桥梁，更显得有利。当跨度更大时，就需要在桥墩间设置临时支墩。顶推速度,当水平千斤顶行程为1m时,一个顶推循环需10~15min。

由于顶推法的大力发展,使预应力混凝土连续梁得到广泛的应用。

2. 顶推法施工方案

当顶推的大梁悬出桥台时,其跨中截面承受负弯矩,所以要将大梁加固,除配置设计荷载所需的预应力筋外,还需要设置临时的预应力筋以承受顶推时引起的弯矩。

为了减少顶推时产生的内力,有以下三种方法可以采用:

①在跨径中间设临时墩;

②在梁前端安装导梁;

③梁上设吊索架。

以上方法要结合地理条件、施工难易、桥梁跨径、经济因素等适当选择,一般将①和②法、②和③法组合施工,如图6-78所示。其中导梁宜选用变高度的轻型结构,以减轻重量,其长度约为施工跨径的60%左右。

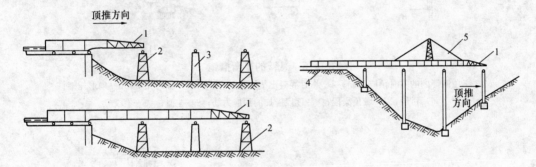

图6-78 顶推时的加强措施
1—导梁;2—临时墩;3—桥墩;4—制作台;5—吊索

3. 施工概要

(1) 梁段预制

为使梁顺利顶进和适应顶推时截面上力的变化,主梁一般均做成等高度的箱形梁为宜。混凝土浇筑工作可在桥台后方固定场地进行。

梁段的箱形截面大多数呈梯形,箱顶上两侧悬臂出相当宽的车道板,腹板有一定斜度,底板宽度则为减少墩而缩窄。

箱梁底板常在拼装场外浇好并与已完成的箱节连在一起成为整体,当梁段滑移出一节,预制好的底板亦随着推移至箱梁两侧腹板模板之间,在这个部位底板下设有中间支柱,以承受内模、腹板和顶板的重量。

腹板外侧模板顶起就位并固定后,即可安装腹板钢筋骨架。腹板内模就位于浇制好的底板上,再安装顶板钢筋和需要的预应力筋并浇筑混凝土。

(2) 施工工序

箱梁采用分段浇筑顶推,每预制、顶推一个梁段为一个作业循环,其工艺流程如图6-79所示。

(3) 顶推装置

1) 用拉杆的顶推装置,如图6-80所示。在桥台前面安装一对千斤顶,使其底座靠

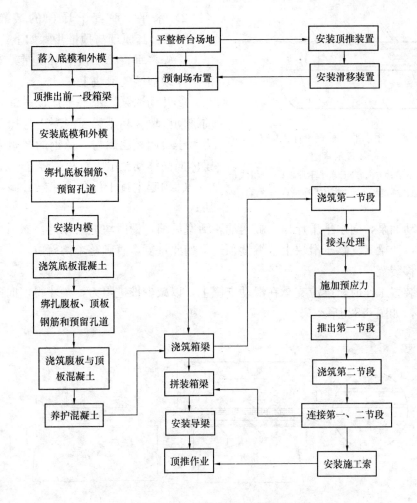

图 6-79 顶推法工艺流程图

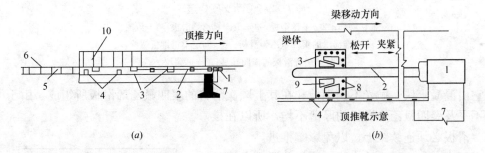

图 6-80 用拉杆的顶推装置
1—顶推的千斤顶；2—拉杆；3—拉杆顶推靴；4—滑动支座；
5—中间支柱；6—底板；7—桥台；8—螺栓；9—楔子；10—模板

在桥台上，拉杆一端与千斤顶连接，另一端用一顶推靴固定在箱梁侧壁上。当施加推力时，装在顶推靴上的自动开放的楔子便将装在梁身两侧的拉杆挟住，使梁身随着推力而滑移。

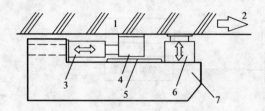

图 6-81 用水平—垂直千斤顶的顶推装置示意图
1—梁段；2—推移方向；3—水平千斤顶；4—滑块；
5—聚四氟乙烯滑板；6—垂直千斤顶；7—滑台

2）水平—垂直千斤顶的装置，如图 6-81 所示。其原理与顶推步骤如下：

①先将垂直千斤顶落下，使梁支承于水平千斤顶前端的滑块上；

②开动油泵，水平千斤顶进油，活塞向前推动滑块，利用梁底混凝土与橡胶的摩阻力大于聚四氟乙烯与不锈钢的摩阻力来带动梁体向前移动至最大行程后停止；

③顶起垂直千斤顶，使梁升高，脱离滑块；

④再开动油泵，向水平千斤顶小缸送油，活塞后缩，把滑块退回原处，然后再将垂直千斤顶落下，使梁又支承于滑块上，继续顶进。如此重复，直到整个梁就位。

（4）滑移装置

当顶推装置工作时，梁应支承在滑动支座上，以减少推进阻力，梁才得以向前。滑动支座的构造，如图 6-82 所示。

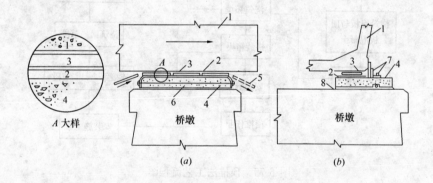

图 6-82 滑动支座构造
1—推移梁部；2—不锈钢板；3—聚四氟乙烯滑板；4—混凝土块；
5—推移出的聚四氟乙烯滑板；6—固定不锈钢板螺栓；
7—垫有滑板的横向导具；8—砂浆层

它由混凝土块、抛光不锈钢板和在其上顺次滑移的聚四氟乙烯滑板所组成。由于梁底可能不平及聚四氟乙烯滑板的厚薄不均，所以在推移中，滑板必须连续跟上，以免影响推进。

在顶推时，应经常检查梁底边线位置，发现偏差时，及时用木楔及聚四氟乙烯板横向导向装置（6-82b）进行纠偏。

（5）落梁就位

全梁顶推到达设计位置后，可用多台千斤顶同时将梁顶起（图 6-83），拆除滑道，安上正式支座，进行落梁就位，落梁温度一般在 20℃左右。

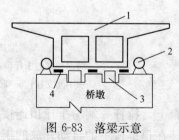

图 6-83 落梁示意
1—梁体；2—顶推千斤顶；
3—落梁千斤顶；4—盆式支座

第六节 其他体系桥梁施工

一、拱桥施工

拱桥施工从方法上可分为支架施工和无支架施工两大类。在我国，支架施工常用于石拱桥和混凝土预制块拱桥，后者多用于肋拱、双曲拱、箱形拱、桁架拱和钢管混凝土拱桥，也有采用两者结合的施工方法。本节着重叙述石拱桥施工和钢管混凝土拱桥施工。

（一）石拱桥施工

石拱桥上部结构施工按其程序可分为拱圈放样、拱架设置、拱圈和拱上建筑砌筑、拱架卸落等。

1. 拱圈放样和拱石编号

拱圈是拱桥的主要部分，它的各部尺寸必须和设计图纸严密吻合。为了做到这一点，最可靠的方法是按设计图先在地上放出 1∶1 的拱圈大样，然后按照大样制作拱架、制作拱块样板，因此，放样工作十分重要，应当做到精确细致。

样台宜位于桥位附近的平地上，先用碎石或卵石夯实，再铺一层 2~3cm 厚的水泥砂浆，也可采用三合土地坪，以保证放样期间不发生超过容许值的变形。对于左右对称的拱圈，一般只需放出半孔即可。

拱圈样板放样法有圆弧拱放样和悬链线拱圈放样两种。

下面仅介绍圆弧拱放样常用的放样方法——圆心推磨法（图 6-84）。

1) 在样台上用经纬仪放出 $x-x$、$y-y$ 坐标。

2) 用校正好的钢尺在 y 轴上方量出 f_0，在轴下方量出 $(R-f_0)$，得 O' 点。

3) 以点 O' 为圆心，R 为半径画弧交 $x-x$ 轴于 a、b 两点，则 $\overset{\frown}{ab}$ 即为圆弧拱之拱腹线，并用钢尺校核 ab 是否与 L_0 值相等。

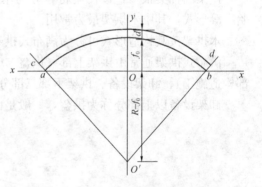

图 6-84 圆心推磨法

4) 以 O' 点为圆心，$(R+d)$ 为半径画弧交 $O'a$、$O'b$ 延长线于 c、d 两点，则 $\overset{\frown}{cd}$ 即为圆弧拱之拱背线。弧的圆心可在样台之外，但必须与样台在同一平面上。拉尺画弧时，应使尺身均匀移动，不能弯扭。

拱圈的弧线画好后，可划分拱石。拱石宽度常为 30~40cm，灰缝宽度一般 1~2cm。灰缝过宽，将降低砌体强度，增加灰浆用量；灰缝过窄，灰浆不宜灌注饱满，影响砌体质量。

根据确定的拱石宽度和灰缝宽度，即可沿拱圈内弧用钢尺定出每一灰缝中点，再经此点顺相应的内弧半径方向划线，即可定出外弧线上的灰缝中点。连接内外弧灰缝中点，垂直此线向两边各量出缝宽一半画线，即得灰缝边线。然后根据要求的高度和错缝长度可划分全部拱石。拱石划分后，应立即编号，如图 6-85（a）所示。

拱石编号后，还要依样台上的拱石尺寸，做成样板（图 6-85b），写长度、块数。样板可用木板和镀锌薄钢板制成。

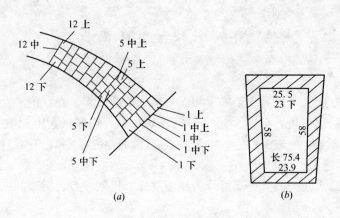

图 6-85 拱石编号及样板

当用片石、块石砌筑时,石料的加工程序大为简化,无需制作样板。但需对开采的石料进行挑选,将较好的留作砌筑拱圈,并在安砌时稍加修凿。

2. 拱架

拱架是拱桥在施工期间用来支承拱圈、保证拱圈能符合设计形状的临时构筑物。拱架应有足够的稳定性以及刚度和强度,不变形,并且构造简单,便于制作、拼装、架设和省工省料。

拱架的种类很多,按使用材料分为木拱架、钢拱架、竹拱架、竹木拱架及"土牛拱胎"等形式,其中木拱架最为常用。

木拱架按其构造形式可分为满布式拱架、拱式拱架及混合式拱架等几种。

满布式拱架通常由拱架上部(拱盔)(若无拱盔称为支架,常用于现浇整体式桥梁上部构造施工)、卸架设备、拱架下部三部分组成(图 6-86)。

卸架设备以上部分称为拱盔,一般是由斜梁、立柱、斜撑和拉杆组成的拱形桁架。在

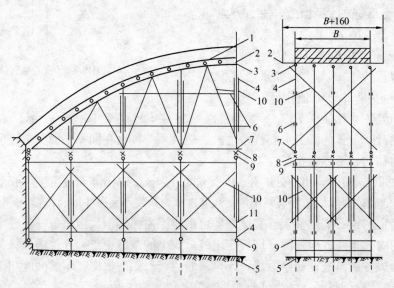

图 6-86 排架式满布拱架(单位:cm)
1—模板;2—横梁;3—弓形木;4—立柱;5—桩;6—水平夹木;
7—大梁;8—拆架设备;9—帽木;10—斜向夹木;11—纵向夹木

斜梁上钉以弧形垫木以适应拱腹曲线形状，故将斜梁和弧形垫木称为弓形木；弓形木支承在立柱或斜撑上，长度一般为 1.5～2.0m；在弓形木上设置横梁，其间距一般为 0.6～0.8m；上面再纵向铺设 2.5～4cm 厚的模板，就可在上面砌筑拱石。当拱架横向间距较密时，可不设横梁，而直接在弓形木上面横向铺设 6～8cm 厚的模板。

卸架设备在拱盔与支架之间，卸架设备以下部分为支架（拱架下部）。

立柱式支架是由立柱及横向联系（斜夹木和水平夹木）组成。立柱间距按桥梁跨径及承受拱圈重量的不同，一般在 1.5～5m 之间，拱架在横向的间距一般为 1.0～1.7m，为了增强横向稳定性，拱架之间应设置横向联系（水平及斜向夹木）。立柱式拱架的构造和制作都很简单。但立柱数目很多，只适合于跨径和高度都不大的拱桥。

撑架式拱桥是用少数框架式支架加斜撑来代替数目众多的立柱（图 6-87）。木材用量较立柱式拱架少，构造上也不复杂，且能在桥孔下留出适当的空间，减少洪水及漂流物的威胁，并在一定程度上满足通航要求。

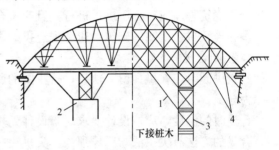

图 6-87　斜撑式满布拱架
1—斜撑；2—临时墩；3—框式支架；4—卸架设备

与满布式拱架相比较，拱式拱架不受洪水、漂流物等的影响，在施工期间能维持通航，适用于墩高、水深、流急或要求通航的河流。

三铰桁式拱架是拱式木拱架中常用的一种形式，其材料消耗率低，但要求有较高的制作水平和架设能力。三铰木桁拱架的纵、横向稳定应特别注意。除在结构上需加强纵横联系外，还需设抗风缆索，以加强拱架的整体稳定。在施工中还应注意对称地、均衡地砌筑，并加强施工观测。桁架的结构形式按腹杆的布置有 N 式和 V 式，如图 6-88 所示。

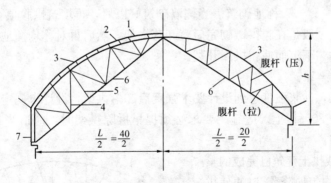

图 6-88　三铰桁式拱架
1—模板；2—横梁；3—上弦；4—斜杆；5—竖杆；6—下弦；7—垫块

支架的支承部分必须安装在坚实的地基上，用桩作基础的，应验算桩的承载能力；用枕木作基础的，应验算地基承载能力。同时，应保证支架不发生不允许的下沉。在湿陷性黄土地基上安装的支架，必须有防水措施。

为了使拱圈在修建后，其拱轴线能符合设计要求，因此在施工时，必须在拱架上考虑预拱度。

3. 拱圈砌筑

跨径 10m 以下的拱圈，当用满布式拱架砌筑时，可从两端拱脚同时对称、均衡地向拱顶方向砌筑，最后砌拱顶石；当用拱式拱架砌筑时，宜分段、对称地先砌拱脚段和拱顶段，最后砌 1/4 跨径段。

跨径 13～20m 的拱圈，不论用何种拱架，每半跨均应分成三段砌筑，先砌拱脚段 1 和拱顶段 2、后砌 1/4 跨径段 3，两半跨应同时对称地进行。

跨径大于 25m 的拱圈砌筑，程序应符合设计规定，一般采用分段砌筑或分环分段相结合的方法砌筑，必要时应对拱架预加一定的压力。分环砌筑时，应待下环砌筑合拢后、砌缝砂浆强度达到设计强度 70% 以上后，再砌筑上环。

分段浇筑程序应对称于拱顶进行，且应符合设计要求。

多孔连续拱桥拱圈的砌筑，应考虑连拱的影响，制定相应的砌筑程序。

4. 拱圈合拢

砌筑拱圈时，在拱顶留一缺口，待拱圈的所有缺口和空缝全部填封后，再封闭拱顶缺口称为合拢。

合拢时的温度，应按设计要求。当设计无规定时，应尽量接近当地的平均气温。

合拢的方法有尖拱法与千斤顶法。尖拱法一般只适用于中、小跨径拱桥，一些较大跨径的石拱桥有时也采用此种方法。

拱圈砌缝都为辐射形，故拱顶缺口处形成上大下小的缺口，如图 6-89 所示。

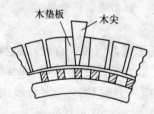

图 6-89 尖拱示意图

5. 拱上建筑的砌筑

拱上建筑的施工，应在拱顶石砌完，合拢砂浆达到设计强度 30% 后进行，一般不小于合拢后 3d；当拱桥跨径较大时，最好在合拢后 10d 进行。实腹式拱上建筑，应由拱脚向拱顶对称地砌筑。当侧墙砌筑好以后，再填筑拱腹填料。

空腹式拱桥，一般是在腹拱墩砌完后就卸落拱架，然后再对称均衡地砌筑腹拱圈，以免由于主拱圈不均匀下沉而使腹拱圈开裂。

6. 拱架卸落

拱圈砌筑完毕，砂浆强度达到设计要求强度后卸落拱架，设计未规定时，砂浆强度应达到设计标准值的 80% 以上。应施工要求必须提早拆除拱架时，应适当提高砂浆强度等级或采取其他措施。

为保证拱圈(或拱上建筑已完成的整个上部结构)逐渐均匀地降落，以便使拱架所支承的桥跨结构重量逐渐转移给拱圈自重来承担，拱架不能突然卸落，而应按卸架程序进行。

对于满布式拱架中、小跨径拱桥，可以将各节点卸落量分几次，从拱顶向拱脚上对称卸落。靠近拱顶处的一般可分 3～4 次卸落。图 6-90 为满布式拱

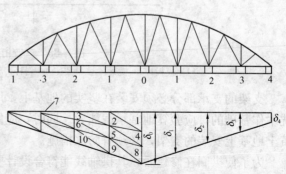

图 6-90 满布式拱架的卸落步骤示意图

架的卸落步骤示意图，图中 δ_0、δ_1、δ_2、δ_3、δ_4 表示各节点处卸落量。

对于大跨径的悬链线拱圈，为了避免拱圈发生"M"形变形，也有从两边 $L/4$ 处逐次对称地向拱脚和拱顶均衡地卸落。卸架的时间宜在白天气温较高时进行。

（二）钢管混凝土拱桥施工

钢管混凝土拱桥的施工方法为少支架施工、无支架施工。施工方法中的关键是钢管肋拱的施工。由于吊杆、纵梁、横梁等构件类似于梁桥构件，在这里不再赘述。

1. 少支架施工

简支钢管混凝土组合拱桥的少支架施工与构造、通航要求等因素密切相关。当纵梁足够高时，可以采取少支架施工。如果河流有通航要求，中间可预留通航孔以维持临时通航，在临时通航孔外搭设少量支架，以便搁置纵梁。一般用先筑纵梁后架拱的方法。对于先预制加劲梁，在支架上浇筑接缝及接头，而后架设钢管拱肋及浇筑拱肋混凝土的方案，其施工步骤如下：

（1）设置临时墩及主墩支撑浇筑端块及端横梁。

（2）吊装预制加劲梁节段，在支墩上现浇纵向连接梁，吊装部分横梁，现浇接头，形成平面框架，张拉横梁预应力及部分纵向预应力筋，在浇筑中预留吊杆的位置。

（3）架设其余横梁及钢管拱肋，浇筑横梁接头及张拉预应力筋，设置风撑及浇筑钢管混凝土；按设计要求张拉吊杆。

（4）铺设桥面空心板，张拉其余纵向预应力筋。拆除支架，浇筑桥面铺装。

（5）拆除临时墩。

2. 无支架施工方法

无支架施工方法，指将整孔吊装，钢管吊装后锁定于拱座的铰上，或在拱座横梁上利用桥台、桥墩承担水平推力。当桥墩承担水平推力有困难时，可将钢管两端焊上临时锚箱，张拉临时拉杆，拉杆中间需设辅助吊杆；而后泵送混凝土及吊装横梁，张拉吊杆，利用横梁作为支点。张拉部分纵向索，以及浇筑桥面板及加劲纵梁现浇段；然后张拉全部预应力束。或将钢管分三段吊装，在桥台或桥墩上设独脚拔杆，设前后拉索，后拉索锚在地上，前拉索扣住钢管，吊装中段利用预埋螺栓孔将接头固定，待风撑安装后，各接头施焊，并用扣索将钢筋固定，防止失稳。施工步骤如下：

（1）完成基础工作后，浇筑承台、横梁和纵梁端块（包括拱座）；

（2）用前面所讲的钢管拱吊装方式，使钢管拱就位，并用吊杆及临时拉索预先安装好，就位后就可以焊接拱脚焊缝；

（3）泵送混凝土，跨中吊一根横梁以压重；

（4）对称吊挡吊杆，并挡上横梁，根据设计要求进行吊杆的张拉，张拉横向索；

（5）现浇桥面板连接段，张拉全部纵向预应力索；

（6）桥面铺装，并调整吊杆张拉力等。

3. 钢管混凝土拱肋的施工

（1）钢管加工

钢管混凝土拱所用钢管直径大，一般采用钢板卷制焊接管，其中对桁式钢管拱中直径较小的腹杆、横连管可直接采用无缝钢管。

钢板卷制焊接管采用工厂卷制和工地冷弯卷制。由于工厂卷制质量便于控制，检测手段齐全，推荐采用工厂卷制焊接管。根据不同的板厚和管径，可采用螺旋焊缝和纵向直焊缝两种形式。制管工艺程序包括钢板备料、卷管、焊缝检查与补焊、水压试验等工序。

(2) 钢管拱肋加工制作

成品钢管通常为8～12m长，一般经接头、弯制、组装后，形成拱肋。

在钢管拱肋加工制作前，首先应根据设计图的要求绘制施工详图。施工详图按工艺程序要求，绘成零件图、单元构件图、节段构成图及试装图。

加工前，首先在现场平台对1/2拱肋进行1:1放样，放样精度需达到设计和规范要求。根据大样按实际量取拱肋各构件的长度，取样下料和加工。量测时应考虑温度的影响。按拱肋加工段长度（一般为拱肋吊装分段长度）进行钢管接长。在可能的情况下均应作双面焊接或管外焊接，对不能进行管内施焊的小直径管可采用在进行焊缝封底焊后再进行焊接的方法。焊接完成后严格按设计要求进行焊缝外观质量检查和超声波与X射线检测。工地弯管一般采用加热方式，利用模架对弯管节施加作用，使之弯曲，直至成形。

(3) 拱肋的拼装

钢管拱肋具有各种形式，从断面看，可以是单管、双管或多管，从立面看，可以是管形或由管组成的桁构形。接装时按下列顺序进行：

1) 精确放样与下料。一般按1:1进行放样，根据实际放样下料。

2) 对用于拼装的钢管作除锈防护处理。

3) 在1:1放样台上组拼拱肋。先进行组拼，然后作固定性焊接，在拱肋初步形成后，对其几何尺寸做详细检查，发现问题，及时调整，使拼装精度达到设计要求。

4) 焊接。焊接是钢管混凝土拱桥施工中最重要的一环。施焊工艺必须符合设计要求，并需按要求进行检测（检测项目包括外观、超声波与X射线）。在拱肋一面焊接完后，对其进行翻身，以便焊接另一面，从而避免仰焊，确保焊接牢固。由于拱肋翻身是在未完全焊接情况下进行的，很容易造成拱肋结构杆件接头处的损坏，所以，必须正确设置吊点和严格按设计方案要求进行翻身。

5) 精度控制。桥跨整体尺寸的精度由节段精度来保证，所以，制作精度控制应着眼于节段的制作精度。在制作中，由于卷尺误差、温度变形、画线的粗细度以及焊接收缩量等误差大小在一定程度上可以推算，因而在制作中要尽量排除。把基准对合偏差、焰割气压变化时所产生的切割偏差、组装时对中心的误差、估计焊接收缩量误差等偶然误差作为基本误差来考虑，利用误差理论，分析出节段制作与结构拼装误差预测值，并根据不同的保证率和实际情况确定出容许误差，在施工时的精度控制按规范和设计要求执行。

6) 防护。钢管防护的好坏直接影响钢管混凝土拱桥的使用寿命。在拱肋段完全形成、焊缝质量检验合格后即可进行防护施工。首先对所有外露面作喷砂除锈处理，然后作防护处理，目前一般采用热喷涂，其喷涂方式、工艺以及厚度均应符合设计要求。在防护完成后即可将其堆放待用。

(4) 钢管拱肋安装

钢管混凝土拱桥施工中最主要的工序之一就是拱肋安装，安装的方法有：无支架缆索吊装；少支架缆索吊装；整片拱肋或少支架浮吊安装；吊桥式缆索吊装；转体施工；支架上组装；千斤顶斜拉扣挂悬拼等。这里主要介绍千斤顶斜拉扣挂悬拼法。

钢管混凝土拱桥的拱圈形成主要分两步，一是钢管拱圈形成，二是在管内灌注混凝土形成最终拱圈，钢管拱既是结构的一部分，又兼作浇筑管内混凝土的支架与模板。采用千斤顶斜拉扣挂悬拼法安装就是利用在吊装时用于扣挂钢管的斜拉索的索力调整，来控制吊装标高和调整管内混凝土浇筑时拱肋轴线变形。千斤顶斜拉扣挂悬拼安装系统包括吊运系统和斜拉扣挂系统两部分，如图 6-91（a）所示。

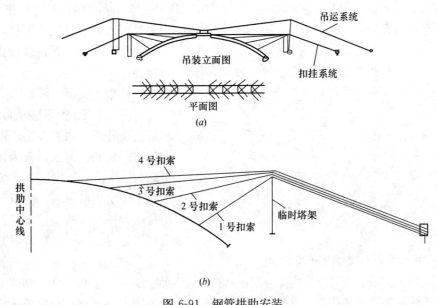

图 6-91 钢管拱肋安装
（a）千斤顶斜拉扣挂悬拼示意图；（b）扣索系统

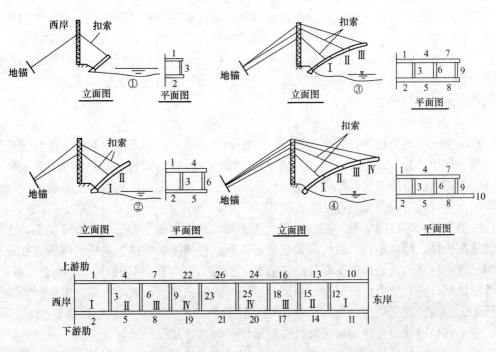

图 6-92 钢管拱肋拼装流程示例

注：①图中阿拉伯数字表示吊装就位顺序。
②图中罗马数字表示钢骨架分段。

吊运系统主要用于预制钢管拱肋段的运送。扣索系统中扣索采用钢绞线，各根扣索用多大的钢绞线或由几根组成，应根据扣力大小决定。扣索索力计算与拱桥悬拼施工相似。扣索经扣塔顶索鞍弯曲转向进入地锚张拉锚固，如图 6-91（b）所示。

拱肋的拼装顺序一般按设计要求进行。图 6-92 表示了某桥的拼装流程。

空中接头处一般钢管拱肋处于悬臂状态（节点以外）。为保证钢管不产生整体变形，便于空中对接，都应设置固定架，待接头连接后拆除；另外应在前一已安装段管（多管截面时为下层管）外侧底部和内侧上部焊上临时支承板，以便于施工。悬臂拼装过程中，采用水准仪或全站仪控制标高，调整扣索索力以调整拱肋标高。

(5) 管内混凝土浇筑

管内混凝土浇筑可采用人工浇筑和泵送顶升压注两种方法。由于分段浇筑对密封的钢管来讲较为困难，且由此而产生的若干混凝土接缝对钢管混凝土拱肋质量不利。所以，一般采用自拱脚一次对称浇筑（或压注）至拱顶的方案，下面以泵送顶升压注施工为例，如图 6-93 所示。钢管混凝土

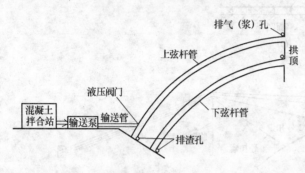

图 6-93 钢管混凝土压注施工示意图

压注工艺流程为：堵塞钢管法兰间隙→清洗管内污物，润湿内壁→安设压注头和闸阀→压注管内混凝土→从拱顶排浆孔振捣混凝土→关闭压注口处闸阀稳压→拆除闸阀完成压注。

二、斜拉桥施工

斜拉桥的施工方法多种多样。根据国内外的工程实践，斜拉桥基础、墩台和索塔施工与其他桥型基本相同，但上部结构施工，有其特殊性。一般大跨径斜拉桥上部结构主要采用悬臂浇筑或悬臂拼装的施工方法，对于中小跨径的斜拉桥，可根据桥址处的地形条件和结构的特点，采用支架法、顶推法等施工方法。下面针对斜拉桥的混凝土索塔施工、主梁施工和拉索施工作阐述。

(一) 混凝土索塔

混凝土索塔的塔柱可分为下塔柱、中塔柱和上塔柱，一般采用支架法、滑模法、爬模法、翻转模板法分节段施工，施工节段大小的划分与塔柱构造、施工方法、施工环境条件、施工机具设备能力（起重设备能力）等多方面因素有关。常用的施工节段大致划分为 1～6m 不等，每节段典型的施工工艺流程如图 6-94 所示。

一般来讲，塔柱的塔壁内往往设有劲性骨架，劲性骨架在加工厂分节段加工，在现场分段超前拼接，精确定位。劲性骨架安装定位后，可供测量放样、立模、钢筋绑扎及斜拉索钢套管定位使用，也可承受部分施工荷载。劲性骨架在倾斜塔柱中，其功能作用更大，设计往往结合构件受力需要设置。当倾斜塔柱为内倾或外倾布置时，应考虑在两塔肢之间每隔一定的高度设置受压支架（塔柱内倾）或受拉拉杆（塔柱外倾）以保证斜塔柱的受力、变形和稳定性，具体的布置间跨应根据塔柱构造经过设计计算确定。

塔柱钢筋一般均采用加工厂预制成型、现场安装的办法施工。钢筋之间的连接包括绑扎连接、焊接连接、冷挤压连接及直螺纹连接等多种方法，其中冷挤压连接和直螺纹连接两种连接技术，因施工方便、快速、成本合理、质量可靠等特点越来越多地得到应用，特

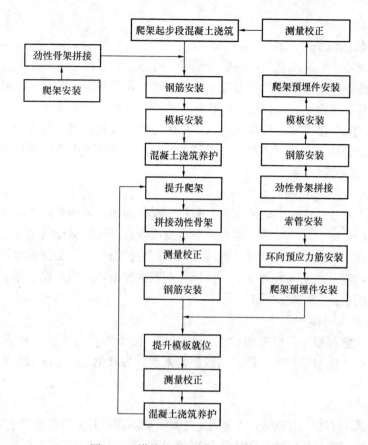

图 6-94 塔柱施工示例及工艺流程图

别是在进行大直径钢筋的连接施工时。

塔柱钢筋安装完成、模板就位后，即可进行混凝土的浇筑。塔柱混凝土浇筑一般采用卧式泵泵送的办法进行。

（二）主梁

斜拉桥主梁施工方法与梁式桥大致相同，一般可分为顶推法、平转法、支架法和悬臂法等四种。悬臂法因适用范围较广而成为目前斜拉桥主梁施工最常用的方法。

悬臂施工法分悬臂浇筑法和悬臂拼装法。悬臂浇筑法是在塔柱两侧用挂篮对称逐段浇筑主梁混凝土。悬臂拼装法是先在塔柱区现浇（对采用钢梁的斜拉桥为安装）一段放置起吊设备的起始梁段，然后用起吊设备从塔柱两侧依次对称拼装梁体节段。

施工过程中，必须对主梁各个施工阶段的拉索索力、主梁标高、塔梁内力以及索塔位移量等进行监测，并应及时将有关数据反馈给设计单位，分析确定下一施工阶段的拉索张拉量值和主梁线形、高程及索塔位移控制量值等，直至合拢。

1. 悬臂浇筑法施工

悬臂浇筑法是大部分混凝土斜拉桥主梁施工的主要方法。适用于任何跨径的斜拉桥主梁施工。

主梁悬臂浇筑节段长度根据斜拉索的节间长度、梁段重量进行划分，一个节段长度可采用一个索距或半个索距，但也有一个节段长度采用两个索距的。一般情况下一个悬臂浇筑节段长度在 4～8m 左右。斜拉桥主梁的悬臂浇筑与一般预应力混凝土梁式桥悬臂浇筑的施工工序基本相同。

2. 悬臂拼装法施工

悬臂拼装法的主梁是预制的，墩塔与梁可平行施工，因此可以缩短施工周期，加快施工进度，减少高空作业。主梁预制混凝土龄期较长，收缩和徐变影响小，梁段的断面尺寸和浇筑质量容易得到保证。但该法需配备一定的吊装设备和运输设备，要有适当的预制场地和运输方法，安装精度要求较高。先在塔柱区现浇一段放置起吊设备的起始梁段，然后用适宜的起吊设备从塔柱两侧依次对称安装预制节段，使悬臂不断伸长直到合拢。

（三）斜拉索的安装

1. 放索

为便于运输及运输过程中索的保护，斜拉索起运前通常采用类似电缆盘的钢结构盘将拉索卷盘，然后运输。对于短索，也有采取自身成盘，捆扎后运输的情况。

在放索过程中，由于索盘自身的弹性和牵引产生的偏心力，会使转盘转动时产生加速度，导致散盘，危及施工人员的安全。所以，一般情况下要对转盘设刹车装置，或者以钢丝绳作尾索，用卷扬机控制放索。

2. 索在桥面上的移动

在放索和挂索过程中，要对斜拉索进行拖移，由于索自身弯曲，或者与桥面直接接触，在移动中就可能损坏拉索的防护层或损伤索股。为避免这些情况的发生，一般对索在移动时要进行保护。

3. 索在塔部安装

一般情况下，可根据斜拉索张拉方式确定拉索的安装顺序，拉索张拉端位于塔部时可先安装梁部拉索锚固端，后安装塔部拉索锚固端；反之，先安装塔部，后安装梁部。塔端拉索锚固端安装的方法一般有吊点法、吊机安装法、脚手架法、钢管法等。塔部拉索张拉端安装的方法一般分步牵引法、桁架床法等。对于两端皆为张拉端的斜拉索，可选择其中适宜的方法。脚手架法、钢管法和桁架床法都要在悬挂斜拉索的位置搭设支架，安装复杂、速度慢，只适于低塔稀索的情况。现代化斜拉桥多为大跨、高跨、密索体系，常用吊点法、吊机安装法及分步牵引法安装斜拉索。

三、悬索桥施工

悬索桥梁施工的主要内容包括：主索、塔、锚碇、吊索和加劲梁等的制作安装。上部结构的施工顺序如图 6-95 所示。

（一）主索制作

大跨度悬索桥缆索的钢丝是互相平行的。架桥时，缆索由钢丝就地编成。平行钢丝索的施工，通常采用由一个移动的纺轮，在已架好的辅助缆索上来回移动架设每根钢丝。钢丝束被编成一股以后，每隔 2~3m 绕上镀锌软钢丝，以保证截面的紧密和截面的形式。为了防止钢丝锈蚀，通常采用镀锌的钢丝或在钢丝绳的空隙中填以红铅油、地沥青，也可在钢丝绳外面加一层柔性或刚性索套。

（二）塔的施工

吊桥桥塔通常做成空心断面，用钢结构或钢筋混凝土制成。当采用钢筋混凝土桥塔时，可使用滑模工艺施工。对于高度不大的桥塔，可采用设在塔旁的悬臂吊车来拼装塔架；当桥塔高度较大时，则需要使用能沿桥塔爬高的吊车，以便随桥塔的接装而逐步上升，继续拼装桥塔上一节段的构件。

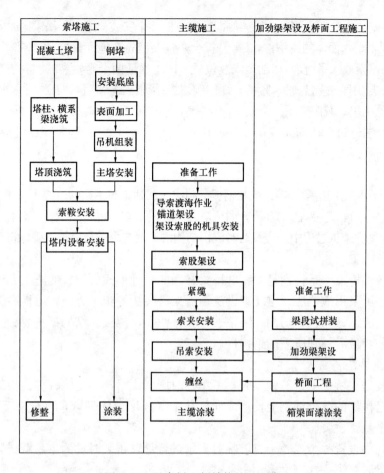

图 6-95 悬索桥上部结构施工顺序

(三) 锚碇施工

锚碇是锚块基础、锚块、钢缆的固定装置等的总称。

锚块的形式大致分为重力式（图 6-96a）及隧道式（图 6-96b）。大部分吊桥都采用重力式锚块。隧道式锚块则用于锚碇附近为基岩外露的有利情况之外。锚碇的施工方法与一般钢筋混凝土施工方法类似。锚碇的施工可参照一般钢筋混凝土结构的施工方法。

(四) 吊索制作

吊索可由圆钢、钢管或扭转式钢丝绳制成。当悬索吊装完毕后可利用工作缆索吊移吊篮来进行索夹与吊索的安装工作。索夹与吊索的安装顺序是从中跨的跨中向两侧对称地逐个安装。

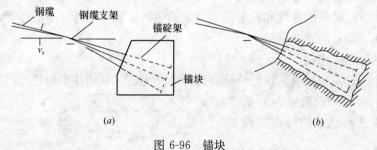

图 6-96 锚块
(a) 重力式；(b) 隧道式

中跨完成后再安装边跨，边跨是由塔架侧向桥台方向逐个安装。索夹与吊索同时安装。

索夹为两个半六面体的铸钢件，靠螺钉拧合。索夹应先在地面配好，保证螺孔位置的对正，然后将索夹与吊索放入吊篮内，移动至安装位置。为了保证两个半索夹的顺利安装可临时使用一个简单的索夹，用它先将悬索卡紧，然后再上索夹。待索夹上紧后，松开临时索夹，并将原先捆绑的钢丝剪断、抽出。装配完了一个索夹，即将相应的吊索安装到索夹上，然后再将吊篮移出。

吊索的上端通过套筒与索夹的吊耳相连接，下端通过套筒与调整眼杆连接，眼杆通过连接件与加劲梁连接。

（五）加劲梁

加劲梁通常采用钢桁梁、钢箱梁和钢板梁制成。加劲梁与主梁的连接多采用高强螺栓的连接工艺。架设顺序可以主跨跨中开始，向桥塔方向逐段吊装；也可以从桥塔开始，向主跨跨中及边跨岸边前进。**施工过程中，应及时对成桥结构线形及内力进行监控，确保符合实际要求。**

四、钢桥施工

钢桥是各种桥梁体系特别是大跨度桥梁常用的一种形式。钢桥的施工方法除了悬臂安装法之外，还可采用拖拉法、整孔架设法、膺架拼装法等施工方法，以提高施工速度。

钢材经过放样、下料、切割、矫正、号孔、钻孔、焊接、结构试拼装、除锈和油漆等预制加工工艺，最后得到所需的钢构件。

1. 悬臂拼装法

悬臂拼装是在桥位上拼装钢梁时，不用临时膺架支承，而是将杆件逐根地依次拼装在平衡梁上或已拼好的部分钢梁上，形成向桥孔中逐渐增长的悬臂，直至拼至次一墩（台）上。这称为全悬臂拼装。

若在桥孔中设置一个或一个以上临时支承进行悬臂拼装时称为半悬臂拼装。用悬臂法安装多孔钢梁时，第一孔钢梁多用半悬臂法进行安装。

钢梁在悬臂安装过程中，值得注意的关键问题是：(1) 降低钢梁的安装应力；(2) 伸臂端挠度的控制；(3) 减少悬臂孔的施工荷载；(4) 保证钢梁拼装时的稳定性。

悬臂安装钢梁的施工顺序为杆件预拼、钢梁杆件拼装、高强度螺栓施工、安装临时支承布置、钢梁纵移、钢梁横移。

高强度螺栓终拧完毕，必须当班检查。每栓群应抽查总数的5%，且不少于2套。抽查合格率不得小于80%，否则应继续抽查，直至合格率达到80%以上。对螺栓拧紧度不足者应补拧，对超拧者应更换、重新施拧并检查。

2. 拖拉架设法

采用纵向拖拉安装方案时，应按移梁时可能发生的竖向应力和施工区间内的风力验算钢梁杆件和临时连接件的强度和稳定性。钢梁的倾覆系数不小于1.3，必要时可在中间设临时支架或在钢梁前端设导梁。

(1) 半悬臂纵向拖拉

半悬纵向拖拉是根据被拖拉桥跨结构杆件的受力情况和结构本身稳定的要求，利用在永久性的墩、台之间设置临时性的中间墩架，以承托被拖拉的桥跨结构如图6-97所示。

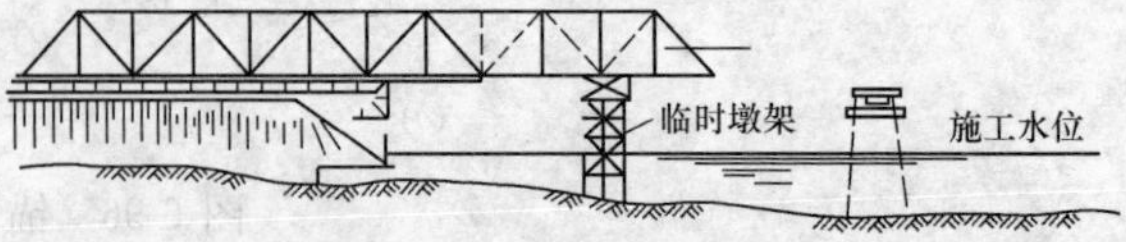

(2) 全悬臂的纵向拖拉

图6-97 中间临时墩架的纵向拖拉

全悬臂的纵向拖拉指在两个永久性墩、台之间不设置任何临时中间支承的情况下的纵向拖拉架梁的方法。如图 6-98 所示用拆装式杆件组成导梁的全悬臂拖拉。拖拉钢桥梁的滑道，可以布置在纵梁下，也可以布置在主桁下。

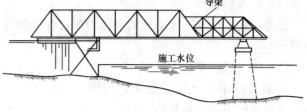

图 6-98　全悬臂的纵向拖拉

3. 整孔架设法

（1）用架桥机架梁

用架桥机架梁有既快又省的效果。目前常用的架桥机主要有胜利型架桥机、红旗型窄式架桥机。

（2）钓鱼法架梁

钓鱼法是通过立在前方墩台上有效高度不小于梁长 1/3 的扒杆，用固定于扒杆顶的滑轮组牵引梁的前端悬空拉到前方墩台上。图 6-99 所示为用钓鱼法架设跨度 24m 拆装式桁梁的示意图和现场图。图中后方桥台上也竖立了扒杆，供梁到位后落梁用。梁后端设制动滑轮组控制梁的前进速度。前后每端至少用两台千斤顶顶梁，以便交替拆除两侧枕木垛。

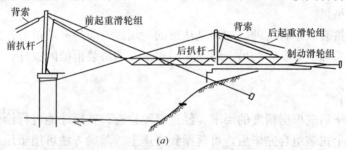

(a)

(b)

图 6-99　钓鱼法架梁

(a) 示意图；(b) 现场图

4. 膺架拼装法

在满布支架上拼组钢梁和在场地上拼组钢梁的技术要求基本一致。其工序可分为杆件预拼，场地及支架布置，钢梁拼装，钢梁铆合和栓合等几部分。

(1) 杆件预拼

首先应将工厂发送到工地的钢梁的单根杆件和有关的拼接件在场地上预拼，拼组成吊装单元。

(2) 支架或拼装场地布置

支架最好用万能杆件拼装，如图 6-100 所示，支架基础可用木桩基础。

支架顶面铺木板，板面标高应低于支承垫石面，以便于梁落到支座上。根据钢梁设计位置，在每个钢梁节点处设木垛。木机构间留有千斤顶的位置，可供设置千斤顶调整节点的标高。木垛的最上一层用木楔，以便调整钢梁节点标高。

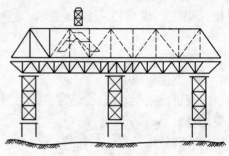

图 6-100　万能杆件组拼脚手架及龙门吊机

(3) 钢梁拼装

钢梁拼装用的吊机类型很多，在支架上和场地上拼装钢梁可用万能杆件组成的龙门吊机，也可用轨道吊机。

钢梁常用的拼装顺序有两种，一种是从梁的一端逐节向另一端拼装；另一种是先从一端拼装下弦桥面系和下平纵联到另一端，然后再从一端拼装桁架的腹杆、上弦杆、上平联及横联到另一端。

(4) 钢梁栓合

钢梁拼装完毕后应根据精度的要求，经过复测检查调整后才能进行栓合。

钢梁在支架上拼装组合完毕后，可落梁到支座上。落梁方法可用千斤顶的端横梁下将梁顶起，逐渐拆除节点下木垛，然后落梁到支座上。当落梁高度很小时，也可逐步将节点下木楔放松，使钢梁徐徐下落。

第七节　桥面及附属工程施工

一、支座安装

目前桥梁上使用较多的是橡胶支座，有板式橡胶支座和盆式橡胶支座。板式橡胶支座用于反力较小的中小跨径桥梁，盆式支座用于反力较大的大跨径桥梁。

(一) 板式橡胶支座的安装

板式橡胶支座在安装前的检查和力学性能检验，包括支座长、宽、厚、硬度、容许荷载、容许最大温差以及外观检查等，如不符合设计要求，不得使用。支座安装时，支座中心应对准梁的计算支点，必须使整个橡胶支座的承压面上受力均匀。为此，应注意下列事项：

(1) 支座下设置的承垫石，混凝土强度应符合设计要求，顶面标高准确、表面平整，在平坡情况下同一片梁两端支承垫石水平面应尽量处于同一平面内，其相对误差不得超过 3mm，避免支座发生偏斜、不均匀受力和脱空现象。

(2) 安装前应将墩台支座支垫处和梁底面清洗干净，去除油污，用水灰比不大于 0.5

的1∶3水泥砂浆抹平，使其顶面标高符合设计要求。

(3) 支座安装尽可能安排在接近年平均气温的季节里进行，以减少由于温差变化大而引起的剪切变形。

(4) 当墩台两端标高不同，顺桥向有纵坡时，支座安装方法应按设计规定办理。

(5) 梁板安放时，必须细致稳妥，使梁、板就位准确且与支座密贴，就位不准或支座与梁板不密贴时，必须吊起，采取措施垫钢板和使支座位置限制在允许偏差内，不得用撬棍移动梁、板。

(二) 盆式橡胶支座的安装

盆式橡胶支座顶、底面积大，支座下埋设在墩顶的钢垫板面积也较大，浇筑墩顶混凝土必须密实。盆式橡胶支座的规格和质量应符合设计要求，支座组装时其底面与顶面（埋置于墩顶和梁底面）的钢垫板，必须埋置密实。垫板与支座间平整密贴，支座四周探测不得有大于0.3mm的缝隙，严格保持清洁。活动支座的聚四氟乙烯板和不锈钢板不得有刮伤、撞伤。氯丁橡胶板密封在钢盆内，安装时应排除空气，保持紧密。施工时应注意下列事项：

(1) 安装前应将支座的各相对滑移面用酒精或丙酮擦洗后，在四氟滑板的储油槽内注满硅脂类润滑剂并保洁。

(2) 支座的顶板和底板可用焊接或锚固螺栓连接在梁底面和墩台顶面的预埋钢板上。采用焊接时，应防止烧坏混凝土；安装锚固螺栓时，其外露螺杆的高度不得大于螺母的厚度。支座安装顺序，宜先将上座板固定在大梁上，然后根据其位置确定底盆在墩台的位置，最后予以固定。

(3) 支座的安装标高应符合设计要求，中心线要与梁的轴线重合，水平最大位置偏差不大于2mm。

(4) 安装固定支座时，上下各部件的纵轴线必须对正；安装活动支座时，上下纵轴线必须对正，横轴线应根据安装时的温度与年平均温度的差，由计算确定其错位的距离；支座的上下导向挡块必须平行，最大偏差的交叉角不得大于5′。

二、桥面附属工程施工

桥面系的施工主要包括桥面伸缩缝、沉降缝、桥面防水、泄水管、桥面铺装、人行道、安全带、栏杆（防撞护栏和人行道栏杆）、灯柱、桥头搭板等。其施工质量不仅影响桥梁的外形美观，而且关系到桥梁的使用寿命、行车安全及舒适性。

(一) 伸缩缝施工

(1) 梳形钢板伸缩缝：伸缩缝的位置、构造应符合设计要求。梳形钢板伸缩缝安装时的间隙，应按照安装时的梁体温度计算决定，梁体温度应测量准确。伸缩体横向高度应符合桥面线形，伸缩装置的槽内应清洁干净，如有顶头现象或缝宽不符合设计要求时应凿剔平整。现浇混凝土宜在接缝伸缩开放状态下浇筑，浇筑时应防止已定位的构件变位。伸缩缝两边的组件及桥面应平整无扭曲。梳形钢板伸缩缝所用的钢板的力学性能应符合规定。在施工中要加强锚固系统的锚固，防止锚固螺栓松动、螺母脱落，要注意养护，同时要设置橡胶封缝条防水。

(2) 橡胶伸缩缝：采用橡胶伸缩缝时，材料的规格、性能应符合设计要求。应根据桥梁跨径大小或连续梁（包括桥面连续的简支梁）的每联长度，决定采用纯橡胶式、板式、组合式等。对于板式橡胶伸缩缝，应有成品解剖检验证明。安装时应根据气温对橡胶伸缩体进行必要的预压缩。气温在5℃以下时，不得进行橡胶伸缩缝的安装施工。采用后嵌式橡胶伸缩体时，应在桥面混凝土干缩完全、且徐变也大部分完成后再进行安装。橡胶伸缩装置在安装时应注意下列事项：

1）要检查桥面板端部预留的空间尺寸、钢筋，注意不受损伤，若为沥青混凝土桥面铺装，宜采用后开槽工艺以提高缝与桥面的平顺度。

2）应根据安装时的环境温度计算橡胶伸缩装置模板的宽度和螺栓的间距。将准备好的加强钢筋与螺栓焊接就位，然后浇筑混凝土并养护。

3）将混凝土表面清洁干净后，涂防水胶粘材料，利用调整压缩的工具将伸缩装置安装就位。向伸缩装置螺栓孔内灌注防腐蚀剂，要注意及时盖好盖帽。

4）伸缩缝必须全部贯通，不得堵塞或变形。

5）橡胶板应安装平整密贴、旋紧螺栓，在螺孔内灌注密封胶，每段橡胶板拼接时，在企口形连接处涂刷密封胶，要求接缝平正严密不漏水。

（二）沉降缝施工

沉降缝的位置应符合设计要求，沉降装置必须垂直，从上到下竖直贯通桥涵结构物，缝的端面平整，缝的宽度一致，要按设计要求设置嵌缝材料。混凝土基础、压顶与挡墙墙身的沉降缝必须在同一垂直线上，并使其缝在基桩间隙中垂直通过。

（三）防水层施工

桥面水层应在现浇桥面结构混凝土或垫层混凝土达到设计要求强度，经验收合格后方可施工。

防水层设在桥面铺装层下，它有多种铺设方法。粘贴式防水层（三油两毡）是先在桥面板上铺一层薄砂浆用以粘胶垫层；然后涂抹一层油膏，一层油毡（或其他防水材料），再一层油膏，一层油毡；最后一层油膏用以粘贴防水装置保护层。涂抹式是在桥面板或桥台背面涂抹数层沥青作防水层。特殊塑料薄膜作防水层，既可防止钢筋混凝土桥面裂缝，又能防水。防水混凝土作防水层，应振捣密实，施工接头处不能有空隙。

桥面防水层的铺设要符合设计要求，在铺设时应注意下列事项：

（1）防水层材料应经过检查，符合规定标准后方可使用。

（2）防水层通过伸缩缝或沉降缝时，要按设计规定铺设。

（3）防水层应横桥向闭合铺设，底层表面应平顺、干燥、干净；防水层严禁在雨天、夏天和5级（含）以上大风天气施工。气温低于－5℃时不宜施工。

（4）水泥混凝土桥面铺装层，当采用油毛毡或织物与沥青粘合的防水层时，应设置隔断缝。

（5）防水层与汇水槽、泄水口之间必须粘结牢固、封闭严密。

（四）泄水管施工

泄水管的施工要按照设计规定进行，泄水管应伸出结构物底面100～150mm；立交桥及高速公路上的桥梁，泄水管不宜直接挂在板下，可将泄水管通过纵向及竖向排水管道直接引向地面，或按设计要求办理，并且管道要有良好的固定装置。泄水管入水端应做好处理，与周边防水层密合，边缘要夹紧在管顶与泄水漏斗之间。泄水管施工时应注意下列事项：

(1) 桥面的泄水管可预埋在梁内,位置应正确,泄水管顶面的标高如设计无规定时,可根据下列原则决定。

1) 水泥混凝土桥面的泄水管道面标高,宜略低于该处的桥面标高,以便雨水汇入。

2) 沥青混凝土桥面,采用防滑层结构时,泄水管盖面的标高略低于防滑层的顶面标高,但在防滑层厚度范围内的泄水管宜钻孔,使渗入防滑层的水排入泄水管。

(2) 泄水管的顶盖应与泄水管及周围的桥面牢固连接。

(3) 城市立交桥或跨河桥梁的岸边引桥的泄水管应有导流设施,并且泄水管与附近在桥墩(台)处的排水管接通时,宜留有一定的伸缩余量,使梁在伸缩时不会拉断泄水管。

汇水槽、泄水口顶面高程应低于桥面铺装层 10~15mm。

(五) 桥面铺装层施工

桥面防水层经验收合格后应及时进行桥面铺装层施工。雨天和雨后桥面未干燥时,不得进行桥面铺装层施工。

(1) 沥青混凝土桥面铺装应按设计要求施工:在铺装前应对桥面进行检查,桥面应平整、粗糙、干燥、整洁。桥面横坡应符合要求,否则应及时处理。铺装前应洒布粘层油,石油沥青洒布时为 0.3~0.5L/m²。沥青混凝土的配合比设计、铺装、碾压等工序应符合沥青路面施工的规范要求。注意铺装后桥面的泄水孔的进水口应略低于桥面面层,保证排水顺畅。应注意下列事项。

1) 测设中线和边线的标高,根据最小厚度和最大厚度以及平均厚度计算沥青混凝土的数量,做好用料计划。

2) 在喷洒粘层油前宜在路缘石上方涂刷石灰水或粘贴保护纸张,以免沥青沾染缘石。

3) 在伸缩缝处宜以黄砂等松散材料临时铺垫与水泥混凝土顶面相平,沥青混凝土可连续铺筑,铺筑完成后,再根据所采用的伸缩缝装置的宽度,划线切割,挖去伸缩缝部分的沥青混凝土后,再安装伸缩装置。

4) 沥青混凝土面层应采用机械摊铺,应以伸缩缝的间距确定一次铺筑长度,要求在相邻的两个伸缩缝之间尽量不设施工缝。桥面的宽度宜在一天内铺筑完成。每次铺筑的纵向接缝宜在上次铺筑时的沥青混凝土的实际温度未降至 100℃ 时予以接缝并碾压,铺装宜采用轮胎或钢筒式压路机碾压。

5) 沥青混凝土面层厚度大于 6cm 时宜采用两次铺筑,以提高沥青混凝土面层的平整度。

(2) 水泥混凝土桥面铺装时,除符合有关水泥混凝土施工的要求外,还应注意:

1) 水泥混凝土桥面铺装的厚度及其使用的材料、铺装层的结构、混凝土的强度等级、防水层的设置等均应符合设计要求。

2) 必须在横向连接钢板焊接工作完成后,才可进行桥面铺装工作,以免后焊的钢板引起桥面水泥混凝土在接缝处发生裂缝。

3) 浇筑桥面水泥混凝土前应使预制桥面板表面粗糙,清洗干净,按设计要求铺设纵向接缝钢筋网或桥面钢筋网,混凝土浇筑由桥一端向另一端连续浇筑。

4) 水泥混凝土桥面铺装如设计为防水混凝土,施工时要按有关规定办理。

5) 水泥混凝土桥面铺装做面应采取防滑措施,做面宜分两次进行,第二次抹平后,应沿横坡方向拉毛或采用机具压槽,拉毛或压槽的深度为 1~2mm。

6)为避免铺装层出现收缩裂缝,宜采用分仓浇筑的施工方法,分仓原则可根据桥面的宽度以及无伸缩缝桥面的长度来考虑,分为四幅或六幅。

7)水泥混凝土铺装浇筑时,必须搭设走道支架,支架应架空,又能直接搁置在钢筋网上。

8)混凝土浇筑宜自下坡向上坡进行。混凝土面层必须平整和粗糙,路拱符合设计要求。

(六)人行道、安全带、栏杆、防撞护栏、灯柱施工

桥面的安全带、路缘石、人行道梁、人行道板、栏杆、扶手、灯柱等,在安装完工后,其竖向线形或坡度、断缝或伸缩缝必须符合设计规定。

1. 安全带和缘石施工应注意事项

(1)悬臂式安全带构件必须与主梁横向连接。

(2)安全带梁必须安放在未凝固的 M20 稠水泥砂浆上,以便形成顶面设计的横向排水坡。

(3)为了减少从缘石与桥面铺装缝隙中渗水,缘石宜采用现浇混凝土,使其与桥面铺装的底层混凝土结合为整体。

2. 人行道施工应注意事项

(1)悬臂式人行道构件必须与主梁横向连接。

(2)人行道梁必须安装在未凝固的 M20 稠水泥砂浆上,并以此来形成人行道顶面的横向排水坡。

(3)人行道板必须在人行道梁锚固后才可铺设,对设计无锚固的人行道梁、板的铺设,应按照由里到外的次序。

(4)在安装有锚固的人行道梁时,应对焊缝认真检查,必须注意施工安全。

(5)人行道板接缝处应用水泥砂浆嵌填,按规定绑扎钢筋网浇筑细石混凝土,于初凝前抹平。人行道面需划线分格,应在混凝土初凝前完成。

3. 栏杆施工应注意事项

(1)栏杆块件必须在人行道板铺设完毕后才可安装,安装栏杆柱时,必须全桥对直、校平(弯桥、坡桥要平顺),竖直后用水泥砂浆填缝固定。

(2)钢筋混凝土墙式护栏的高度必须在纵坡变化点处调整,以便线形流畅、美观。

(3)钢筋混凝土柱式护栏、金属制护栏放栏前应选择桥梁伸缩缝附近的端部立柱等作为控制点,当距离出现零数时可用分配法使之符合规定的尺寸,支柱宜等间距设置。

(4)轮廓标的安装高度宜尽量统一,连接要牢固。

(5)栏杆的伸缩缝应同桥面的伸缩缝在同一直线上。

4. 防撞护栏施工应注意事项

(1)边板(梁)预制时应在翼板上按设计位置预埋防撞护栏锚固钢筋,支设护栏模板时应先进行测量放样,确保位置准确。

(2)绑扎钢筋时注意预埋防护钢管支撑钢板的固定螺栓,保证其牢固可靠。

(3)在有伸缩缝处,防撞护栏应断开,依据选用的伸缩缝形式,安装相应的伸缩装置。

5. 灯柱安装应注意事项

(1)灯柱应按照设计位置安装,必须牢固、线条顺直、整齐美观。

(2)灯柱由钢管或钢筋混凝土管架立,并用钢筋固定在预埋的锚栓上。

(3)灯柱线路必须安全可靠。

(4)大型桥梁需配置照明控制电箱,固定在桥附近安全场所。

第三篇 排 水 工 程

第七章 概 论

第一节 排水工程的作用

在城市，从居住区、公共建筑和工业企业中，不断地排出各种各样的生活污水和工业废水。随着城市居民生活水平的不断提高和工业企业的飞速发展，污水量日益增多，其污染成分也日趋复杂，如不加控制任其随意排放，大量有毒有害的物质就会随着污水排放到环境中，造成环境污染。同时，雨水和冰雪融化水如不及时排除，将会积水为害，妨碍交通，甚至危及城市居民的生命财产安全和日常生活。因此，现代化的城市就需要建设一整套的工程设施来收集、输送、处理和利用污水，此工程设施就称为排水工程。

排水工程具有以下几方面的作用：

(1) 兴建完善的排水工程，将城市污水收集输送到污水处理厂经处理后再排放，可以起到改善和保护环境，消除污水危害的作用；

(2) 保护环境是社会主义市场经济建设的先决条件，排水工程在我国经济建设中具有非常重要的作用；

(3) 消除了污水危害，对预防和控制各种传染病和"公害病"，保障人民健康和造福子孙后代具有深远意义；

(4) 污水经处理后可回用于城市，这是节约用水和解决水资源短缺的重要手段。

排水工程的建设，在我国有悠久的历史，随着社会主义市场经济的飞速发展和经济体制的不断完善，排水工程的建设将出现一个新的飞跃。

第二节 排水系统的体制和组成

一、排水系统的体制

排水系统是指收集、输送、处理、利用污水和雨水的工程设施以一定的方式组合而成的整体。

城市污水是城市中排放的各种污水和废水的统称，通常包括综合生活污水、工业废水和径流的雨水。城市污水一般都由市政排水管道进行收集和输送，在一个地区内收集和输送城市污水的方式称为排水制度（也称排水体制），它有合流制和分流制两种基本形式。

（一）合流制

合流制是指用同一管渠系统收集和输送城市污水的排水方式。根据污水汇集后处置方式的不同，可把合流制分为以下三种情况：

1. 直排式合流制

如图 7-1 所示，管道系统就近坡向水体布置，管道中混合的污水未经处理就直接排入受纳水体，我国许多老城市的旧城区大多采用这种排水体制。这是因为以前工业尚不发达，城市人口不多，生活污水和工业废水量不大，直接排入水体后对环境造成的污染还不明显。但随着城市和工业的发展，人们生活水平的不断提高，污水量不断增加且水质日趋复杂，造成的污染将日益严重。因此这种方式目前不宜采用。

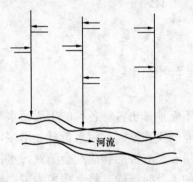

图 7-1　直排式合流制

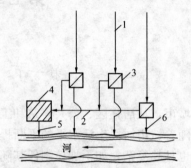

图 7-2　截流式合流制

1—合流干管；2—截流干管；3—溢流井；
4—污水处理厂；5—出水口；6—溢流出水口

2. 截流式合流制

如图 7-2 所示，在沿河岸边铺设一条截流干管，同时在截流干管和合流干管交汇处的适当位置上设置溢流井，并在截流干管的下游设置污水处理厂，它是直排式发展的结果。

晴天时，管道中只输送旱流污水，并将其在污水处理厂中进行处理后再排放。雨天时降雨初期，旱流污水和初降雨水被输送到污水处理厂经处理后排放，随着降雨量的不断增大，生活污水、工业废水和雨水的混合液也在不断增加，当该混合液的流量超过截流干管的截流能力后，多余的混合液就经溢流井溢流排放。该溢流排放的混合污水同样会对受纳水体造成污染（有时污染更甚），因此只有在下述情况下才考虑采用截流式合流制：

（1）排水区域内有一处或多处水源充沛的水体，其流量和流速都足够大，一定量的混合污水排入后对水体造成的污染危害程度在允许的范围内；

（2）街道建设比较完善，必须采用暗管（渠）排除雨水，而街道横断面又比较窄，管渠的设置受到限制；

（3）地面有一定的坡度倾向水体，当水体高水位时岸边不被淹没，污水在中途不需要泵汲。

3. 完全合流制

将污水和雨水合流于一条管渠内，全部送往污水处理厂进行处理后再排放。此时，污水处理厂的设计负荷大，要容纳降雨的全部径流量，这就给污水处理厂的运行管理带来很大的困难，其水量和水质的经常变化也不利于污水的生物处理；同时，处理构筑物过大，平时也很难全部发挥作用，造成一定程度的浪费，工程中很少采用。

（二）分流制

指用不同管渠分别收集和输送各种城市污水的排水方式。排除综合生活污水和工业废水的管渠系统称为污水排水系统；排除雨水的管渠系统称为雨水排水系统。根据排除雨水方式的不同，分流制分为以下两种情况：

1. 完全分流制

完全分流制是将城市的综合生活污水和工业废水用一条管道排除，而雨水用另一条管道来排除的排水方式，如图7-3所示。完全分流制中有一套完整的污水管道系统和一套完整的雨水管道系统。这样可将城市的综合生活污水和工业废水送至污水处理厂进行处理，克服了完全合流制的缺点，同时减小了污水管道的管径。但完全分流制的管道总长度大，且雨水管道只在雨季才发挥作用，因此完全分流制造价高，初期投资大。

2. 不完全分流制

受经济条件的限制，在城市中只建设完整的污水排水系统，不建雨水排水系统，雨水沿道路边沟排除，或为了补充原有渠道系统输水能力的不足只建一部分雨水管道，待城市发展后再将其改造成完全分流制，如图7-4所示。

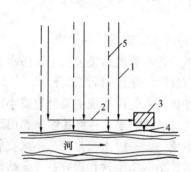

图7-3 完全分流制
1—污水干管；2—污水主干管；3—污水处理厂；
4—出水口；5—雨水干管

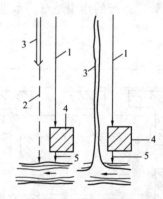

图7-4 不完全分流制
1—污水管道；2—雨水管渠；3—原有渠道；
4—污水处理厂；5—出水口

在进行城市排水系统的规划时，要妥善处理好工业废水能否直接排入城市排水系统与城市综合生活污水一并排除和处理的问题。

（1）当工业企业位于市内或近郊时，如果工业废水的水质符合《污水排入城市下水道水质标准》（CJ 3082—1999）和《污水综合排放标准》（GB 8978—1996）的规定，具体而言就是工业废水不阻塞、不损坏排水管渠，不产生易燃、易爆和有害气体，不传播致病病菌和病原体，不危害养护工作人员，不妨碍污水的生物处理和污泥的厌氧消化，不影响处理后的出水和污泥的排放利用，就可直接排入城市下水道与城市综合生活污水一并排除和处理。如果工业废水的水质不符合上述两标准的规定，就应在工业企业内部进行预处理，处理到其水质符合上述两标准的规定时，才可排入城市下水道与城市综合生活污水一并排除和处理。

（2）当工业企业位于城市远郊时，符合上述两标准的工业废水，是直接排入城市下水道与城市综合生活污水一并排除和处理还是单独设置排水系统，应通过技术经济比较确定。不符合上述两标准规定的工业废水，应在工业企业内部进行预处理，处理到其水质符合上述两标准的规定时，再通过技术经济比较确定其排除方式。

排水体制的选择，应根据城市和工业企业规划、当地降雨情况、排放标准、原有排水设施、污水处理和利用情况、地形和水体等条件，在满足环境保护要求的前提下，通过技术经济比较，综合考虑确定。一般情况下，新建的城市和城市的新建区宜采用分流制和不完全分流制；老城区的合流制宜改造成截流式合流制；在干旱和少雨地区也可采用完全合流制。

二、排水系统的组成

排水系统通常由排水管道系统和污水处理系统组成。

排水管道系统的作用是收集、输送污（废）水，由管渠、检查井、泵站等设施组成。在分流制排水系统中包括污水管道系统和雨水管道系统；在合流制排水系统中只有合流制管道系统。

污水管道系统是收集、输送综合生活污水和工业废水的管道及其附属构筑物；雨水管道系统是收集、输送、排放雨水的管道及其附属构筑物；合流制管道系统是收集、输送综合生活污水、工业废水和雨水的管道及其附属构筑物。

污水处理系统的作用是对污水进行处理和利用，包括各种水处理构筑物，本教材不作介绍。

1. 污水管道系统的组成

城市污水管道系统包括小区污水管道系统和市政污水管道系统两部分。

小区污水管道系统主要是收集小区内各建筑物排出的污水，并将其输送到市政污水管道系统中。一般由接户管、小区支管、小区干管、小区主干管和检查井、泵站等附属构筑物组成，如图 7-5 所示，与控制井相连的管道为小区主干管，与小区主干管相连的管道为小区干管，其余管道为小区支管。

接户管承接某一建筑物出户管排出的污水，并将其输送到小区支管；小区支管承接若干接户管的污水，并将其输送到小区干管；小区干管承接若干个小区支管的污水，并将其输送到小区主干管；小区主干管承接若干个小区干管的污水，并将其输送到市政污水管道系统中。

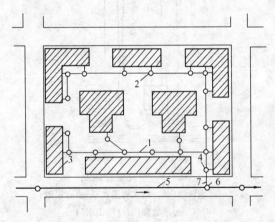

图 7-5 小区污水管道系统
1—小区污水管道；2—检查井；3—接户管；4—控制井；5—市政污水管道；6—市政污水检查井；7—连接管

市政污水管道系统主要承接城市内各小区的污水，并将其输送到污水处理系统，经处理后再排放利用。一般由支管、干管、主干管和检查井、泵站、出水口及事故排出口等附属构筑物组成，如图 7-6 所示。

支管承接若干小区主干管的污水，并将其输送到干管中；干管承接若干支管中的污水，并将其输送到主干管中；主干管承接若干干管中的污水，并将其输送到城市污水处理厂进行处理。

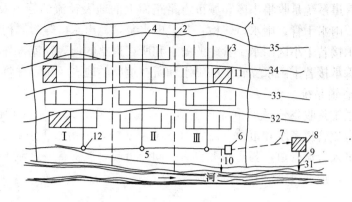

图 7-6 市政污水管道系统
Ⅰ、Ⅱ、Ⅲ—排水流域
1—城市边界；2—排水流域分界线；3—支管；4—干管；5—主干管；6—总泵站；
7—压力管道；8—城市污水处理厂；9—出水口；10—事故排出口；11—工厂；12—检查井

2. 雨水管道系统的组成

降落在屋面上的雨水由天沟和雨水斗收集，通过落水管输送到地面，与降落在地面上的雨水一起形成地表径流，然后通过雨水口收集，流入小区的雨水管道系统，经过小区的雨水管道系统流入市政雨水管道系统，然后通过出水口排放。因此雨水管道系统包括小区雨水管道系统和市政雨水管道系统两部分，如图 7-7 所示。

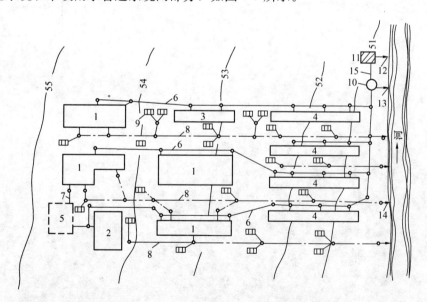

图 7-7 雨水管道系统
1、2、3、4、5—建筑物；6—生活污水管道；7—生产污水管道；8—生产废水与
雨水管道；9—雨水口；10—污水泵站；11—废水处理站；12—出水口；13—事
故排出口；14—雨水出水口；15—压力管道

小区雨水管道系统是收集、输送小区地表径流的管道及其附属构筑物，包括雨水口、小区雨水支管、小区雨水干管、雨水检查井等。

市政雨水管道系统是收集小区和城市道路路面上的地表径流的管道及其附属构筑物。包括雨水支管、雨水干管、雨水口、检查井、雨水泵站、出水口等附属构筑物。

雨水支管承接若干小区雨水干管中的雨水和所在道路的地表径流，并将其输送到雨水干管；雨水干管承接若干雨水支管中的雨水和所在道路的地表径流，并将其就近排放。

3. 合流制管道系统

合流管道系统是收集输送城市综合生活污水、工业废水和雨水的管道及其附属构筑物，包括小区合流管道系统和市政合流管道系统两部分，由污水管道系统和雨水口构成。雨水经雨水口进入合流管道，与污水混合后一同经市政合流支管、合流干管、截流主干管进入污水处理厂，或通过溢流井溢流排放。

第八章 排水管道构造与识图

第一节 排水管道系统的布置形式

一、布置原则和要求

排水管道系统布置时应遵循的原则是：尽可能在管线较短和埋深较小的情况下，让最大区域的污水能自流排出。

管道布置时一般按主干管、干管、支管的顺序进行。其方法是首先确定污水处理厂或出水口的位置，然后再依次确定主干管、干管和支管的位置。

污水处理厂一般布置在城市夏季主导风向的下风向、城市水体的下游、并与城市或农村居民点至少有500m以上的卫生防护距离。污水主干管一般布置在排水流域内较低的地带，沿集水线敷设，以便干管的污水能自流接入。污水干管一般沿城市的主要道路布置，通常敷设在污水量较大、地下管线较少一侧的道路下。污水支管一般布置在城市的次要道路下。当小区污水通过小区主干管集中排出时，应敷设在小区较低处的道路下；当小区面积较大且地形平坦时，应敷设在小区四周的道路下。

雨水管道应尽量利用自然地形坡度，以最短的距离靠重力流将雨水排入附近的受纳水体中。当地形坡度大时，雨水干管宜布置在地形低处的主要道路下；当地形平坦时，雨水干管宜布置在排水流域中间的主要道路下。雨水支管一般沿城市的次要道路敷设。

排水管道应尽量布置在人行道、绿化带或慢车道下。当道路红线宽度大于50m时，应双侧布置，这样可减少过街管道，便于施工和养护管理。

为了保证排水管道在敷设和检修时互不影响、管道损坏时不影响附近建（构）筑物、不污染生活饮用水，排水管道与其他管线和建（构）筑物间还应有一定的水平距离和垂直距离。

二、布置形式

在城市中，市政排水管道系统的平面布置，应根据城市地形、城市规划、污水处理厂位置、河流位置及水流情况、污水种类和污染程度等因素确定。在这些影响因素中，地形是最关键的因素，按城市地形考虑可有以下六种布置形式，如图8-1所示。

在地势向水体适当倾斜的地区，可采用正交式布置，使各排水流域的干管与水体垂直相交，这样可使干管的长度短、管径小、排水迅速、造价低。但污水未经处理就直接排放，容易造成受纳水体的污染。因此正交式布置仅适用于雨水管道系统。

在正交式布置的基础上，若沿水体岸边敷设主干管，将各流域干管的污水截流送至污水处理厂，就形成了截流式布置。截流式布置减轻了水体的污染，保护和改善了环境，适用于分流制中的污水管道系统。

在地势向水体有较大倾斜的地区，可采用平行式布置，使排水流域的干管与水体或等高线基本平行，主干管与水体或等高线成一定斜角敷设。这样可避免干管坡度和管内水流速度过大，使干管受到严重的冲刷。

在地势高差相差很大的地区，可采用分区式布置。即在高地区和低地区分别敷设独立的管道系统，高地区的污水靠重力直接流入污水处理厂，而低地区的污水则靠泵站提升至高地区的污水处理厂。也可将污水处理厂建在低处，低地区的污水靠重力直接流入污水处理厂，而高地区的污水则跌水至低地区的污水处理厂。其优点是充分利用地形，节省电力。

当城市中央地势高，地势向周围倾斜，或城市周围有河流时，可采用分散式布置。即各排水流域具有独立的排水系统，其干管呈辐射状分布。其优点是干管长度短，管径小，埋深浅，但需建造多个污水处理厂。因此，适宜排除雨水。

在分散式布置的基础上，敷设截流主干管，将各排水流域的污水截流至污水处理厂进行处理，便形成了环绕式布置，它是分散式发展的结果，适用于建造大型污水处理厂的城市。

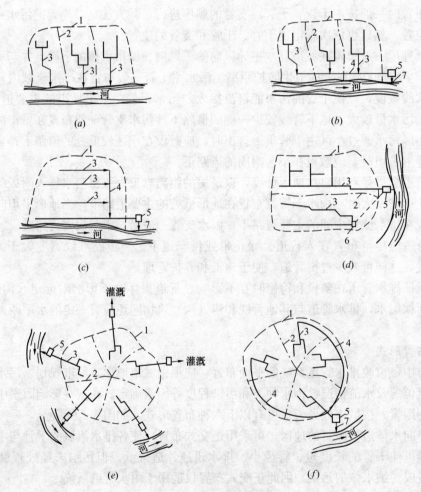

图 8-1　排水管道系统的布置形式

（a）正交式；（b）截流式；（c）平行式；（d）分区式；（e）分散式；（f）环绕式

1—城市边界；2—排水流域分界线；3—干管；4—主干管；
5—污水处理厂；6—污水泵站；7—出水口

第二节 排水管道材料

一、对排水管材的要求

排水管材应满足以下要求：

(1) 必须具有足够的强度，以承受外部的荷载和内部的水压，并保证在运输和施工过程中不致破裂；

(2) 应具有抵抗污水中杂质的冲刷磨损和抗腐蚀的能力；

(3) 必须密闭不透水，以防止污水渗出和地下水渗入；

(4) 内壁应平整光滑，以尽量减小水流阻力；

(5) 应就地取材，以降低施工费用。

二、常用排水管材

1. 混凝土管和钢筋混凝土管

适用于排除雨水和污水，分混凝土管、轻型钢筋混凝土管和重型钢筋混凝土管三种，管口有承插式、平口式和企口式三种形式，如图8-2所示。

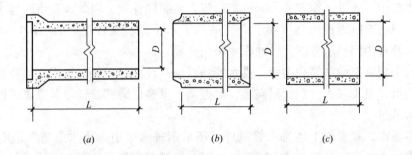

图 8-2 混凝土管和钢筋混凝土管
(a) 承插式；(b) 企口式；(c) 平口式

混凝土管的管径一般小于450mm，长度多为1m，一般在工厂预制，也可现场浇制。

当管道埋深较大或敷设在土质不良地段，以及穿越铁路、城市道路、河流、谷地时，通常采用钢筋混凝土管。钢筋混凝土管按照承受的荷载要求分轻型钢筋混凝土管和重型钢筋混凝土管两种。

混凝土管和钢筋混凝土管便于就地取材，制造方便，在排水管道工程中得到了广泛应用。其缺点是抵抗酸、碱侵蚀及抗渗性能差；管节短、接头多、施工麻烦；自重大、搬运不便。

2. 陶土管

陶土管由塑性黏土制成，为了防止在焙烧过程中产生裂缝，通常加入一定比例的耐火黏土和石英砂，经过研细、调合、制坯、烘干、焙烧等过程制成。根据需要可制成无釉、单面釉和双面釉的陶土管。若加入耐酸黏土和耐酸填充物，还可制成特种耐酸陶土管。

陶土管一般为圆形断面，有承插口和平口两种形式，如图8-3所示。

普通陶土管的最大公称直径为300mm，有效长度为800mm，适用于小区室外排水管

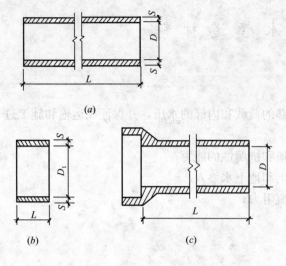

图 8-3 陶土管
(a) 直管；(b) 管箍；(c) 承插管

道。耐酸陶土管的最大公称直径为800mm，一般在400mm以内，管节长度有 300mm、500mm、700mm、1000mm 四种，适用于排除酸性工业废水。

带釉的陶土管管壁光滑，水流阻力小，密闭性好，耐磨损，抗腐蚀。

陶土管质脆易碎，不宜远运；抗弯、抗压、抗拉强度低，不宜敷设在松软土中或埋深较大的地段；此外，管节短、接头多、施工麻烦。

3. 金属管

金属管质地坚固，强度高，抗渗性能好，管壁光滑，水流阻力小，管节长，接口少，施工运输方便。但价格昂贵，抗腐蚀性差。因此，在市政排水管道工程中很少用。只有在抗震设防烈度大于8度或地下水位高、流砂严重的地区，或承受高内压、高外压及对渗漏要求特别高的地段才采用金属管。

常用的金属管有铸铁管和钢管。排水铸铁管耐腐蚀性好，经久耐用；但质地较脆、不耐振动和弯折，自重较大。钢管耐高压、耐振动、重量比铸铁管轻，但抗腐蚀性差。

4. 排水渠道

在很多城市，除采用上述排水管道外，还采用排水渠道。排水渠道一般有砖砌、石砌、钢筋混凝土渠道，断面形式有圆形、矩形、半椭圆形等，如图 8-4 所示。

砖砌渠道应用普遍，在石料丰富的地区，可采用毛石或料石砌筑，也可用预制混凝土砌块砌筑，大型排水渠道，可采用钢筋混凝土现场浇筑。

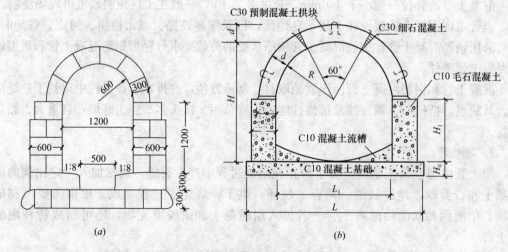

图 8-4 排水渠道
(a) 石砌渠道；(b) 预制混凝土块拱形渠道

5. 新型管材

随着新型建筑材料的不断研制,用于制作排水管道的材料也日益增多,新型排水管材不断涌现。在国内,口径在 500mm 以下的排水管道正日益被 UPVC 加筋管代替,口径在 1000mm 以下的排水管道正日益被 PVC 管代替,口径在 900～2600mm 的排水管道正在推广使用塑料螺旋管(HDPE 管),口径在 300～1400mm 的排水管道正在推广使用玻璃纤维缠绕增强热固性树脂夹砂压力管(玻璃钢夹砂管)。但新型排水管材价格昂贵,使用受到了一定程度的限制。

三、排水管材的选择

选择排水管渠材料时,应在满足技术要求的前提下,尽可能就地取材,以降低施工费用。

根据排除的污水性质,一般情况下,当排除生活污水及中性或弱碱性(pH=8～11)的工业废水时,上述各种管材都能使用。排除碱性(pH＞11)的工业废水时可用砖渠,或在钢筋混凝土渠内做塑料衬砌。排除弱酸性(pH=5～6)的工业废水时可用陶土管或砖渠。排除强酸性(pH＜5)的工业废水时可用耐酸陶土管、耐酸水泥砌筑的砖渠或用塑料衬砌的钢筋混凝土渠。

根据管道受压情况、埋设地点及土质条件,压力管段一般采用金属管、玻璃钢夹砂管、钢筋混凝土管或预应力钢筋混凝土管。在地震区、施工条件较差的地区以及穿越铁路、城市道路等地区,可采用金属管。

一般情况下,市政排水管道经常采用混凝土管、钢筋混凝土管。

第三节 排水管道的构造

排水管道为重力流,由上游至下游管道坡度逐渐增大,一般情况下管道埋深也会逐渐增加,除需在施工时保证管材及其接口强度满足要求外,还应保证在使用中不致因地面荷载引起损坏。排水管道的管径大,重量大,埋深大,这就要求排水管道的基础要牢固可靠,以免出现地基的不均匀沉陷,使管道的接口或管道本身损坏,造成漏水现象。因此,排水管道的构造一般包括基础、管道、覆土三部分。管道前已述及,本节不再重述。

一、排水管道的基础

排水管道的基础包括地基、基础和管座三部分,如图 8-5 所示。地基是沟槽底的土层,它承受管道和基础的重量、管内水重、管上土压力和地面上的荷载。基础是地基与管道之间的设施,当地基的承载力不足以承受上面的压力时,要靠基础增加地基的受力面积,把压力均匀地传给地基。管座是管道底侧与基础顶面之间的部分,使管道与基础连成一个整体,以增加管道的刚度和稳定性。

一般情况下,排水管道有三种基础:

1. 砂土基础

砂土基础又叫素土基础,包括弧形素土基础和砂垫层基础两种,如图 8-6 所示。砂土基础适用于管道直径小于 600mm 的混凝土管和钢筋混凝土管;管道覆土厚度在 0.7～2.0m 之间的

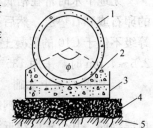

图 8-5 排水管道基础
1—管道;2—管座;3—基础;
4—垫层;5—地基

小区污水管道、非车行道下的市政次要管道和临时性管道。

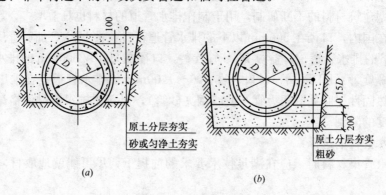

图 8-6 砂土基础
(a) 弧形素土基础；(b) 砂垫层基础

弧形素土基础是在沟槽槽底原土上挖一个弧形管槽，管道敷设在弧形管槽里。这种基础适用于无地下水、原土能挖成弧形（通常采用 90°弧）的干燥土层。

砂垫层基础是在挖好的弧形管槽里，填 100～200mm 厚的粗砂作为垫层。这种基础适用于无地下水的岩石或多石土层。

2. 混凝土枕基

混凝土枕基是只在管道接口处才设置的管道局部基础，如图 8-7 所示。通常在管道接口下用 C10 混凝土做成枕状垫块，垫块常采用 90°或 135°管座。这种基础适用于干燥土层中的雨水管道及不太重要的污水支管，常与砂土基础联合使用。

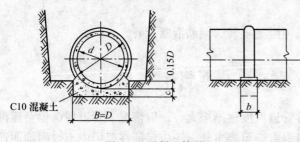

图 8-7 混凝土枕基

3. 混凝土带形基础

混凝土带形基础是沿管道全长铺设的基础，分为 90°、135°、180°三种管座形式，如图 8-8 所示。

混凝土带形基础适用于各种潮湿土层及地基软硬不均匀的排水管道，管径为 200～2000mm。

无地下水时常在槽底原土上直接浇筑混凝土；有地下水时在槽底铺 100～150mm 厚的卵石或碎石垫层，然后在上面再浇筑混凝土。根据地基承载力的实际情况，可采用强度等级不低于 C10 的混凝土。当管道覆土厚度在 0.7～2.5m 时，采用 90°管座；覆土厚度在 2.6～4.0m 时，采用 135°管座；覆土厚度在 4.1～6.0m 时，采用 180°管座。

4. 钢筋混凝土基础

钢筋混凝土基础的钢筋一般都是双向、双层配置的，也有配置双向单层钢筋的，如是单层钢筋，其位置应在近混凝土基础的顶部，施工时应注意采取措施保持这个位置，不能让其下沉到底部。

在地震区或土质特别松软和不均匀沉陷严重的地段，最好采用钢筋混凝土带形基础。

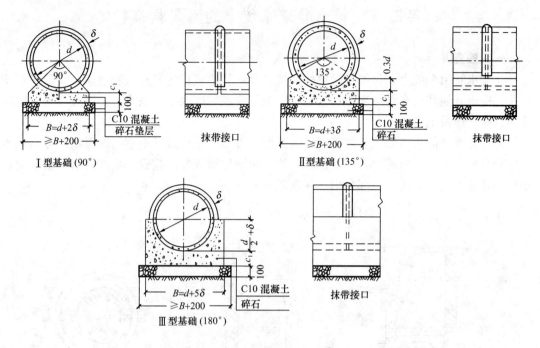

图 8-8 混凝土带形基础

二、排水管道的覆土厚度

排水管道埋设在地面以下,其管顶以上应有一定厚度的覆土,以保证管道内的水在冬季不会因冰冻而结冰;在正常使用时管道不会因各种地面荷载作用而损坏;同时要满足管道衔接的要求,保证上游管道中的污水能够顺利排除。排水管道的覆土厚度,如图8-9所示。

在非冰冻地区,管道覆土厚度的大小主要取决于地面荷载、管材强度、管道衔接情况以及敷设位置等因素,以保证管道不受破坏为主要目的。一般情况下排水管道的最小覆土厚度在车行道下为0.7m,在人行道下为0.6m。

在冰冻地区,除考虑上述因素外,还要考虑土层的冰冻深度。一般污水管道内污水的温度不低于4℃,污水以一定的流量和流速不断流动。因此,污水在管道内是不会冰冻的,管道周围的土层也不会冰冻,管道不必全部埋设在土层冰冻线以下。但如果将管道全部埋设在冰冻线以上,则可能会因土层冰冻膨胀损坏管道基础,进而损坏管道。一般在土层冰冻深度不太大的地区,可将管道全部埋设在冰冻线以下;在土层冰冻深度很

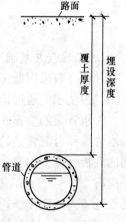

图8-9 管道覆土厚度与埋设深度

大的地区,无保温措施的生活污水管道或水温与生活污水接近的工业废水管道,管底可埋设在冰冻线以上0.15m;有保温措施或水温较高的管道,管底在冰冻线以上的距离可以加大,其数值应根据该地区或条件相似地区的经验确定,但要保证管道的覆土厚度不小于0.7m。

第四节　排水管道系统上的附属构筑物

一、检查井

在排水管道系统上，为便于管渠的衔接以及对管道进行定期检查和清通，必须设置检查井。检查井通常设在管道交汇、转弯、管渠尺寸或坡度改变、跌水等处以及相隔一定距离的直线管道段上。

根据检查井的平面形状，可将其分为圆形、方形、矩形或其他不同的形状。方形和矩形检查井用在大直径管道上，一般情况下均采用圆形检查井。检查井由井底（包括基础）、井身和井盖（包括盖座）三部分组成，如图 8-10 所示。

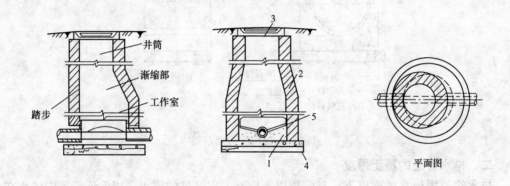

图 8-10　检查井
1—井底；2—井身；3—井盖及盖座；4—井基；5—沟肩

（一）检查井基础

井底一般采用低强度等级的混凝土，基础采用碎石、卵石、碎砖夯实或低强度等级混凝土。为使水流通过检查井时阻力较小，井底宜设半圆形或弧形流槽，流槽直壁向上升展。污水管道的检查井流槽顶与上、下游管道的管顶相平，或与 0.85 倍大管管径处相平；雨水管渠和合流管渠的检查井流槽顶可与 0.5 倍大管管径处相平。流槽两侧至检查井井壁间的底板（称为沟肩）应有一定宽度，一般不小于 200mm，以便养护人员下井时立足，并应有 2‰~5‰ 的坡度坡向流槽，以防检查井积水时淤泥沉积。在管渠转弯或几条管渠交汇处，为使水流畅通，流槽中心线的弯曲半径应按转角大小和管径大小确定，但不得小于大管的管径。有些检查井井底做成落底井，即井底面标高比出水管管内底标高低 0.3~0.5m 的沉泥槽，便于密度大的颗粒沉淀减少管内淤积。

检查井井底各种流槽的平面形式，如图 8-11 所示。

（二）井身

检查井井身包括井室与井筒，井筒为圆形，内径 700mm，井室是根据管道大小确定的。

井身用砖、石砌筑，也可用混凝土或钢筋混凝土现场浇筑，其构造与是否需要工人下井有关。不需要工人下井的浅检查井，井身为直壁圆筒形；需要工人下井

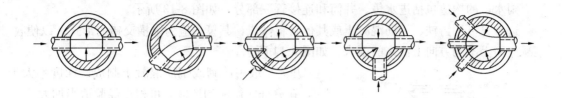

图 8-11　检查井井底流槽形式

的检查井，井身在构造上分为工作室、渐缩部和井筒三部分，如图 8-10 所示。工作室是养护人员下井进行临时操作的地方，不能过分狭小，其直径不能小于 1m，其高度在埋深允许时一般采用 1.8m。为降低检查井的造价，缩小井盖尺寸，井筒直径一般比工作室小，但为了工人检修时出入方便，其直径不应小于 0.7m。井筒与工作室之间用锥形渐缩部连接，渐缩部的高度一般为 0.6～0.8m，也可在工作室顶偏向出水管渠一侧加钢筋混凝土盖板梁，井筒则砌筑在盖板梁上。为便于养护人员上下，井身在偏向进水管渠的一边应保持一壁直立。

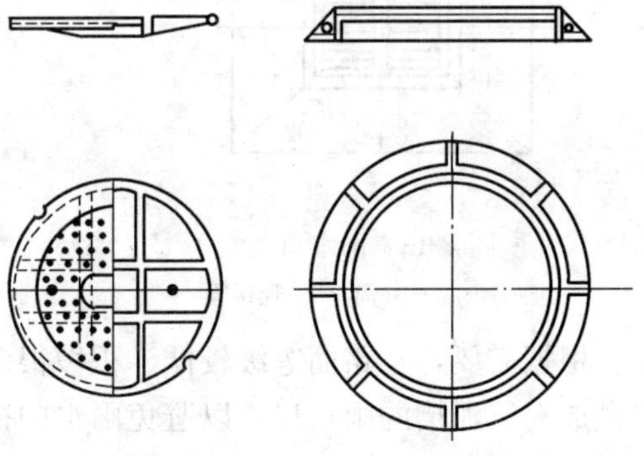

（三）井盖

位于行车道的检查井，必须在任何车辆荷重下，确保井盖、井盖座牢固安全，同时应具有良好的稳定性，防止车速过快造成井盖振动。

图 8-12　轻型铸铁井盖和盖座
(a) 井盖；(b) 盖座

井盖可采用铸铁、钢筋混凝土、新型复合材料或其他材料，在车行道上一般采用铸铁。为防止雨水流入，盖顶应略高出地面。盖座采用与井盖相同的材料。检查井井盖同时应有防盗功能，保证井盖不被盗窃丢失，避免发生伤亡事故。例如由聚合物基废弃物复合材料制成的新型防盗井盖及井盖座，已经普遍应用于城市道路排水工程。井盖和盖座均为厂家预制，施工前购买即可，其形式如图 8-12 所示。

检查井的构造和各部位的尺寸详见《市政工程设计施工系列图集》（给水排水工程册）或其他相关资料。

二、雨水口

雨水口是在雨水管渠或合流管渠上设置的收集地表径流的雨水的构筑物。地表径流的雨水通过雨水口连接管进入雨水管渠或合流管渠，使道路上的积水不至漫过路缘石，从而保证城市道路在雨天时正常使用，因此雨水口俗称收水井。

雨水口一般设在道路交叉口、路侧边沟的一定距离处以及设有道路缘石的低洼地方，在直线道路上的间距一般为 25～50m，在低洼和易积水的地段，要适当缩小雨水口的间距。当道路纵坡大于 0.02 时，雨水口的间距可大于 50m，其形式、数量和布置应根据具体情况和计算确定。

雨水口的构造包括进水箅、井筒和连接管三部分，如图 8-13 所示。

进水箅可用铸铁、钢筋混凝土或其他材料做成，其箅条应为纵横交错的形式，以便收集从路面上不同方向上流来的雨水，如图 8-14 所示。

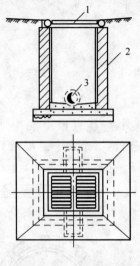

井筒一般用砖砌或钢筋混凝土制成，深度不大于 1m，在有冻胀影响的地区，可根据经验适当加大。

雨水口的构造和各部位的尺寸详见《市政工程设计施工系列图集》（给水排水工程册）或其他相关资料。

雨水口通过连接管与雨水管渠或合流管渠的检查井相连接。连接管的最小管径为 200mm，坡度一般为 0.01，长度不宜超过 25m。

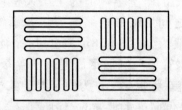

图 8-13 雨水口
1—进水箅；2—井筒；3—连接管

图 8-14 进水箅

根据需要，在路面等级较低、积秽很多的街道或菜市场附近的雨水管道上，可将雨水口做成有沉泥槽的雨水口，以避免雨水中挟带的泥砂淤塞管渠，但需经常清掏，增加了养护工作量。

三、出水口

市政排水管道出水口的位置和形式，应根据污水的水质、受纳水体的水位、水流方向和下游用水情况等因素综合考虑确定。出水口与受纳水体的岸边应采取防冲和加固等措施，在受冻胀影响的地区，还应采取防冻措施。

常见出水口形式有淹没式出水口和非淹没式出水口两种，污水出水口常采用淹没式，雨水出水口常采用非淹没式。

1. 污水出水口

为使污水与河水较好混合，同时为避免污水沿河滩流泻造成环境污染，污水出水口一般采用淹没式，即出水管的管底标高低于水体的常水位。

常见的出水口有江心分散式出水口，如图 8-15（c）所示。出水口与水体岸边连接采取防冲加固措施，以浆砌块石做护墙和铺底，在冰冻地区，出水口区应考虑用耐冻胀材料砌筑，出水口的基础必须设在冰冻线以下，如图 8-15（d）、(e) 所示。

2. 雨水出水口

雨水出水口主要采用非淹没式，即出水管的管底标高高于水体最高水位以上或高于常水位以上，如图 8-15（a）、(b) 所示。

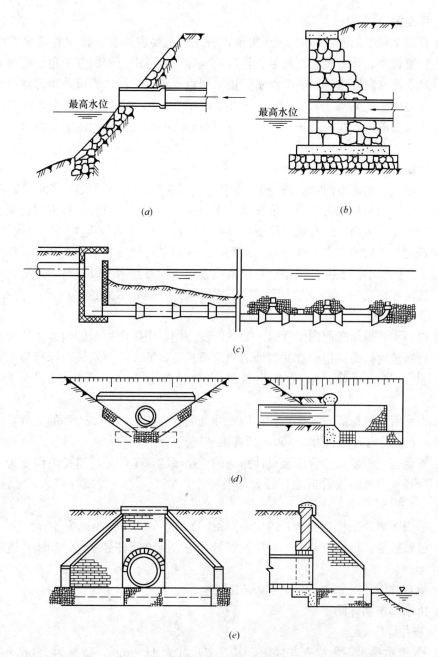

图 8-15 出水口形式
(a) 护坡式出水口；(b) 挡土墙式出水口；(c) 江心分散式出水口；
(d) 一字式出水口；(e) 八字式出水口

第五节 排水管道工程图识读

排水管道工程图主要表示排水管道的平面位置及高程布置情况，一般由平面图、纵断面图和构筑物详图组成。

一、平面图

排水管道工程平面图，如图 8-16 所示，表现的主要内容有：排水管道平面位置、管道直径、管道长度、管道坡度、桩号、转弯处坐标、管道中心线的方位角、检查井布置位置、编号及水流方向等内容。一般雨水管道采用粗点画线、污水管道采用粗虚线表示，也可在检查井边标注"Y"、"W"字样以分别表示雨水、污水检查井；排水管道平面图上的管道位置均为管道中心线，其平面定位即管道中心线的位置。平面图上还附有主要材料明细表等。

二、纵断面图

排水管道工程纵断面图，如图 8-17 所示，主要表示：管道敷设的深度、管道管径及坡度、路面标高及与其他管道交叉情况等。纵断面图中水平方向表示管道的长度、垂直方向表示管道直径及标高，通常纵断面图中纵向比例比横向比例放大 10 倍；图中横向粗双实线表示管道、细单实线表示设计地面高程线、两根平行竖线表示检查井，若竖线延伸至管内底以下，则表示落底井；图中还可反映支管接入检查井情况以及与管道交叉的其他管道管径、管内底标高等。如支管标注中"SYD400"分别表示方位（由南向接入）、代号（雨水）、管径（400）。

下面以雨水管道纵断面图中 Y54~Y55 管段为例说明图中所示的内容：

（1）自然地面标高：指检查井盖处的原地面标高，Y54 井自然地面标高为 5.700。

（2）设计路面标高：指检查井盖处的设计路面标高，Y54 井设计路面标高为 7.238。

（3）设计管内底标高：指排水管在检查井处的管内底标高，Y54 井的上游管内底标高为 5.260，下游管内底标高为 5.160，为管顶平接。

（4）管道覆土深度：指管顶至设计路面的土层厚度，Y54 处管道覆土深度为 1.678。

（5）管径及坡度：指管道的管径大小及坡度，Y54~Y55 管段管径为 400mm，坡度为 2‰。

（6）平面距离：指相邻检查井的中心间距，Y54~Y55 平面距离为 40m。

（7）道路桩号：指检查井中心对应的桩号，一般与道路桩号一致，Y54 井道路桩号为 8+180.000。

（8）检查井编号：Y54、Y55 为检查井编号。

三、排水构筑物详图

1. 检查井详图

图 8-18 表示排水矩形检查井详图，其井室尺寸为 1100mm，壁厚为 370mm；井筒为 ϕ700mm，壁厚 240mm。井盖座采用铸铁井盖、井座。图中检查井为落底井，落底深度为 500mm。井室及井筒均为砖砌，并用水泥砂浆抹面，厚度为 20mm。基础采用 C20 钢筋混凝土底板及 C10 素混凝土垫层。

2. 雨水口详图

图 8-19 为单箅式雨水口，内部尺寸为 510mm×390mm，井壁厚为 240mm，为砖砌结构，采用铸铁成品雨水箅；雨水口连接管直径为 200mm，管内底距底板 300mm，并按规定设置一定坡度坡向雨水检查井，井底基础采用 100mm 厚 C15 素混凝土及 100mm 厚碎石垫层。

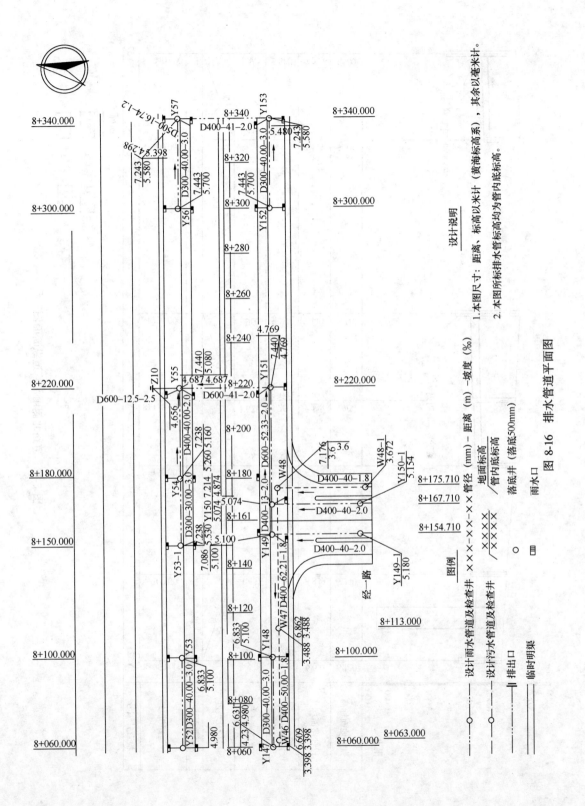

图 8-16 排水管道平面图

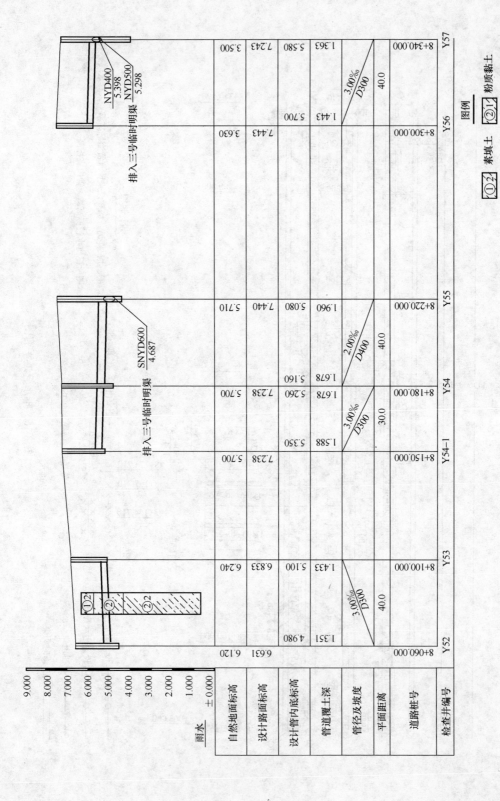

图 8-17 道路北侧雨水管道纵断面图

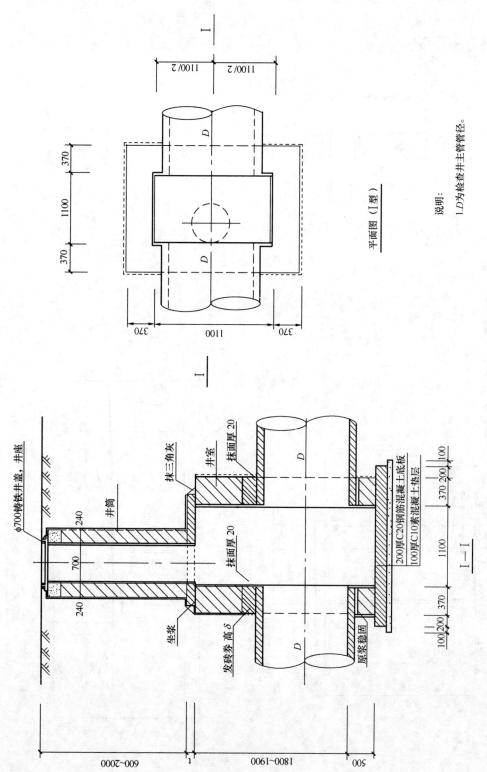

图 8-18 矩形排水检查井（井筒总高度不大于 2.0m，落底井）平面，剖面图

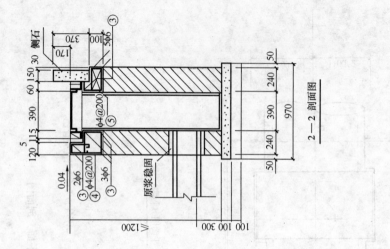
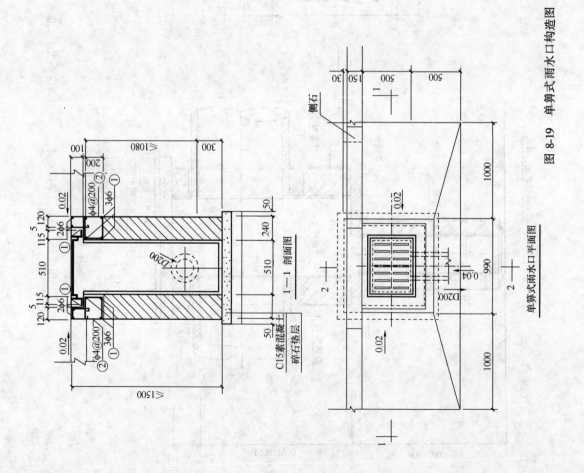

图 8-19 单箅式雨水口构造图

第九章 排水管道工程施工

第一节 排水施工准备工作

一、现场调查

施工单位应按照合同文件、设计文件和有关规范、标准要求，根据建设单位提供的施工界域内地下管线等构（建）筑物资料、工程水文地质资料，组织有关施工技术管理人员深入沿线调查，掌握现场实际情况，做好施工准备工作。

二、工程交底

工程开工前，施工单位应组织有关人员认真熟悉施工图纸和有关文件，掌握设计意图和要求，实行自审、会审（交底）和签证制度，发现施工图有疑问、差错时，应及时提出意见和建议；如需变更设计，应按照相应程序报审经相关单位签证认定后实施。编制施工组织设计并进行技术交底，对关键的分项、分部工程应分别编制专项施工方案。使参与施工的人员对施工任务、工期、质量要求等都有一个明确的认识，并明确自己的任务。

三、桩橛交接

工程开工前，建设单位应组织设计单位与施工单位进行现场交接桩工作。交接时，由设计单位备齐有关图表，并按图表逐个桩橛进行交点。交接桩完毕后，施工单位应立即组织人员进行复测，并根据实际情况设置护桩，原测桩有遗失或变位时，应及时补钉桩校正，并应经相应的技术质量管理部门和人员认定。

四、设置临时水准点

工程开工前，施工单位应根据施工图纸和建设单位指定的水准点设置临时水准点，临时水准点应设置在不受施工影响的固定构筑物上，间距不大于200m，并应妥善保护，详细记录在测量手册上。

五、工程复测

排水管道施工测量的主要工作是进行中心线测量和高程测量。中心线测量应以建设单位提供的中心控制桩或道路中心线为依据；高程测量应以施工单位自己设置的临时水准点为依据。因此，施工前应对各种桩点进行复测。

复测时，允许偏差为：

（1）高程闭合差在平地为$\pm 20\sqrt{L}$（mm）（L为水准测量闭合线路的长度，km）；在山地为$\pm 6\sqrt{n}$（mm）（n为水准测量的测站数）。

（2）导线测量的方位角闭合差为$\pm 40\sqrt{n}$（n为导线测量的测站数）。

（3）导线测量的相对闭合差为$\frac{1}{3000}$（对于开槽施工管道1/1000）。

(4) 直线丈量测距两次校差为 $\frac{1}{5000}$。

六、管材的质量检查

施工前，必须对管材进行质量检验，保证其质量符合设计要求，确保不合格或已经损坏的管道不予使用。

在排水管道工程施工中，管道的质量直接影响到工程的质量。因此，必须做好管道的质量检查工作，检查的内容主要有：

（1）管道必须有出厂质量合格证，**管道工程所用的原材料、半成品、成品等产品的品种、规格、性能必须符合国家有关标准的规定和设计要求；**

（2）应按设计要求认真核对管道的规格、型号、材质等；

（3）应进行外观质量检查。管道内外表面应平整、光洁，不得有裂纹、凹凸不平、露筋、残缺、蜂窝、空鼓、剥落、浮渣、露石碰伤等缺陷。承插口部分不得有粘砂及凸起，其他部分不得有大于2mm厚的粘砂和5mm高的凸起。承插口配合的环向间隙，应满足接口嵌缝的需要。

（4）**工程所用的管材、管道附件、构（配）件和主要原材料等产品进入施工现场时必须进行验收并妥善保管。**进场验收时应检查每批产品的订购合同、质量合格证书、性能检验报告、使用说明书、进口产品的商检报告及证件等，并按国家有关标准规定进行复验，验收合格后方可使用。

第二节 排水管道开槽施工

开槽施工程序

测量放线—降排水（如地下水位较高，渗透系数较大）→沟槽开挖（排水）→沟槽支撑→验槽→做垫层→做管基→下管→管道安装（稳管）→接口→做管座→无压力管道严密性试验（闭水试验）→沟槽回填。

一、测量放线（略）
二、排水

（一）明沟排水

市政排水管道开槽施工时，经常遇到地下水，使施工条件恶化，影响沟槽内的施工。因此，在管道开槽施工时必须做好施工排水工作，将地下水位降到槽底以下一定深度，以改善槽底的施工条件，稳定边坡和槽底，为施工创造有利条件。

沟槽开挖时，排除渗入沟槽内的地下水和流入沟槽内的地表水、雨水，一般采用明沟排水的方法。

明沟排水是将从槽壁、槽底渗入沟槽内的地下水以及流入沟槽内的地表水和雨水，经沟槽内的排水沟汇集到集水井内，然后用水泵抽走的排水方法，如图9-1所示。

明沟排水通常是当沟槽开挖到接近地下水位时，修建集水井并安装排水泵，然后继续开挖沟槽至地下水位后，先在沟槽中心线处开挖排水沟，使地下水不断渗入排水沟后，再开挖排水沟两侧的土。如此一层一层地反复下挖，地下水便不断地由排水沟流至集水井，当挖深接近槽底设计标高时，将排水沟移至槽底两侧或一侧，如图9-2所示。

明沟排水是一种常用的降水方法，适用于槽内少量的地下水、地表水和雨水的排除。在软土、淤泥层或土层中含有砂土的地段以及地下水量较大的地段均不宜采用。

（二）人工降低地下水位

人工降低地下水位是在含水层中布设井点进行抽水，地下水位下降后形成降落漏斗。如果槽

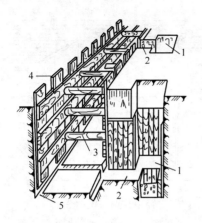

图 9-1 明沟排水系统
1—集水井；2—进水口；3—撑杠；
4—竖撑板；5—排水沟

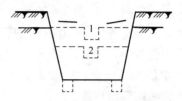

图 9-2 排水沟开挖示意图
1，2—排水沟开挖顺序

底标高位于降落漏斗以上，就基本消除了地下水对施工的影响。地下水位是在沟槽开挖前人为预先降落的，并维持到沟槽土方回填，因此这种方法称为人工降低地下水位，如图9-3 所示。

人工降低地下水位一般有轻型井点、喷射井点、电渗井点、管井井点、深井井点等方法。

1. 轻型井点

轻型井点是目前广泛应用的降水系统，并有成套设备可选用，根据地下水位降深的不同，可分为单层轻型井点和多层轻型井点两种。在市政排水管道的施工降水时，一般采用单层轻型井点系统，有时可采用双层轻型井点系统，三层及三层以上的轻型井点系统则很少采用。

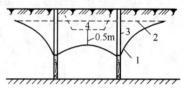

图 9-3 人工降低地下水位示意图
1—抽水时水位；2—原地下水位；
3—井点管；4—沟槽

轻型井点系统适用于渗透系数为 0.1～50m/d，降深小于 6m 的砂土等土层。

（1）轻型井点系统组成

轻型井点系统由井点管、弯联管、总管和抽水设备四部分组成。

1）井点管

井点管包括滤水管和直管，如图 9-4 所示。

①滤水管。滤水管也称过滤管，是轻型井点的重要组成部分。一般采用直径 38～55mm，长 1～2m 的镀锌钢管制成，管壁上呈梅花状开设直径为 5.0mm 的孔眼，孔眼间距为 30～40mm，常用定型产品有 1.0m、1.2m、2.0m 三种规格。滤水管埋设在含水层中，地下水经孔眼涌入管内。

滤水管外壁应包扎滤水网，以防止土颗粒进入滤水管内。滤水网的材料和网眼规格应根据含水层中土颗粒粒径和地下水水质而定。一般可用黄铜丝网、钢丝网、尼龙丝网、玻璃丝网等。滤水网一般包扎两层，内层滤网网眼为 30～50 个/cm²，外层滤网网眼为 3～10 个/cm²。为使水流通畅避免滤孔堵塞，在滤水管与滤网之间用 10 号钢丝绕成螺旋形将其隔开，滤网外面再围一层 6 号钢丝。也可用棕皮代替滤水网包裹滤水管，

以降低造价。

滤水管下端应用管堵封闭，也可安装沉砂管，使地下水中夹带的砂粒沉积在沉砂管内。滤水管的构造，如图9-5所示。

为了防止土颗粒涌入井内，提高滤水管的进水面积和土的竖向渗透性，可在滤水管周围建立直径为400~500mm的过滤层（也称为过滤砂圈），如图9-6所示。

②直管。直管一般也采用镀锌钢管制成，管壁上不设孔眼，直径与滤水管相同，其长度视含水层深度而定，一般为5~7m，直管与滤水管间用管箍连接。

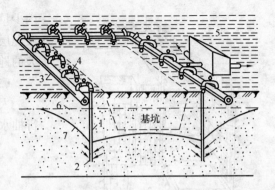

图9-4 轻型井点系统组成
1—直管；2—滤水管；3—总管；4—弯联管；5—抽水设备；6—原地下水位线；7—降低后地下水位线

2）弯联管

弯联管用于连接井点管和总管，一般采用长度为1.0m，内径38~55mm的加固橡胶管，内有钢丝，以防止井点管与总管不均匀沉陷时被拉断。弯联管安装和拆卸方便，允许偏差较大，套接长度应大于100mm，套接后应用夹子箍紧。有时也可用透明的聚乙烯塑料管，以便观察井点管的工作情况。金属管件也可作为弯联管，虽然气密性较好，但安装不方便，施工中使用较少。

3）总管

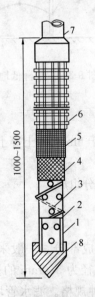

图9-5 滤水管构造
1—钢管；2—孔眼；3—缠绕的塑料管；
4—细滤网；5—粗滤网；6—粗钢丝保护网；7—直管；8—铸铁堵头

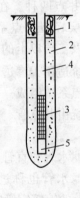

图9-6 井点的过滤砂层
1—黏土；2—填料；3—滤水管；
4—直管；5—沉砂管

总管一般采用直径为100~150mm的钢管，每节长为4~6m，总管之间用法兰盘连接。在总管的管壁上开设三通以连接弯联管，三通的间距应与井点布置间距相同。

但由于不同的土质,不同的降水要求,所计算的井点间距与三通的间距可能不同。因此,应根据实际情况确定三通间距。总管上三通间距通常按井点间距的模数确定,一般为 1.0~1.5m。

4) 抽水设备

轻型井点通常采用射流式抽水设备,也可采用自引式抽水设备。

射流式抽水设备包括射流器和离心水泵,其设备组成简单,使用方便,工作安全可靠,便于设备的保养和维修。

射流式抽水设备的工作原理为:如图 9-7 所示,运行前将水箱加满水,离心水泵 2 从水箱抽水,水经水泵加压后,高压水在射流器 3 的喷口出流形成射流,产生真空,使地下水经井点管、弯联管和总管进入射流器,经过能量变换,将地下水提升到水箱内,一部分水经过水泵加压,使射流器工作,另一部分水经出水口排出。

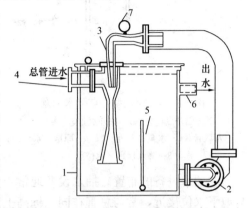

图 9-7 射流泵系统
1—水箱;2—离心水泵;3—射流器;4—总管;
5—隔板;6—出水口;7—压力表

自引式抽水设备是用离心水泵直接自总管抽水,地下水位降落深度仅为 2~4m,适用于降水深度较小的情况。

为了提高水位降落深度,保证抽水设备的正常工作,无论采用哪种抽水设备,除保证整个系统连接的严密性外,还要在井点管外地面下 1.0m 深度处填黏土密封,避免井点与大气相通,破坏系统的真空。

常用抽水设备为离心泵,应根据流量和扬程确定其型号。

(2) 轻型井点系统布置

沟槽降水时,井点系统一般为线状布置,通常应根据沟槽宽度、涌水量、施工方法、设备能力、降水深度等实际情况确定。一般当槽宽小于 2.5m,水量不大且要求降深不大于 4.5m 时,布置单排井点,井点宜布置在地下水来水方向的一侧,如图 9-8 所示;当沟槽宽度大于 2.5m,且水量较大时,采用双排井点,如图 9-9 所示;当降水深度在 6~8m,时布置双层井点,如图 9-10 所示。

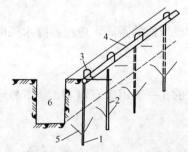

图 9-8 单排井点系统
1—滤水管;2—直管;3—弯联管;
4—总管;5—降水曲线;6—沟槽

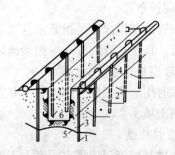

图 9-9 双排井点系统
1—滤水管;2—直管;3—弯联管;
4—总管;5—降水曲线;6—沟槽

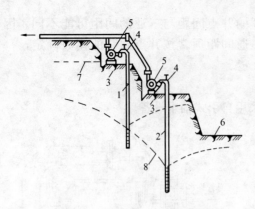

图 9-10 双层轻型井点降水示意
1—第一层井点；2—第二层井点；3—集水总管；
4—弯联管；5—水泵；6—沟槽；7—原地下水位线；
8—降水后地下水位线

1) 平面布置

①井点的布置。井点应布置在沟槽上口边缘外 1.0~1.5m，布置过近，影响施工，而且可能使空气从槽壁进入井点系统，破坏抽水系统的真空，影响正常运行。井点布置时，应超出沟槽端部 10~15m，以保证降水的可靠性。

②总管布置。为了增加井点系统的降水深度，总管的设置高程应尽可能接近原地下水位，并应有 1‰~2‰ 的上倾坡度，最高点设在抽水机组的进水口处，标高与水泵标高相同。当采用多个抽水设备时，应在每个抽水设备所负担的总管长度分界处设阀门或断开，将总管分段，以便分组抽吸。

③抽水设备的布置。抽水设备通常布置在总管的一端或中部，水泵进水管的轴线尽量与地下水位接近，常与总管在同一标高上，使水泵轴心与总管齐平。

④观察井的布置。为了观测水位降落情况，应在降水范围内设置一定数量的观察井，观察井的位置及数量视现场的实际情况而定，一般设在总管末端、局部挖深等控制点处。观察井与井点管完全一致，只是不与总管连接。

⑤双层轻型井点的布置。双层轻型井点系统是由两个单层轻型井点系统组合而成的，下层井点系统应埋设在上层井点系统抽水稳定后的稳定水位以上，而且下层井点系统应在上层井点系统已把水位降落，土方挖掘后才能埋设。埋设时的平台宽度一般为 1.0~1.5m。

(3) 轮型井点系统施工、运行和拆除

1) 轮型井点系统施工

轻型井点系统的施工顺序是测量定位、埋设井点管、敷设集水总管、用弯联管将井点管与集水总管相连、安装抽水设备、试抽后正式运行。

2) 轮型井点系统运行

井点系统运行过程中，应经常检查各井点出水是否澄清，滤网是否堵塞造成死井现象，并随时作好降水记录。井点系统从开始抽水要连续不断地运行，直至管道工程验收合格，土方回填至原来的地下水位以上不小于 50cm 时方可停止运行。

3) 高程布置

井点管的埋设深度是指滤水管底部到井点埋设地面的距离，应根据降水深度、含水层所在位置、集水总管的标高等因素确定。

4) 轻型井点系统的拆除

拆除时用起重机拔出井点管。井点管拔除后的孔一般用砂石填实，地下静水位以上部分可用黏土填实。

2. 喷射井点

当沟槽开挖较深，降水深度大于 6.0m 时，单层轻型井点系统不能满足要求，此时可采用多层轻型井点系统，但多层轻型井点系统存在着设备多、施工复杂、工期长等缺点，此时宜采用喷射井点降水。喷射井点降水深度可达 8~12m，在渗透系数为 3~20m/d 的砂土中最为有效；在渗透系数为 0.1～3.0m/d 的砂质粉土或黏土中效果也较显著。

根据工作介质的不同，喷射井点可分为喷气井点和喷水井点两种，目前多采用喷水井点。

喷射井点主要由井点管、高压水泵（或空气压缩机）和管路系统组成，如图 9-11 所示。

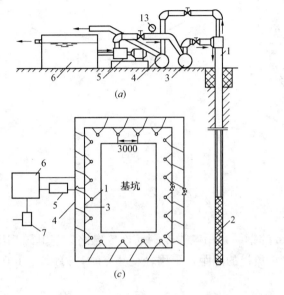
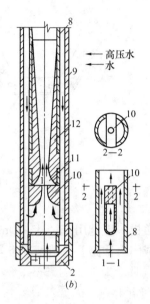

图 9-11 喷射井点
(a) 喷射井点设备简图；(b) 喷射扬水器详图；(c) 喷射井点平面布置
1—喷射井管；2—滤管；3—进水总管；4—排水总管；5—高压水泵；6—集水池；
7—水泵；8—内管；9—外管；10—喷嘴；11—混合室；12—扩散室；13—压力表

喷射井管由内管和外管组成，内管下端装有喷射器，并与滤管相连。喷射器由喷嘴、混合室、扩散室等组成。如图 9-11（b）所示，喷水井点工作时，高压水经过内外管之间的环形空隙进入喷射器，由于喷嘴处截面突然缩小，高压水高速进入混合室，使混合室内压力降低，形成一定的真空，这时地下水被吸入混合室与高压水汇合，经扩散室由内管排出，流入集水池中，用水泵抽走一部分水，另一部分由高压水泵压入井管内循环使用。如此不断地供给高压水，地下水便不断地被抽出。

喷射井点的平面布置、高程布置、涌水量计算、确定井点管数量与间距、抽水设备选型等均与轻型井点相同。

3. 电渗井点

在饱和黏土或含有大量黏土颗粒的砂性土中，土分子引力很大，渗透性较差，采用轻型井点或喷射井点降水，效果很差。此时，宜采用电渗井点降水。

电渗井点适用在渗透系数小于 0.1m/d 的黏土、粉质黏土等土质中降低地下水位，一般与轻型井点或喷射井点配合使用。降深也因选用的井点类型不同而异。使用轻型井点与之配套时，降深小于 8m；用喷射井点时，降深大于 8m。

电渗井点的工作原理缘于胶体化学的双电层理论。在含水的细土颗粒中，插入正负电极并通以直流电后,土颗粒即自负极向正极移动,水自正极向负极移动,这样把井点沿沟槽外围埋入含水层中,并作为负极,导致弱渗水层中的黏滞水移向井点中,然后用抽水设备将水排除,以使地下水位下降。电渗井点布置,如图9-12所示。

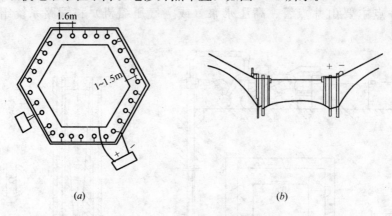

图 9-12 电渗井点布置示意
(a) 平面布置;(b) 高程布置

正负极一般选用直径 6～10mm 的钢筋,用电线或钢筋连成电路,与电源相应电极相接,形成闭合回路。一般情况下,正负极的间距,采用轻型井点时,为 0.8～1.0m;采用喷射井点时,为 1.2～1.5m。

4. 管井井点

管井井点适用于在砂土、砾石等渗透系数大于 200m/d,地下水含量丰富的土层中降低地下水位。

管井井点系统由井管、滤水管和抽水设备组成,如图 9-13 所示。

井管一般采用钢管、混凝土管或塑料管,其内径应比水泵的外径大 50mm。滤水管长度为 1～2m,管壁孔隙率为 35% 左右,用 12 号镀锌钢丝缠绕,丝距为 1.5～2.5mm,缠丝前应垫筋使钢丝与井管壁间有 3mm 以上的缝隙以利通水。滤管的下部装沉砂管。抽水设备多采用深井泵或深井潜水泵。

管井井点排水量大,降水深,可以沿沟槽的一侧或两侧作直线布置。井中心距沟槽边缘的距离为:采用冲击式钻孔用泥浆护壁时为 0.5～1.0m;采用套管法时不小于 3m。管井埋设的深度与间距,根据降水面积、深度及含水层的渗透系数而定,最大埋深可达 10 余米,间距为 10～50m。

井管的埋设可采用冲击钻进或螺旋钻进,泥浆或套管护壁。钻孔直径应比井管管径大 200mm 以上。井管下沉前应进行清洗。并保持滤网的畅通,井管垂直居中放于孔中心,并用圆木堵塞临时封堵管口。孔壁与井管间用 3～15mm 砾石填充作过滤层,滤料填入高度应高出含水层 0.5～0.7m。地面下 0.5m 以内用黏土填充夯实,高度不小于 2m。洗井完毕后即可进行试抽和运行。

管井井点抽水过程中应经常对抽水设备的电机、传动轴、电流、电压等做检查,对管井内水位下降和流量进行观测和记录。

管井使用完毕,采用人工拔杆,用钢丝绳捯链将管口套紧慢慢拔出,洗净后供再次使用，所留孔洞用砂土回填夯实。

5. 深井井点

当土的渗透系数大于 20~200m/d，地下水比较丰富，要求地下水位降深较大时，宜采用深井井点。

深井井点构造，如图 9-14 所示。

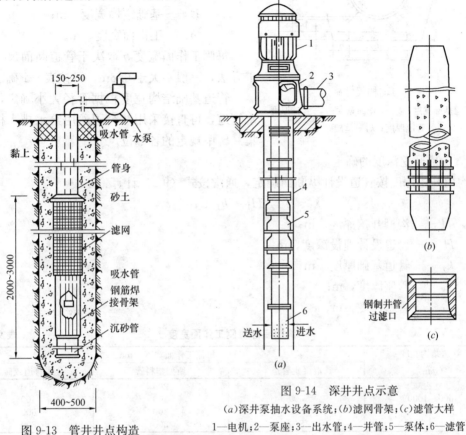

图 9-13 管井井点构造

图 9-14 深井井点示意
(a)深井泵抽水设备系统；(b)滤网骨架；(c)滤管大样
1—电机；2—泵座；3—出水管；4—井管；5—泵体；6—滤管

深井井点系统的主要设备、布置、施工方法均与管井井点相同，只是比管井井点深，在此不作重述。

三、沟槽开挖

沟槽降水进行一段时间，水位降落达到一定深度，为沟槽开挖创造了一定的便利条件后，即可进行沟槽的开挖工作。

（一）沟槽断面形式

常用的沟槽断面形式有直槽、梯形槽、混合槽和联合槽四种，如图 9-15 所示。

选择沟槽断面形式，应综合考虑土的种类、地下水情况、管道断面尺寸、管道埋深、施工方法和施工现场环境等因素，结合具体条件确定。

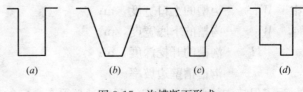

图 9-15 沟槽断面形式
(a) 直槽；(b) 梯形槽；(c) 混合槽；(d) 联合槽

（二）沟槽断面尺寸的确定

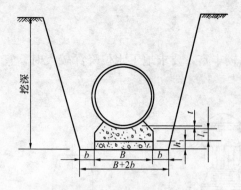

图 9-16　沟槽尺寸确定
B—管道基础宽度；b—工作面宽度；t—管壁厚度；
l_1—管座厚度；h_1—基础厚度

如图 9-16 所示，以梯形槽为例，沟槽断面各部位的尺寸按如下方法确定。

1. 沟槽的下底宽度

$$W_下 = B + 2b \quad (9\text{-}1)$$

式中　$W_下$——沟槽下底宽度，m；
　　　B——基础结构宽度，m；
　　　b——工作面宽度，m。

每侧工作面宽度 b 取决于管道断面尺寸和施工方法，一般不大于 0.8m，可按表 9-1 确定。

管道基础结构宽度根据管径大小确定，对排水管道，可直接采用《全国通用给水排水标准图集》S_2 中规定的各部位尺寸。

2. 沟槽开挖深度的确定

沟槽开挖深度按管道设计纵断面确定，通常按式（9-2）计算：

$$H = H_1 + h_1 + l_1 + t \quad (9\text{-}2)$$

式中　H——沟槽开挖深度，m；
　　　H_1——管道设计埋设深度，m；
　　　h_1——管道基础厚度，m；
　　　l_1——管座厚度，m；
　　　t——管壁厚度，m。

沟槽底部每侧工作面宽度　　　　表 9-1

管道结构宽度 (mm)	每侧工作面宽度（mm）		
	混凝土管道	新型塑料管	金属管道或砖沟
200～500	400	200	300
600～1000	500	300	400
1100～1500	600	300	600
1600～2500	800	300	800

注：1. 管道结构宽度，无管座时，按管道外皮计；有管座时，按管座外皮计；砖砌或混凝土管沟按管沟外皮计；
　　2. 沟底需设排水沟时，工作面应当增加；
　　3. 有外防水的砖沟或混凝土沟，每侧工作面宽度宜取 800mm。

施工时，如沟槽地基承载力较低，需要加设基础垫层时，沟槽的开挖深度尚需考虑垫层的厚度。

3. 沟槽上口宽度的确定

沟槽上口宽度按式（9-3）计算：

$$W_上 = W_下 + 2nH \quad (9\text{-}3)$$

式中　$W_上$——沟槽的上口宽度，m；
　　　$W_下$——沟槽的下底宽度，m；
　　　H——沟槽的开挖深度，m；
　　　n——沟槽槽壁边坡率。

为了保持沟槽侧壁的稳定，开挖时必须有一定的边坡。在天然土层中开挖沟槽，如果槽底标高高于地下水位，可以考虑开挖直槽。不需加设支撑的直槽边坡一般采用 1∶0.05。

当采用梯形槽时，其边坡的选定，应按土的类别并符合表 9-2 的规定。

梯形槽的边坡　　　　　　　　　表 9-2

土的类别	人工开挖	机械开挖	
		在槽底开挖	在槽边上开挖
一、二类土	1：0.5	1：0.33	1：0.75
三类土	1：0.33	1：0.25	1：0.67
四类土	1：0.25	1：0.10	1：0.33

（三）沟槽土方量计算

沟槽土方量通常根据沟槽的断面形式，采用平均断面法进行计算。由于管径的变化和地势高低的起伏，要精确地计算土方量，需沿长度方向分段计算。一般排水管道以敷设坡度相同的管段作为一个计算段计算土方量，将各计算段的土方量相加，即得总土方量。每一计算段的土方量按下式计算：

$$V_i = \frac{1}{2}(F_1 + F_2)L_i \tag{9-4}$$

式中　　V_i——各计算段的土方量，m³；

　　　　L_i——各计算段的沟槽长度，m；

　　F_1、F_2——各计算段两端断面面积，m²。

（四）沟槽土方开挖与运输

1. 沟槽放线

沟槽开挖前，应测设管道中心线、沟槽边线及附属构筑物位置。沟槽边线测设好后，用白灰放线，作为开槽的依据。根据测设的中心线，在沟槽两端埋设固定的中线桩，作为控制管道平面位置的依据。

2. 土方开挖的一般原则

沟槽开挖时应遵循下列原则：

1) 开挖前应认真解读施工图，合理确定沟槽断面形式，了解土质、地下水位等施工现场环境，结合现场的水文、地质条件，合理确定开挖顺序和方法，并制定必要的安全措施还应进行书面技术交底，技术交底的交接双方均要签字。技术交底内容包括底宽、沟底高程边坡坡度、支撑形式与安全注意事项等。

2) 为保证沟槽槽壁稳定和便于排管，挖出的土应堆置在沟槽一侧，堆土坡脚距沟槽上口边缘的距离应不小于 1.0m，堆土高度不应超过 1.5m；

3) 土方开挖不得超挖，以减小对地基土的扰动。采用机械挖土时，可在槽底设计标高以上预留 200mm 土层不挖，待人工清理。即使采用人工挖土也不得超挖。如果挖好后不能及时进行下一工序时，可在槽底标高以上留 150mm 的土层不挖，待下一工序开始前再挖除；

4) 采用机械开挖沟槽时，应由专人负责掌握挖槽断面尺寸和标高。机械离沟槽上口边缘应有一定的安全距离；挖土机械应距高压线有一定的安全距离，距电缆 1.0m 处，严禁机械开挖。

5) 软土、膨胀土地区开挖土方或进入季节性施工时，应遵照有关规定。

3. 开挖方法

土方开挖分为人工开挖和机械开挖两种方法。为了加快施工速度，提高劳动生产率，凡是具备机械开挖条件的现场，均应采用机械开挖。

沟槽机械开挖常用的施工机械有单斗挖土机和液压挖掘装载机。

(1) 单斗挖土机

单斗挖土机在沟槽开挖施工中应用广泛。其机械装置包括工作装置、传动装置、动力装置、行走装置。工作装置分为正向铲、反向铲、拉铲和抓铲（合瓣铲），如图 9-17 所示。传动装置分为液压传动和机械传动。液压传动装置操作灵活，且能够比较准确地控制挖土深度，目前，多采用液压式挖土机。动力装置大多为内燃机。行走装置有履带式和轮胎式两种。

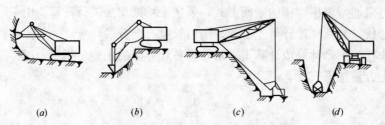

图 9-17 单斗挖土机
(a) 正向铲；(b) 反向铲；(c) 拉铲；(d) 抓铲

1) 正向铲挖土机适用于开挖停机面以上的一至三类土，机械功率较大，挖土斗容量大，一般与自卸汽车配合完成整个挖运任务。可用于开挖深度大于 2.0m 的大型基坑及土丘。其特点是：开挖时土斗前进向上，强制切土，挖掘力大，生产率高。

正向铲的挖土和卸土方式，应根据挖土机的开挖路线与运输工具的相对位置确定，一般有正向挖土、侧向卸土和正向挖土、后方卸土两种方式，如图 9-18 所示。其中侧向卸土，动臂回转角度小，运输工具行驶方便，生产率高，应用较广。当沟槽和基坑的宽度较小，而深度又较大时，才采用后方卸土方式。

在沟槽的开挖施工中，如采用正向铲挖土机，施工前需开挖进出口坡道，使挖土机位

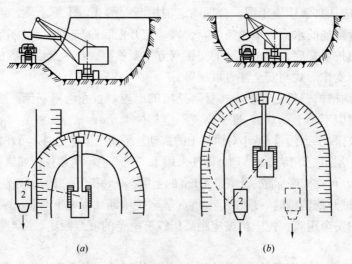

图 9-18 正向铲挖土机开挖方式
(a) 侧向卸土；(b) 后方卸土
1—正向铲挖土机；2—自卸汽车

于地面以下，否则无法施工。

2）反向铲挖土机适用于开挖停机面以下的土方，施工时不需设置进出口坡道，其机身和装土都在地面上操作，受地下水的影响较小，广泛应用于沟槽的开挖，尤其适用于开挖地下水位较高或泥泞的土方，其外形如图 9-19 所示。

反向铲挖土机的开挖方式有沟端开挖和沟侧开挖两种，如图 9-20 所示。后者挖土的宽度与深度小于前者，但弃土距沟边较远。

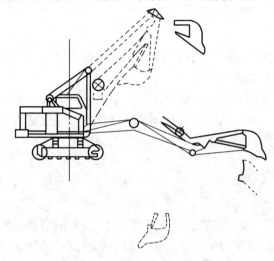

图 9-19 反向铲挖土机的外形示意

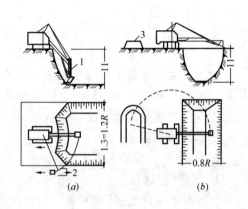

图 9-20 反向铲挖土机开挖方式
(a) 沟端开挖；(b) 沟侧开挖
1—反向铲挖土机；2—自卸汽车；3—弃土堆

沟端开挖是指挖土机停在沟槽一端，向后倒退挖土，汽车可在两侧装土，此法应用较广。

沟侧开挖是指挖土机沿沟槽一侧直线移动挖土。此法能将土弃于距沟槽边较远处，可供回填使用。但由于挖土机移动方向与挖土方向相垂直，所以稳定性较差，开挖深度和宽度较小，也不能很好地控制边坡。

拉铲挖土机和抓铲挖土机在市政管道工程施工中使用较少，本教材不作介绍。

（2）液压挖掘装载机

液压挖掘装载机装有不同功能的工作装置，能完成挖掘、装载、推土、起重、回填等工作，如图 9-21 所示，适合于中小型沟槽的开挖。

4. 开挖质量要求

1）严禁扰动槽底土层，如发生超挖，严禁用土回填；

2）槽壁平整，边坡符合设计要求；

3）槽底不得受水浸泡或受冻；

4）施工偏差应符合施工验收规范要求。

5. 开挖安全施工技术

1）土方开挖时，人工操作间距不应小于 2.5m，机械操作间距不应小于 10m；

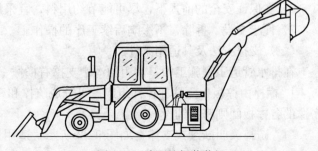

图 9-21 液压挖掘装载机

2) 挖土应由上而下逐层进行，禁止逆坡挖土或掏洞；

3) 应严格按要求放坡；

4) 沟槽开挖深度超过 3m 时，应使用吊装设备吊土，坑内人员应离开起吊点的垂直正下方，并戴安全帽，工人上下应借助靠梯；

5) 堆土距沟槽边缘不小于 0.8m，且高度不应超过 1.5m。

6) 应设置路挡、便桥或其他明显标志，夜间应有照明设施；

7) 必要时应加设支撑。

6. 土方运输

土方运输按作业范围可分为场内运输与场外运输。场内运输一般指边挖边运或挖填平衡调配。场外运输一般指多余土运往场外指定的地点。

余土外运应尽量采用汽车运输与机械挖土配合施工，以减少二次装载搬运。搞好土方平衡调配，尽量减少土方外运，以降低施工费用。为了保证挖掘机连续作业，应根据运距最短、施工现场及交通情况，配合足够数量的自卸汽车。

四、沟槽支撑

（一）支撑的目的和要求

1. 支撑的目的

支撑是由木材或钢材做成的一种防止沟槽土壁坍塌的临时性挡土结构。支撑的荷载是原土和地面上的荷载所产生的侧土压力。支撑加设与否应根据土质、地下水情况、槽深、槽宽、开挖方法、排水方法、地面荷载等因素确定。一般情况下，当沟槽土质较差、深度较大而又挖成直槽时，或高地下水位砂性土质并采用明沟排水措施时，均应支设支撑。当沟槽土质均匀并且地下水位低于管底设计标高时，直槽不加支撑的深度不宜超过表 9-3 的规定。

不加支撑的直槽最大深度　　　　表 9-3

土 质 类 型	直槽最大深度（m）
密实、中密的砂土和碎石类土	1.0
硬塑、可塑的黏质粉土及粉质黏土	1.25
硬塑、可塑的黏土和碎石土	1.5
坚硬的黏土	2.0

支设支撑可以减少土方开挖量和施工占地面积，减少拆迁。但支撑增加材料消耗，有时会影响后续工序的操作。

2. 支撑结构应满足下列要求：

1) 牢固可靠，材料质地和尺寸合格，保证施工安全；

2) 在保证安全的前提下，尽可能节约用料，宜采用工具式钢支撑；

3) 便于支设、拆除，不影响后续工序的操作。

（二）支撑方法及其适用条件

在排水管道工程施工中，常用的沟槽支撑有横撑、竖撑和板桩撑三种形式。

1. 横撑由撑板、立柱和撑杠组成。可分成疏撑和密撑两种。疏撑的撑板之间有间距，密撑的各撑板间则密接铺设。

（1）疏撑又叫断续式支撑，如图 9-22 所示，适用于土质较好、地下水含量较小的黏性土且挖土深度小于 3m 的沟槽。

(2) 密撑又叫连续式支撑，如图 9-23 所示，适用于土质较差且挖深在 3~5m 的沟槽。

(3) 井字撑是疏撑的特例，如图 9-24 所示。一般用于沟槽的局部加固，如地面上建筑物距沟槽较近处。

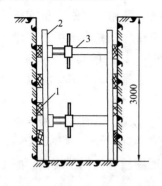

图 9-22 疏撑
1—撑板；2—立柱；3—工具式撑杠

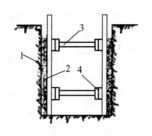

图 9-23 密撑
1—撑板；2—立柱；
3—木撑杠；4—扒钉

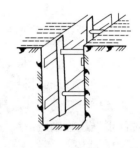

图 9-24 井字撑

2. 竖撑由撑板、横梁和撑杠组成，如图 9-25 所示。用于沟槽土质较差，地下水较多或有流砂的情况。竖撑的特点是撑板可先于沟槽挖土而插入土中，回填以后再拔出。因此，竖撑便于支设和拆除，操作安全，挖土深度可以不受限制。

3. 板桩撑一般有钢板桩和木板桩两种，是在沟槽土方开挖前就将板桩打入槽底以下一定深度。其优点是土方开挖及后续工序不受影响，施工条件良好。适用于沟槽挖深较大，地下水丰富、有流砂现象或砂性饱和土层以及采用一般支撑不能奏效的情况。

(1) 目前常用的钢板桩有槽钢、工字钢或特制的钢板桩，其断面形式如图 9-26 所示。钢板桩的桩板间一般采用啮口连接，以提高板桩撑的整体性和水密性。钢板桩适用于砂土、黏性土、碎石类土层，开挖深度可达 10m 以上。钢板桩可不设横梁和撑杠，但如入土深度不足，仍需要辅以横梁和撑杠。

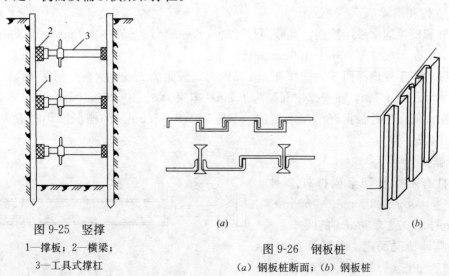

图 9-25 竖撑
1—撑板；2—横梁；
3—工具式撑杠

图 9-26 钢板桩
(a) 钢板桩断面；(b) 钢板桩

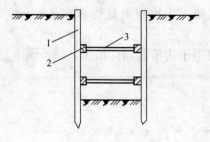

图 9-27 木板桩
1—木板桩；2—横梁；3—木撑杠

(2) 木板桩如图 9-27 所示，所用木板厚度应符合强度要求，允许偏差为 20mm。为了保证木板桩的整体性和水密性，木板桩两侧由榫口连接。板厚小于 8cm 时，常采用人字形榫口，厚度大于 80mm 的板桩，常采用凹凸企口形榫口，凹凸榫相互吻合。桩底部为双斜面形桩脚，一般应增加铁皮桩靴。木板桩适用于不含卵石的土层，且深度在 4m 以内的沟槽或基坑。

木板桩虽然打入土中一定深度，尚需要辅以横梁和撑杠。

在各种支撑中，板桩撑是安全度最高的支撑。因此，在弱饱合土层中，经常选用板桩撑。

（三）支撑的材料

支撑材料的尺寸应满足强度和稳定性的要求。一般取决于现场已有材料的规格，施工时常根据经验确定。

1. 撑板

撑板有金属撑板和木撑板两种。

金属撑板由钢板焊接于槽钢上拼成，槽钢间用型钢连系加固，每块撑板长度有 2m、4m、6m 等种类，如图 9-28 所示。

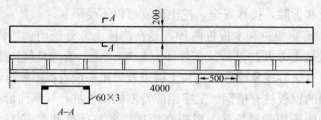

图 9-28 金属撑板

木撑板不应有裂纹等缺陷，一般长 2～6m，宽度 200～300mm，厚 50mm。

2. 立柱和横梁

立柱和横梁通常采用槽钢，其截面尺寸为 100mm×150mm～200mm×200mm。如采用方木，其断面尺寸不宜小于 150mm×150mm。

立柱的间距视槽深而定。槽深在 4m 以内时，间距为 1.5m 左右；槽深为 4～6m 时，在疏撑中间距为 1.2m，在密撑中间距为 1.5m；槽深为 6～10m 时，间距为 1.2～1.5m。

横梁的间距也是根据开槽深度而定，一般为 1.2～1.5m。沟槽深度小时取大值；反之，取小值。

3. 撑杠

撑杠有木撑杠和金属撑杠 2 种。木撑杠为 100mm×100mm～150mm×150mm 的方木或 φ150mm 的圆木，长度根据具体情况而定。金属撑杠为工具式撑杠，由撑头和圆套管组成，如图 9-29 所示。

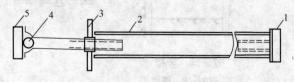

图 9-29 工具式撑杠
1—撑头板；2—圆套管；3—带柄螺母；
4—球铰；5—撑头板

撑头为一丝杠,以球铰连接于撑头板上,带柄螺母套于丝杠上。使用时,将撑头丝杠插入圆套管内,旋转带柄螺母,柄把止于套管端,丝杠伸长,则撑头板就紧压立柱或横梁,使撑板固定。丝杠在套管内的最短长度应为200mm,以保证安全。这种工具式撑杠的优点是支设方便,而且可更换圆套管长度,适用于各种不同的槽宽。撑杠间距一般为1.0~1.2m。

(四) 支撑的支设与倒撑

1. 沟槽支撑与反水

当沟槽开挖到一定深度后,就要整平槽壁进行支撑,在软土或其他不稳定土层中用横排支撑时,开始支撑的沟槽开挖深度不得超过1.0m。支撑前先检测沟槽开挖断面是否符合设计要求。支撑时先将撑板均匀紧贴于槽壁,再将纵梁或横梁紧贴撑板,然后将横撑支设在纵梁或横梁上。安装时撑板应紧靠贴实,横梁应水平,纵梁应垂直,横撑应水平,并与横梁或纵梁垂直。连接固定可应用扒钉、木楔、木托等,使相互间连接牢固可靠。撑板支撑应随挖土及时安装,开挖与支撑交替进行,每次交替深度宜为0.4~0.8m。

(1) 撑板支撑的横梁、纵梁和横撑的布置应符合下列规定:

横撑必须支承横梁或纵梁;每根横梁或纵梁不得少于2根横撑;横撑的水平间距一般宜为1.5~2.0m。当管节长度大于横撑的水平间距影响下管时,应有相应的替撑措施或采用其他有效的支撑结构。

横撑的垂直间距一般不宜大于1.5m。槽底横撑的垂直间距不宜超过2.5m。横撑长度稍差时,可在两端或一端用木楔打紧或钉木垫板。立板密撑当横撑长度超过4m时,应考虑加斜撑。

(2) 撑板的安装应符合下列规定:

撑板应与沟槽槽壁紧贴。当有空隙时,宜用土填实;撑板垂直方向的下端应达到沟槽槽底;横排撑板应水平,立排撑板应垂直,撑板板端应整齐;密撑的撑板接缝应严密。

采用横排撑板支撑时,遇有柔性管道横穿沟槽时,管道下面的撑板上缘应紧贴管道安装,管道上面的撑板下缘距管道顶面不宜小于100mm。

当立排撑板底端高于挖掘槽底时,应边挖边用大锤将撑板一一打下,保证沟槽挖多深,撑板下多深。每挖深0.4~0.8m,将撑板打下一次,撑板打至槽底或排水沟底为止。撑板每打下1.2~1.5m,再加一道横撑。

沟槽随挖随支撑,雨期施工时不得空槽过夜。

(3) 沟槽支撑在下列情况下应加强:

距建筑物、地下管线或其他设施较近;施工便桥的桥台部位;地下水排除不彻底时;雨期施工等情况。

沟槽土方开挖及后续各项施工过程中应经常检查支撑情况。发现横撑有弯曲、松动、劈裂或位移等迹象时,必须及时加固或倒换横撑。雨期及春季解冻时期应加强检查。人员上下沟槽,不得攀登支撑,施工人员应由安全梯上下沟槽。承托翻土板的横撑必须加固。翻土板的铺设应平整,并且与横撑的连结必须牢固。

2. 倒撑

施工过程中,更换纵梁和横撑位置的过程称为倒撑。例如:当原支撑妨碍下一工序进行时;原支撑不稳定时;一次拆撑有危险时或因其他原因必须重新安设支撑时,均应倒撑。倒撑时应先撑后拆。

3. 钢板桩的支设及要求

钢板桩的支设是用打桩机将板桩打入沟槽底以下。

钢板桩支撑可采用槽钢、工字钢或特制的钢桩板；钢板桩支撑按具体条件可设计为悬臂、单锚或多层横撑的形式，并通过计算确定其入土深度和横撑的位置与断面。

钢板桩的平面布置形式，宜根据土质和沟槽深度等情况确定。稳定土层：采用间隔排列。不稳定土层、无地下水时采用密排；有地下水时采用咬口排列。

钢板桩支撑采用槽钢作横梁时，横梁与钢板桩之间的缝隙应用木板垫实，并将钢板桩与横梁和横撑连接牢固。

合理选择打桩方式、打桩机械，保证打入后的板桩有足够的刚度，且板桩面平直，板桩间相互啮合紧密，对封闭式板桩墙要封闭合拢。

沟槽较深的板桩，一般应在基坑或沟槽内设横梁、横撑来加强支撑强度。若沟槽或基坑施工中不允许设横撑时，可在桩板顶端设横梁，用水平锚杆将其固定。

（五）支撑的拆除

沟槽内管道全部工序施工完毕并经严密性试验、隐蔽工程验收合格后，应将支撑拆除。拆除支撑作业的基本要求如下：

（1）拆除支撑前应对沟槽两侧的建筑物、构筑物、沟槽槽壁及两侧地面沉降、裂缝、支撑的位移、松动等情况进行检查。如果需要应在拆除支撑前采取必要的加固措施。

（2）根据工程实际情况制定拆撑具体方法、步骤及安全措施。进行技术交底，确保施工顺利进行。支撑的拆除应与回填土的填筑高度配合进行。

（3）横排撑板支撑拆除应按自下而上的顺序进行。当拆除尚感危险时，应考虑倒撑。用横撑将上半槽加固撑好，然后将下半槽横撑、撑板依次拆除，还土夯实后，用同样方法继续再拆除上部支撑，还土夯实。

（4）立排撑板支撑和板桩拆除时，宜先填土夯实至下层横撑底面，再将下层横撑拆除，而后回填至半槽后再拆除上层横撑和撑板。最后用吊车或捯链、电动葫芦将撑板拔出，拔除撑板所留孔洞及时用砂填实。对控制地面沉降有要求时，宜采取边拔桩边注浆的措施。采用排水沟的沟槽，应从两座相邻排水井的分水岭的两端延伸拆除。

（5）拆除支撑时，应继续排除地下水。

（6）尽量避免或减少材料的损耗。拆下的撑板、横撑、横梁、纵梁、板桩等材料应及时清理、修整并整齐堆放待用。

（六）深基坑工程专项方案

当基坑开挖深度超过5m（含5m）或深度虽未超过5m（含5m）但地质条件和周围环境及地下管线极其复杂的工程。需做专项施工方案，专项方案要有计算书，并需专家组论证，由企业总工审核签字后实施。

五、验槽及槽底处理

1. 验槽

沟槽槽底（即管道地基）其强度稳定性等应满足设计要求。沟槽开挖好后在做管道垫层及基础前应进行验槽。验槽时施工单位、设计单位、建设单位、监理单位均应参加，必要时还要有勘察单位参加。验槽主要是检验槽底工程地质情况，判断地基的承载力、土质的均匀性及稳定性等。一般是通过目测及用竹签扦插凭手感等判断。如凭手感难以确定时，就要由勘察单位进行 N10 轻便触探方法来确定其承载力。除检验地质情况外，还要检查沟槽的平面位置、断面尺寸及槽底高程。验槽合格，应填写书面验槽记录，各参与方均应进行隐蔽工程验收签字。

2. 槽底处理

槽底（即地基）处理，应根据验槽结果，地基的强度不能满足设计要求时，应对地基进行处理使满足设计的要求，也可以用加深沟槽或加宽管道基础的方法来解决问题，主要看哪个方案更能满足成本和进度的要求。

此外，如槽底局部超挖、槽底被水浸泡发生扰动时，也应对地基进行处理。处理方法：如局部超挖深度不超过 150mm 时，可用原土回填夯实到压实度达原地基土的密实度；原地基如含水量过大或沟槽底被水浸泡过，如扰动深度在 100mm 以内，宜填天然级配砂石或砂砾处理；深度在 300mm 以内宜填卵石或块石再用砾石填充空隙并找平；也可以采用换填法或砂桩、搅拌桩等复合地基方式处理。

六、排水管道的铺设

市政排水管道属重力流管道，铺设的方法通常有平基法、垫块法、"四合一"法，应根据管道种类、管径大小、管座形式、管道基础、接口方式等进行选择。

（一）平基法铺设

平基法铺设排水管道，就是先进行地基处理，浇筑混凝土带形基础，待基础混凝土达到一定强度后，再进行下管、稳管、浇筑管座及抹带接口的施工方法。这种方法适用于地质条件不良的地段或雨期施工的场合。

平基法的施工程序为：支平基模板、浇筑平基混凝土、下管、安管（稳管）、支管座模板、浇筑管座混凝土、抹带接口及养护。

1. 软弱地基加固处理基础

地基处理就是对软弱地基进行加固。加固的方法主要有换填法、木桩法、排水固结法和粉喷桩法等。

（1）换填法是将淤泥层挖除后换填干土、塘渣、砂石料等，并夯实到要求的密实度。

（2）短木桩加固法是用长 0.8～1.2m 的木桩，每隔 1.0m 左右，打入 2～3 根木桩将土层挤密，以增加其承载能力。

长木桩加固法是通过打入长 2.0m 以上的木桩，将荷载传递到深层地基中去。

（3）排水固结法（砂井）是利用各种打桩机打入钢管，或用高压射水等方法在地基中获得按一定规律排列的孔眼，再灌入中、粗砂振实后形成砂桩（井），起到排水和提高地基强度作用。

（4）粉喷桩法是一钻机钻孔，采用水泥粉体作为固化剂，送灰至喷灰口，边喷边搅拌边提至桩顶，使灰土硬结形成具有整体性、稳定性和一定强度的柱状固体。

2. 混凝土基础施工

混凝土带形基础的施工，包括支模、浇筑混凝土、养护等工序，本教材不作详细讲述。

3. 排管

排管应在沟槽和管材质量检查合格后进行。根据施工现场条件，将管道在沟槽堆土的另一侧沿铺设方向排成一长串称为排管。排管时，要求管道与沟槽边缘的净距不得小于 0.5m。

排管时，对承插接口的管道，宜使承口迎着水流方向排列，并满足接口环向间隙和对口间隙的要求。不管何种管口的排水管道，排管时均应扣除沿线检查井等构筑物所占的长度，以确定管道的实际用量。

当施工现场条件不允许排管时，亦可以集中堆放。但管道铺设安装时需在槽内运管，施工不便。

按设计要求经过排管，核对管节，位置无误后方可下管。

4. 下管

平基混凝土的强度达到5MPa以上时开始下管、铺管。下管前，应按设计要求对开挖好的沟槽进行复测，检查其开挖深度、断面尺寸、边坡、平面位置和槽底标高等是否符合设计要求；槽底土层有无扰动；槽底有无软泥及杂物；设置管道基础的沟槽，应检查基础的宽度、顶面标高和两侧工作宽度是否符合设计要求；基础混凝土是否达到了规定的设计抗压强度等。

此外，还应检查沟槽的边坡或支撑的稳定性。槽壁不能出现裂缝，有裂缝隐患处要采取措施加固，并在施工中注意观察，严防出现沟槽坍塌事故。如沟槽支撑影响管道施工，应进行倒撑，并保证倒撑的质量。槽底排水沟要保持畅通，尺寸及坡度要符合施工要求，必要时可用木板撑牢，以免发生塌方，影响降水。

下管方法分为人工下管和机械下管两种。应根据管材种类、单节重量和长度以及施工现场情况选用。不管采用哪种下管方法，一般宜沿沟槽分散下管，以减少在沟槽内的运输工作量。

（1）人工下管适用于管径小、重量轻、沟槽浅、施工现场狭窄、不便于机械操作的地段。目前常用的人工下管方法是压绳下管法。

压绳下管法有撬棍压绳下管法和立管压绳下管法两种。

图 9-30 撬棍压绳下管法

撬棍压绳下管法是在距沟槽上口边缘一定距离处，将两根撬棍分别打入地下一定深度，然后用两根大绳分别套在管道两端，下管时将大绳的一端缠绕在撬棍上并用脚踩牢，另一端用手拉住，控制下管速度，两大绳用力一致，听从一人号令，徐徐放松绳子，直至将管道放至沟槽底部就位为止，如图 9-30 所示。

立管压绳下管法是在距沟槽上口边缘一定距离处，直立埋设一节或二节混凝土管道，埋入深度为 $\frac{1}{2}$ 管长，管内用土填实，将两根大绳缠绕（一般绕一圈）在立管上，绳子一端固定，另一端由人工操作，利用绳子与立管管壁之间的摩擦力控制下管速度，操作时两边要均匀松绳，防止管道倾斜，如图 9-31 所示。该法适用于较大直径的管道集中下管。

（2）机械下管适用于管径大、沟槽深、工程量大且便于机械操作的地段。

机械下管速度快、施工安全，并且可以减

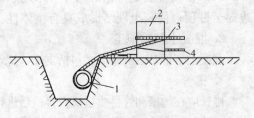

图 9-31 立管压绳下管法
1—管道；2—立管；3—放松绳；4—固定绳

轻工人的劳动强度，提高生产效率。因此，只要施工现场条件允许，就应尽量采用机械下管法。

机械下管时，应根据管道重量选择起重机械。常采用轮胎式起重机、履带式起重机和汽车式起重机。

下管时，起重机一般沿沟槽开行，距槽边至少应有1m以上的安全距离，以免槽壁坍塌。行走道路应平坦、畅通。当沟槽必须两侧堆土时，应将某一侧堆土与槽边的距离加大，以便起重机行走。

机械下管一般为单节下管，起吊或搬运管材时，对非金属管材承插口工作面应采取保护措施，找好重心采用两点起吊，吊绳与管道的夹角不宜小于45°。起吊过程中，应平吊平放，勿使管道倾斜以免发生危险。如使用轮胎式起重机，作业前应将支腿撑好，支腿距槽边要有2m以上的距离，必要时应在支腿下垫木板。

5. 稳管是将管道按设计的高程和平面位置稳定在地基或基础上，一般由下游向上游进行稳管。

稳管要借助于坡度板进行，坡度板埋设的间距，一般为10m。在管道纵向标高变化、管径变化、转弯、检查井等处应埋设坡度板。坡度板距槽底的垂直距离一般不超过3m。坡度板应在人工清底前埋设牢固，不应高出地面，上面钉管线中心钉和高程板，高程板上钉高程钉，以便控制管道中心线和高程。

稳管通常包括对中和对高程两个环节。

(1) 对中作业是使管道中心线与沟槽中心线在同一平面上重合。如果中心线偏离较大，则应调整管道位置，直至符合要求为止。通常可按下述两种方法进行。

1) 中心线法。该法借助坡度板上的中心钉进行，如图9-32所示。当沟槽挖到一定深度后，沿着挖好的沟槽埋设坡度板，根据开挖沟槽前测定管道中心线时所预设的中线桩（通常设置在沟槽边的树下或电杆下等可靠处）定出沟槽中心线，并在每块坡度板上钉上中心钉，使各中心钉的连线与沟槽中心线在同一铅垂面上。对中时，将有二等分刻度的水平尺置于管口内，使水平尺的水泡居中。同时，在两中心钉的连线上悬挂垂球，如果垂线正好通过水平尺的二等分点，表明管子中心线与沟槽中心线重合，对中完成。否则应调整管道使其对中。

2) 边线法。如图9-33所示，边线法进行对中作业是将坡度板上的中心钉移至与管外皮相切的铅垂面上。操作时，只要向左或向右移动管子，使两个钉子之间的连线的垂线恰好与管外皮相切即可。边线法对中进度快，操作方便，但要求各节管的管壁厚度与规格均应一致。

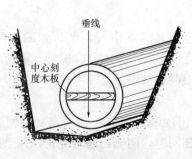

图9-32 中心线法

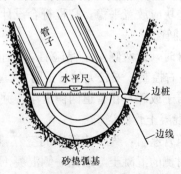

图9-33 边线法

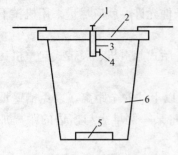

图 9-34 对高程作业
1—中心钉；2—坡度板；3—高程板；
4—高程钉；5—管道基础；6—沟槽

(2) 对高程作业是使管内底标高与设计管内底标高一致，如图 9-34 所示。在坡度板上标出高程钉，相邻两块坡度板的高程钉到管内底的垂直距离相等，则两高程钉之间连线的坡度就等于管内底坡度。该连线称为坡度线。坡度线上任意一点到管内底的垂直距离为一个常数，称为对高数（或下反数）。进行对高作业时，使用丁字形对高尺，尺上刻有坡度线与管底之间的距离标记，即对高数。将对高尺垂直置于管端内底，当尺上标记线与坡度线重合时，对高即完成，否则需调整。

调整管道标高时，所垫石块应稳固可靠，以防管道从垫块上滚下伤人。为便于混凝土管道勾缝，当管径 $d \geqslant 700mm$ 时，对口间隙为 10mm；$d < 700mm$ 时，可不留间隙；$d > 800mm$ 时，需进入管内检查对口，以免出现错口现象。

稳管作业应达到平、直、稳、实的要求，其管内底标高允许偏差为 ±10mm，管中心线允许偏差为 10mm。

平基法铺设管道时，基础顶面标高要满足设计要求，误差不超过 ±10mm。管道设计中心线可在基础顶面上弹线进行控制。严格控制管道对口间隙，铺设较大的管道时，宜进入管内检查对口，以减少错口现象。稳管以管内底标高偏差在 ±10mm 之内，中心线偏差不超过 10mm，相邻管内底错口不大于 3mm 为合格。稳管合格后，在管道两侧用砖块或碎石卡牢，并立即浇筑混凝土管座。浇筑管座前，平基应进行凿毛处理，并冲洗干净。为防止挤偏管道，在浇筑混凝土管座时，应两侧同时进行，注意管身下要填塞饱满，避免窝气形成空洞。

(二) 垫块法铺设

垫块法铺设排水管道，是在预制的混凝土垫块上安管和稳管，然后再浇筑混凝土基础和接口的施工方法。这种方法可以使平基和管座同时浇筑，缩短了工期，是污水管道常用的施工方法。

垫块法的施工程序为：预制垫块、安垫块、下管、在垫块上安管、支模、浇筑混凝土基础，浇筑管座、养护。

1. 安置垫块

垫块法施工时，预制混凝土垫块的强度等级应与基础混凝土相同；垫块的长度为管径的 0.7 倍，高度等于平基厚度，宽度不小于高度；每节管道应设两个垫块，一般放在管道两端；垫块应放置平稳，高程符合设计要求。

2. 铺管

铺管时，管两侧应立保险杠，防止管道从垫块上滚下伤人。平口管的间隙一般按 10mm 左右控制；安较大的管子时，宜进入管内检查对口，减少错口现象。稳管后一定要用干净石子或碎石在管道两侧卡牢，并及时浇筑混凝土管座。

3. 混凝土管座浇筑

浇筑管座时，为了使管底的空气排出，避免出现蜂窝凹洞，必须先从一侧灌注混凝土，当对侧的混凝土与灌注一侧混凝土高度大致相同时，两侧再同时浇筑，并保持两侧混凝土高度一致。

（三）"四合一"法铺设

"四合一"施工法是将混凝土平基、稳管、管座、抹带四道工序合在一起施工的方法。这种方法施工速度快，管道安装后整体性好，但质量不容易控制，要求操作技术熟练，适用于管径为 500mm 以下的管道安装。

其施工程序为：验槽→支模→下管→排管→"四合一"施工→养护。

1. 支模、排管

"四合一"法施工时，首先要支模，模板材料一般采用 150mm×150mm 的方木，支设时模板内侧用支杆临时支撑，外侧用支架支牢，为方便施工可在模板外侧钉铁钎。根据操作需要，模板应略高于平基或 90°管座基础高度。下管后，利用模板作导木，在槽内将管道滚运到安管处，然后顺排在一侧方木上，使管道重心落在模板上，倚靠在槽壁上，并能容易地滚入模板内，如图 9-35 所示。

图 9-35 "四合一"支模排管示意
1—铁钎；2—临时支撑；3—方木；4—管道

若采用 135°或 180°管座基础，模板宜分两次支设，上部模板待管道铺设合格后再支设。

2. 平基混凝土施工

浇筑平基混凝土时，一般应使基础混凝土面比设计标高高 20～40mm（视管径大小而定），稳管时轻轻揉动管道，使管道落到略高于设计标高处，以备安装下一节管道时的微量下沉。当管径在 400mm 以下时，可将管座混凝土与平基一次浇筑。

3. 铺管

稳管操作时，将管身润湿，从模板上滚至基础混凝土面，边轻轻揉动边找中心和高程，将管道揉至高于设计高程 1～2mm 处，同时保证中心线位置准确。如管节高程低于设计要求，应将管节推开后补填混凝土，严禁在管子两侧填充造成管底虚空。

4. 浇筑管座

完成稳管后，立即支设管座模板，浇筑两侧管座混凝土，捣固管座两侧三角区，补填对口砂浆，抹平管座两肩。管座混凝土浇筑完毕后，立即进行抹带，使管座混凝土与抹带砂浆结合成一体，但抹带与稳管至少要相隔 2～3 个管口，以免稳管时不小心碰撞管子，影响抹带接口的质量。如管道接口采用钢丝网水泥砂浆抹带接口时，混凝土的捣固应注意钢丝网位置的正确。

七、排水管道接口的施工

市政排水管道现采用有普通钢筋混凝土管、预应力钢筋混凝土管、硬聚氯乙烯管、聚乙烯管（HDPE）。普通钢筋混凝土管和预应力钢筋混凝土管其接口形式有刚性、柔性和半柔半刚性三种。刚性接口施工简单，造价低廉，应用广泛，但刚性接口抗震性差，不允许管道有轴向变形。柔性接口抗变形效果好，但施工复杂，造价较高。

（一）钢筋混凝土管接口的施工

1. 刚性接口

目前常用的刚性接口有水泥砂浆抹带接口和钢丝网水泥砂浆抹带接口两种。

（1）水泥砂浆抹带接口

水泥砂浆抹带接口是在管道接口处用 1：2.5～3 的水泥砂浆抹成半椭圆形或其他形状

的砂浆带，带宽为120～150mm，如图9-36所示。一般适用于地基较好或具有带形基础、管径较小的雨水管道和地下水位以上的污水支管。企口管、平口管和承插管均可采用此种接口。

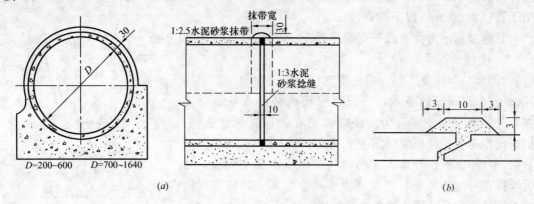

图 9-36 水泥砂浆抹带接口（单位：mm）
(a) 弧形水泥砂浆抹带接口；(b) 梯形水泥砂浆抹带接口

水泥砂浆抹带接口的工具有浆桶、刷子、铁抹子、弧形抹子等。材料的重量配合比为水泥∶砂＝1∶2.5～3，水灰比一般不大于0.5。水泥采用42.5级普通硅酸盐水泥，砂子应用2mm孔径的筛子过筛，含泥量不得大于2%。

抹带前将接口处的管外皮洗刷干净，并将抹带范围的管外壁凿毛，然后刷水泥浆一遍；抹带时，管径小于400mm的管道可一次完成；管径大于400mm的管道应分两次完成，抹第一层水泥砂浆时，应注意调整管口缝隙使其均匀，厚度约为带厚的 $\frac{1}{3}$，压实表面后划成线槽，以利于与第二层结合；待第一层水泥砂浆初凝后再用弧形抹子抹第二层，由下往上推抹形成一个弧形接口，初凝后赶光压实，并将管带与基础相接的三角区用混凝土填捣密实。

抹带完成后，用湿纸覆盖管带，3～4h后洒水养护。

管径不小于700mm时，应在管带水泥砂浆终凝后进入管内勾缝。勾缝时，人在管内用水泥砂浆将内缝填实抹平，灰浆不得高出管内壁；管径小于700mm时，用装有黏土球的麻袋或其他工具在管内来回拖动，将流入管内的砂浆拉平。

(2) 钢丝网水泥砂浆抹带接口

钢丝网水泥砂浆抹带接口，是在抹带层内埋置钢丝网，钢丝网规格为20#镀锌钢丝，网孔为10mm×10mm的孔眼。两端插入基础混凝土中，如图9-37所示。这种接口的强度高于水泥砂浆抹带接口，适用于地基较好、或具有带形基础的雨水管道和污水管道。

施工时先将管口凿毛，抹一层1∶2.5的水泥砂浆，厚度为15mm左右，待其与管壁粘牢并压实后，将两片钢丝网包拢挤入砂浆中，搭接长度不小于100mm，并用绑丝扎牢，两端插入管座混凝土中。第一层砂浆初凝后再抹第二层砂浆，并按抹带宽度和厚度的要求抹光压实。

抹带完成后，立即用湿纸养护，炎热季节用湿草袋覆盖洒水养护。

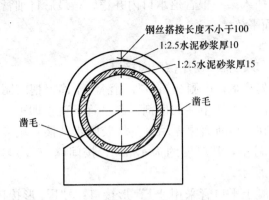 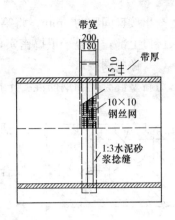

图 9-37 钢丝网水泥砂浆抹带接口（单位：mm）

2. 半柔半刚性接口

半柔半刚性接口通常采用预制套环石棉水泥接口，适用于地基不均匀沉陷不严重地段的污水管道或雨水管道的接口。

套环为工厂预制，石棉水泥的重量配合比为水：石棉：水泥＝1：3：7。施工时，先将两管口插入套环内，然后用石棉水泥在套环内填打密实，确保不漏水。

3. 柔性接口

通常采用的柔性接口有沥青麻布（玻璃布）接口、沥青砂浆接口、承插管沥青油膏接口等，适用于地基不均匀沉陷较严重地段的污水管道和雨水管道的接口。

（1）沥青麻布（玻璃布）接口

沥青麻布（或玻璃布）接口适用于无地下水、地基不均匀沉降不太严重的平口或企口排水管道。接口时，先用1：3的水泥砂浆捻缝，并将管口清刷干净，在管口上刷一层冷底子油，然后以热沥青为胶粘剂，做四油三布防水层，并用钢丝将沥青麻布或沥青玻璃布绑扎牢固即可。

（2）沥青砂浆接口

这种接口的使用条件与沥青麻布（或玻璃布）接口相同，但不用麻布（或玻璃布），可降低成本。沥青砂浆的重量配合比为石油沥青：石棉粉：砂＝1：0.67：0.67。制备时，将10号建筑沥青在锅中加热至完全熔化（超过220℃）后，加入石棉（纤维占$\frac{1}{3}$左右）和细砂，不断搅拌使之混合均匀。接口时，将沥青砂浆温度控制在200℃左右，使其具有良好的流动性，直接涂抹即可。

（3）承插管沥青油膏接口

沥青油膏具有粘结力强、受温度影响小等特点，接口施工方便。沥青油膏可自制，也可购买成品。自制沥青油膏的重量配合比为6号石油沥青：重松节油：废机油：石棉灰：滑石粉＝100：11.1：44.5：77.5：119。这种接口适用于承插口排水管道。

施工时，将管口刷洗干净并保持干燥，在第一根管道的承口内侧和第二根管道的插口外侧各涂刷一道冷底子油；然后将油膏捏成膏条，接口下部用膏条的粗度为接口间隙的2倍，上部用膏条的粗度与接口间隙相同；将第一根管道按设计要求稳管，并用喷灯把承口内侧的冷底子油烤热，使之发黏，同时将粗膏条也烤热发黏，垫在接口下部135°范围内，厚度高出接口间隙约5mm；将第二根管道插入第一根管道承口内并稳管；最后将细膏条填入接口上部，用錾子填捣密实，使其表面平整。

(4) 橡胶圈接口

对新型混凝土和钢筋混凝土排水管道，现已推广使用橡胶圈接口。

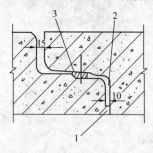

图9-38 企口管胶圈接头
1—水泥砂浆；2—垫片；
3—橡胶圈

施工时，先将承口内侧和插口外侧清洗干净，把胶圈套在插口的凹槽内，外抹中性润滑剂，起吊管子就位即可。如为企口管，应在承口断面预先用氯丁橡胶胶水粘接4块多层胶合板组成的衬垫，其厚度约为12mm，按间隔90°均匀分布，如图9-38所示。

对钢筋混凝土平口管采用"T"形接口或"F"形接口。"T"形接口是借助钢套管和橡胶圈起连接密封作用。施工时先在两管端的插入部分套上橡胶圈，然后插入"T"形钢套管，即完成接口操作，如图9-39所示。

对大中管径的钢筋混凝土管，现在偏向于采用"F"形钢套环接口。"F"形钢套环接口的钢套环是一个钢筒，钢筒的一端与管道的一端牢固地固定在一起，形成插口，管端的另一端混凝土做成插头，插头上有安装橡胶圈的凹槽。相邻两管段连接时，先在插头上安装好橡胶圈，在插口上安装好垫片，然后将插头插入插口即完成连接，如图9-40所示。施工时一定要注意插口的方向，使插口始终朝向下游，避免接口漏水。

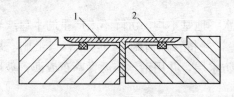

图9-39 "T"形接口
1—"T"形套管；2—橡胶圈

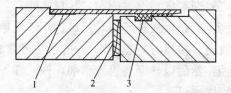

图9-40 "F"形接口
1—钢套管；2—垫片；3—橡胶圈

"F"形钢套环接口适用于管径为2700mm、3000mm的大管道的开槽施工。

钢套环在接头中主要起连接作用。其外径比混凝土管的外径小2～3mm，壁厚约为6～10mm，宽度为250～300mm。钢套环由耐腐蚀的条形钢板卷制而成，一端应有坡口，便于压入橡胶圈，另一端与混凝土浇筑成一体，内外均涂防腐涂料。

橡胶圈在接头中主要起密封作用，常用的橡胶圈有"O"形、楔形和锯齿形。"O"形橡胶圈形状简单、成本低，主要用于无地下水或地下水压力较小的地段。楔形橡胶圈的压缩率最大可达到57%，装配间隙宽、容量大、滑动侧留有唇边、密封性能好。锯齿形橡胶圈在日本应用较多，其压缩率大、装配间隙宽、容量大、密封性好、能承受较大的水压力，主要用于地下水压力较大的地段。但其断面形状复杂，制造比较困难。

此外，对聚乙烯双壁波纹管、硬聚氯乙烯双壁波纹管和塑料螺旋管等新型塑料排水管道，若为平口管可采用热熔承插连接或热熔对接连接，也可采用电熔承插连接或电熔鞍形连接。若为承插管，一般采用承插式橡胶圈连接。

(二) 硬聚氯乙烯管施工

1. 管道安装

硬聚氯乙烯管接口有：承插式橡胶圈接口和普通粘接接口，承插式橡胶圈接口属于柔性连接。接口密封性能好、对地基的不均匀沉降适应性强，施工安装方便。排水管道上一般多采用承插式橡胶圈接口。普通粘接接口只适用于小管径管子，市政工程基本不用。还有一种肋式卷绕管必须使用生产厂特制的管接头和胶粘剂以确保接口质量。市政工程上也较少采用。

管道安装可采用人工安装。槽深不大时可由人工抬管入槽，槽深大于 3m 或管径大于公称直径 DN400mm 时，可用非金属绳索溜管入槽，依次平稳地放在砂砾基础管位上。严禁用金属绳索勾住两端管口或将管材自槽边翻滚抛入槽中。混合槽或支撑槽，可采用从槽的一端集中下管，在槽底将管材运送到位。

承插口管安装时应将插口顺水流方向，承口逆水流方向由下游向上游依次安装。管材的长短可用手锯切割，但应保持断面垂直平整不得损坏，并在插口端另行坡口。接口作业时，应先将承口的内工作面和插口的外工作面用棉纱清理干净，不得有泥土等杂物；然后将橡胶圈嵌入承口槽内，用毛刷将润滑剂均匀涂在嵌入承口槽内的橡胶圈和管插口端外表面，不得将润滑剂涂到承口的橡胶圈沟槽内；润滑剂可采用 V 型脂肪酸盐，禁止用黄油或其他油类作润滑剂。润滑剂涂抹完成后，立即将连接管段的插口中心对准承口的中心轴线就位。小口径管的安装可用人力，在管端设木挡板用撬棍使被安装的管子对准轴线插入承口。直径大于 DN400mm 的管子可使捯链等工具，但不得用施工机械强行推顶管子就位。承插式柔性接口连接宜在当日气温高时进行，不宜在－10℃以下施工。插口端不宜插到承口底部，要留有不小于 10mm 的伸缩空隙，插入前应在插口端外壁做出插入深度的标记，插入完成后，应用塞尺顺承插口间隙检查周围空隙的均匀性，检查连接管道的顺直。

承插式橡胶圈接口虽然密封性好，但应注意橡胶圈的断面形式和密封效果。圆形胶圈的密封效果欠佳，而变形阻力小又能防止滚动的异形橡胶圈的密封效果则比较好。目前施工的硬聚氯乙烯承插式橡胶圈接口管径已达 1000mm。

2. 管道基础及与检查井的连接处理

PVC-U 管道除应遵守前述有关规定外，为保证管底与基础紧密接触，PVC-U 管道仍应做垫层基础。对一般土质通常只做一层 0.1m 厚的砂垫层即可。对软土地基，当槽底处在地下水位以下时，宜铺一层砂砾或碎石，厚度不小于 0.15m，碎石粒径 5～40mm，上面再铺一层厚度不小于 50mm 的砂垫层，以利基础的稳定。基础在承插口连接部位应预先留出凹槽便于安放承口，

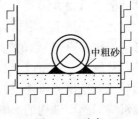

图 9-41 腋角

安装后随即用砂回填。管底与基础相接的腋角，必须用粗砂或中砂填实，详见图 9-41，紧紧包住管底角部，形成有效的支撑。

水泥砂浆与 PVC-U 的结合性能不好，不宜将管材或管件直接砌筑在检查井壁内。管道与检查井的连接有刚性连接与柔性连接两种。

刚性连接，宜采用承插管件连接，用中介层做法，即在 PVC-U 管与检查井接合部分的管道外表面清理干净后，用能与管材良好粘结的塑料胶粘剂均匀涂抹，紧接着在上面撒

一层干燥的粗砂,固化20min后,形成表面粗糙的中介层,砌入检查井内可保证与水泥砂浆的良好结合,防止渗漏如图9-42所示。

柔性连接,采用预制混凝土套环连接,将混凝土套环砌在检查井井壁内,套环应在管道安装前预制好,套环的内径按相应管径的承口尺寸确定。套环的混凝土强度等级应不低于C20,最小壁厚不应小于60mm,长度不应小于240mm,套环内壁必须平滑,无孔洞、鼓包。混凝土外套环必须用水泥砂浆砌筑。在井壁内其中心位置必须与管道轴线相一致,安装时,可将橡胶圈先套在管材插口指定的部位与管端一起插入套环内。

套环内壁与管材之间用橡胶圈密封,形成柔性连接,如图9-43所示。

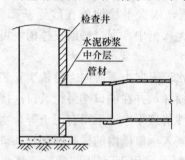

图9-42 与检查井的刚性连接

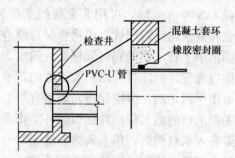

图9-43 与检查井的柔性连接

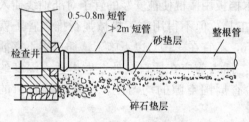

图9-44 软土地基上管道与检查井连接

检查井底板基底砂石垫层应与管道基础垫层平缓顺接。在坑塘和软土地带,为减少管道与检查井的不均匀沉降,检查井与管道的连接宜先采用长0.5~0.8m的短管,后面接一根长度不大于2m的短管然后再与上下游标准管长的管段连接,使检查井与管道的沉降差形成平缓过渡,如图9-44所示。

3. 沟槽回填

柔性管是按管土共同工作来承受荷载,沟槽回填材料回填的密实程度对管道的变形和承载能力有很大影响。回填土的变形模量越大,压实程度越高,则管道的变形越小,承载能力越大,施工应根据具体条件认真实施。沟槽回填除应遵照管道工程的一般规定外,还必须根据PVC-U管的特点采取相应的必要的措施,管道安装完毕应立即回填,不宜久停。从管底到管顶以上0.4m范围内的回填材料必须严格控制。可采用碎石屑、砂砾、中粗砂或开挖出的质优土。管道位于车行道下,且铺设后就立即修筑路面时,应考虑沟槽回填沉降对路面结构的影响,管底至管顶0.4m范围内须用中、粗砂或石屑分层回填夯实。为保证管道安全,对管顶以上0.4m范围内不得用夯实机具夯实。回填的压实度应遵守前述有关规定。雨期施工还应注意防止沟槽积水和管道漂浮。

(三)聚乙烯管(HDPE)施工

聚乙烯管道的连接有橡胶圈连接、电熔连接、热熔连接、塑料焊条焊接与法兰连接。聚乙烯管的熔接连接,一般管径较小及压力高的管道以电熔连接较多,管径较大的以热熔连接为多。法兰连接只有在塑料管与铸铁管等其他管材阀件的连接时才用。无压力聚乙烯排水管目前设计、施工双壁波纹管的最大直径为$DN1200mm$;缠绕结构壁管的最大直径

为 $DN2500$mm（目前已突破至 $DN2600$mm）。

1. 橡胶圈连接

承插口橡胶圈连接的方法与 PVC-U 管类似，较多采用双壁波纹管，其所用密封圈为异形橡胶圈或遇水膨胀橡胶圈。目前施工的管径已达 1000mm。

2. 管道的电熔连接

（1）承插式电熔连接

承插式电熔连接是在生产管材时，在承口端埋入电热元件。连接前，应先清除承插口工作面的污垢，检查电热网焊线是否完好，并确认插口应插入承口的深度。通电前先用锁紧扣带在承口外扣紧，然后根据不同型号的管道设定电流及通电时间。接通电源期间，不得移动管道或在连接件上施加任何外力，通电时要特别注意连接电缆线不能受力，以防短路。通电完成后，适当收紧扣带，并保持一定的冷却时间。在自然冷却期间，不得移动管道。

1）聚乙烯（PE）管道电熔焊接原理

聚乙烯管电熔焊接的原理是用电熔焊机给镶嵌在电熔管件内壁的电阻丝通电加热，其加热的能量使管件和管材的连接界面熔融。在管件两端的间隙封闭后，界面熔融区的熔融物在高温和压力作用下，其分子链段相互扩散，当界面上互相扩散的深度达到了分子链缠结所必需的尺寸，自然冷却后界面就可以得到必要的焊接强度，形成管道可靠的焊接连接。

2）电熔管件的要求

在聚乙烯管道系统的构成中，电熔管件是必不可少的组成部分，电熔管件必须符合相关规定的要求。

3）电熔焊机的要求

电熔焊机的作用是将电网或发电机电源经过降压变换控制后，输入到电熔管件电阻丝的一种电力电子设备。目前的管道焊接基本上都采用自动焊接，这种方法可以减少人为因素对焊接质量的影响。因此要求电熔焊机的外壳防护应具有防止碰撞的保护措施和安全防护措施；性能指标符合要求；焊接机具在完成 2000 个焊口或最长不超过 12 个月，必须进行校准和检定。

4）电熔焊接规则

聚乙烯管道元件制造单位或者管道安装单位，应当取得特种设备制造或者安装许可证；聚乙烯管道焊接作业人员，须取得质量技术监督部门颁发的特种设备作业人员证。

5）电熔管件的焊接操作过程

①焊接前准备：测量电源电压，确认焊机工作时的电压符合要求；清洁电源输出接头，保证有良好的导电性。

②管材截取：管材的端面应垂直轴线，其长度误差应小于 5mm。

③焊接面清理：测量电熔管材的长度或者中心线，在焊接的管材表面上划线标识，将大于划线区域约 5mm 内的焊接面刮削约 0.2mm 厚，以去除氧化层。

④管材与管件承插：将清洁的电熔管件与需要焊接的管材承插，保持管件外侧边缘与标记线平齐；安装电熔夹具，不得使电熔管件承受外力，管材与管件的不同轴度应当小于管材外径尺寸的 1.5%。

⑤输出接头连接：焊机输出端与管件接线柱牢固连接，不得虚接。

⑥焊接模式设定及数据输入：按焊机说明书要求，将焊机调整到自动或手动模式，然后输入焊接数据。

⑦焊接：启动焊接开关，开始计时；手动模式下焊接参数应当按管件产品说明书确定。

⑧自然冷却：冷却时间应当按管件产品说明书确定，冷却过程中不得向焊接件施加任何外力，必须在完成冷却后，才能拆卸夹具。

3. 管道热熔连接

（1）热熔对接焊接

1）连接原理和工艺

聚乙烯管道焊接原理是：聚乙烯一般可在190～240℃之间的范围内被熔化（不同原料牌号的熔化温度一般也不相同），此时若将管材（或管件）两熔化的部分充分接触，并保持有适当的压力（电熔焊接的压力来源于焊接过程中聚乙烯自身产生的热膨胀和适度的外力），冷却后便可牢固地融为一体。其连接是聚乙烯材料之间的本体熔接。

热熔对接焊作为一种实用的塑料压力管道连接技术，以其焊接设备简单、对接费用低、焊接接头牢固，能得到高于母材强度的焊接接头以及优异的密封性等，在工程中被广泛采用。

热熔对接焊的主要工艺过程，如图9-45所示。

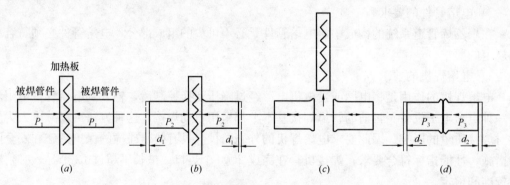

图9-45 热熔对接焊的主要工艺过程

2）连接施工

①施工前的准备：焊机应与产品相匹配，施工前应对操作工进行专门的培训及交底。

②施工操作：a. 将待连接管材置于焊机夹具上并夹紧；b. 清洁管材待连接端并铣削连接面；c. 校直两对接件，使其错位量不大于壁厚的10%；d. 放入加热板加热，加热完毕，取出加热板；e. 迅速接合两加热面，升压至熔接压力并保压冷却。

③施工注意事项：a. 每次连接完成后，应进行外观质量检验，不符合要求的必须切开返工；b. 每次收工时，管口应临时堵封；c. 在寒冷气候（-5℃以下）和大风环境下进行连接操作时，应采取保护措施或调整施工工艺。

（2）热熔套接施工

1）管道组对

①先在管沟内预排管道，按照从下游到上游的顺序进行排列，组对前要对承插口进行

清理，保证焊接面干净；

②管道组对是施工的重点，特别是直径大于1000mm的管道，需要人工和吊车配合进行。用两根合适的吊带在管中间缠上一周，并在管对称两侧加上两个捯链，组对时两个捯链同时拉紧，使其匀速向另一根管移动如图9-46所示。

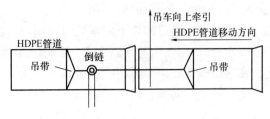

图9-46 管道组对示意图

③在组对管的一端，用吊车微微吊起，以控制管的高度，施工人员共同配合使管的插口端全部插入承口；

④当插口难以插入时，可用磨光机在插口外稍加打磨，必要时还可在管口涂抹黄油，以减少摩擦力，方便组对。组对时，还要准备两把手锤，对管口的部分变形区域进行敲打，以使管道顺利组对。管道组对连接如图9-46所示。

⑤管道组对完成后，捯链暂不能松，要等到熔接完成以后才能松。熔接时要在管内接口处加合适的管道胀紧圈，管外接口处加紧固带，把接口胀紧才能进行下一步热熔焊接。

2) 管道接熔

HPDE管的熔接要用专用的热熔焊机进行，根据管径的大小设置好焊接温度和焊接时间。HDPE管在190~240℃将被熔化。利用这一特性，将管材接触面熔化，充分接触，并保持适当压力（内用胀紧圈，外用紧固带进行紧固），冷却后两管便可牢固地融为一体。

4. 焊接连接

焊接连接是用专用的挤出式焊枪，使用与管材同材质的焊条，在管道对接处进行均匀焊接，连接形式包括承插式、平口式和V形焊接连接。

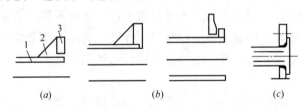

图9-47 塑料管法兰接口的法兰盘与管口连接
(a) 焊接；(b) 凸缘接；(c) 翻边接
1—管子；2—加劲肋；3—法兰盘

5. 法兰连接

法兰连接是采用螺栓紧固方法将相邻管端连成一体的连接方法。一般适用于塑料管与铸铁管等其他管材阀件的连接。法兰一般由塑料制成，垫圈材料常采用橡胶垫圈。常见的连接形式有焊接、凸缘接、翻边接等，如图9-47所示。

6. 管道与检查井的连接

塑料管道与检查井的连接，做法与PVC-U管相同。当管径较大时也可先施工管道，留出检查井的位置，然后在检查井的位置现浇钢筋混凝土检查井，与管道刚性连接。具体采用哪种做法应由设计根据地质条件、当地施工技术力量和施工环境来决定。

7. 管道基础处理与土方回填

HDPE管材属于柔性管材，对地基的适应性很强，即使是较松软的土壤只要处理好也能给管道提供足够的支承，但不宜铺设在刚性基础上。通常管体周围由密实的中砂填充，包覆层产生的支撑力的大小与回填土的刚性成正比，因此回填材料必须回填密实。在施工中遇到不稳定土质和淤泥时，必须清淤更换基础土壤，通常换填材料为粒径5~32mm的砂砾或碎石，厚15cm，再加15cm厚的中、粗砂垫层，这样有效地增强了管基的支承条件，增强了土壤的抗剪切性能。

管道基础在接口部位下的基底应设凹槽（俗称工作坑），长度按管径大小而定，一般为40～60cm，深度为基底以下5～10cm，宽度为管外径的1.1倍，在管道铺设时随铺随挖，在接口施工完毕时再用砂土填实。

防止管道轴向垂直变形，管沟回填前应对管道内部进行支撑，每节管（管长6m）支撑3处，间距2.5m。支撑一般采用圆木。

（四）玻璃钢管施工

1. 玻璃钢夹砂管的接口

玻璃钢夹砂管是以玻璃纤维及其制品作增强材料，以不饱和聚酯树脂、环氧树脂等为基体材料作成内外层，中间以价廉的石英砂和树脂、碳酸等作芯层填料按一定工艺方法制成的管道。再辅以韧性的、耐酸碱腐蚀的内衬层构成的复合管壁结构。玻璃钢夹砂管是一种半刚、半柔的管材，管壁较厚，环刚度较大，能较好地承受外部荷载，接口性能好。能承受较大的内、外压力。其管径从200～3000mm，工作压力常制成0.1～0.6MPa，如有需要最大可达1.0～2.5MPa。

玻璃钢夹砂管采用双橡胶圈接口，为强化管道施工过程的中间控制，对管道双橡胶圈接口逐一试压，接口试压合格方可进入后续管道安装，能有效保证管道接口安装质量，减少管道安装过程中发生返工现象。

在玻璃钢夹砂管的插口端外壁加工两道凹槽，将两条"O"形橡胶圈嵌入凹槽内，然后将插口端插入承口端，使双橡胶圈与承口内壁和插口外壁紧密接合，形成接口处密封区域，对逐个接口独立进行水密性试验，确保管道接口连接紧密，如图9-48所示。

2. 管道安装

（1）下管。在沟槽地基质量检验合格，并核对管节、管件位置无误后及时下管。下管采用吊装设备与人工配合。下管对口前应在沟槽底部逐节挖接口工作坑，这样既便于接口操作，又能使管基均匀承受管体重量，增加其稳定性。因管基采用砂石垫层，留出的工作坑同时考虑填垫层厚度。

在下节管时保证其轴线、标高、位置与设计的一致，承口朝向与水流方向相反，如图9-49所示。

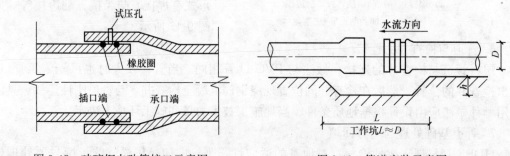

图9-48 玻璃钢夹砂管接口示意图　　图9-49 管道安装示意图

（2）管道接口操作程序为：①待装管根据管径选择相应橡胶圈，将管道承插口及橡胶圈清理洁净，管道的承口、插口与橡胶圈接触的表面应平整光滑、无划痕、无气孔，插口套橡胶圈时，使橡胶圈由内向外分别套在插口处的槽内，并用手压实，确保各个部位不翘不扭，橡胶圈与凹槽、管壁均匀贴合；承口内沿及插口胶圈部位均匀涂刷润滑剂，橡胶圈润滑剂应由配套厂商提供，不得用石油制成的润滑剂，并与承口内沿均匀接触；②管道就位时，将插口对承口找正，试压孔朝上，套帆布绳，调整起吊机械，对待装管施加轴向力，施加方法：可在管的后端放一块比管口稍大的厚木板用挖掘机的挖斗将管子慢慢顶入，也可利用捯链（与承插混凝土管及聚乙烯管相同的方法）将插口端推入承口。胶圈在插口工作面上；③插口进入承口，胶圈同时进入承口工作面，从而达到密封作用。经检查确认接口安装符合要求后，用砂袋固定管道。

在前节管未被回填或固定好之前，禁止下节管接口施工。

（3）管道安装或铺设中断时，应临时用木板等材料封堵管口，不得敞口搁置。

3. 接口严密性试验

接口严密性试验工艺流程见图 9-50。

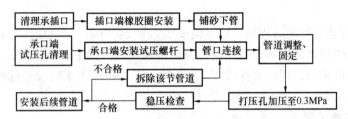

图 9-50　接口气密性试验工艺流程图

1）试验用手摇打压机，试验只在接口双胶圈之间进行，要求检验合格后方能使用。

2）试压时先把承口上试压嘴的密封帽拧开，接上试压管道和压力表，连接手动打压机，然后往内注水打压，试验压力 0.3MPa。观察 3~5min，压力保持稳定不变为合格。也有用空气做气压试验的，将气体打入两个橡胶圈与管壁形成的密闭空间，然后缓慢分级加压至规定值，在规定时间内不降压为合格。

3）在观察时间内，当压力下降时，应查明漏气原因，重新安装或调整管道后再试验，直到合格为止，方可进行后续管道安装。

接口气密性试验目的是检验两道橡胶圈与管壁接合是否紧密，是否漏水。

4. 基础处理及其与检查井的连接

基础处理及其与检查井的连接与塑料管相同。

八、检查井和雨水口的施工

1. 检查井的施工要点

我国目前应用最多的是砖砌检查井，检查井的井壁厚度为 240mm，采用全丁式或一顺一丁式砌筑。砌筑时应注意以下几点：

1）井室的混凝土基础应与管道基础同时浇筑；检查井的流槽。宜与井壁同时进行砌筑。当采用砖、石砌筑时，表面应用水泥砂浆分层压实抹光，流槽应与上下游管道底部接顺。

2）井室砌筑时应同时安装踏步，其尺寸要符合设计规定，踏步安装后在砌筑砂浆未达到规定抗压强度前不得踩踏。

3）各种预留支管应随砌随安，管口应与井内壁平齐，其管径、方向和标高均应符合设计要求，管与井壁衔接处应严密不得漏水。如用截断的短管，其断管破茬不得朝向井内。

4) 砖砌圆形检查井时,应随时检测直径尺寸。砌块应垂直砌筑,当需要收口时,如为四面收口,则每层收进不应大于30mm;偏心收口,则每层收进不超过50mm。

5) 检查井接入较大直径圆管时,管顶应砌砖券加固。当管径不小于1000mm时,拱券高应为250mm;管径小于1000mm时,拱券高应为125mm。

6) 检查井的井室、井筒内壁应用原浆勾缝。如有抹面要求时,内壁抹面应分层压实,外壁应用砂浆搓缝挤压密实。并且,盖座与井室相接触的一层砖必须是丁砖。

7) 检查井应边砌边四周同时回填土,每层填土高度不宜超过300mm,必要时可填灰土或砂。砌筑时,井壁不得有通缝,砂浆要饱满,灰缝平整,抹面压光,不得有空鼓、裂缝等现象。井内流槽应平顺,踏步安装应牢固准确,井内不得有建筑垃圾等杂物。井盖要完整无损,安装平稳,位置正确。内外井壁应采用水泥砂浆勾缝;有抹面要求时,抹面应分层压实。

8) 检查井砌筑至规定高程后,应及时安装或浇筑井圈,安装盖座,盖好井盖。安置井圈时砖墙顶面应用水冲刷干净,并铺砂浆。按设计高程找平,井圈安装就位后,井圈四周用水泥砂浆嵌填牢固,用砂浆抹成45°三角形。安装铸铁盖座时校正标高后,盖座周围用细石混凝土坞牢。

2. 雨水口的施工要点

雨水口的施工通常采用砌筑作业。砌筑前按道路设计边线和支管位置,定出雨水口的中心线桩,使雨水口的一条长边必须与道路边线重合。按雨水口中心线桩开槽,注意留出足够的肥槽,开挖至设计深度。槽底要仔细夯实,遇有地下水时应排除地下水并浇筑C10混凝土基础。如井底为松软土时,应夯筑3:7灰土基础,然后砌筑井墙。

砌井墙时,应按如下工艺进行:

1) 按井墙位置挂线,先砌筑井墙一层,然后核对方正。一般井墙内口为680mm×380mm时,对角线长779mm;内口尺寸为680mm×410mm时,对角线长794mm;内口尺寸为680mm×415mm时,对角线长797mm。

2) 砌筑井墙。井墙厚240mm,采用MU10砖和M10水泥砂浆按一顺一丁的形式组砌。砌筑时随砌随刮平缝,每砌高300mm应将墙外肥槽及时回填夯实。砌至雨水连接管或支管处应满卧砂浆,砌砖已包满管道时应将管口周围用砂浆抹严抹平,不能有缝隙,管顶砌半圆砖券,管口应与井墙面齐平。当支管与井墙必须斜交时,允许管口入墙20mm,另一侧凸出20mm,超过此限值时,必须调整雨水口位置。井口应与路面施工配合同时升高,井底用C10细石混凝土抹出向雨水口连接管集水的泛水坡。

3) 井墙砌筑完毕后安装雨水箅时,内侧应与边石或路边成一直线,满铺砂浆,找平坐稳。雨水箅顶与路面齐平或稍低,但不得凸出。雨水箅安装好后,应用木板或铁板盖住,以防止在道路面层施工时压坏。

雨水口砌筑完毕后,内壁抹面必须平整,不得起壳裂缝,支管必须直顺,不得有错口,管口应与井壁平齐,井周围回填土必须密实。

九、排水管道的严密性检查

污水、雨污水合流管道及湿陷土、膨胀土、流砂地区的雨水管道,必须经严密性试验合格后方可投入运行。

排水管道的严密性一般通过闭水试验进行检查，闭水试验的方法和有关规定如下。

1. 试验规定

1）污水管道、雨污合流管道、倒虹吸管及设计要求闭水的其他排水管道，回填前应采用闭水法进行严密性试验。试验管段应按井距分隔，长度不大于 500m，带井试验。雨水和与其性质相似的管道，除大孔性土层及水源地区外，可不做闭水试验。

2）闭水试验管段应符合下列规定：管道及检查井外观质量已验收合格；管道未回填，且沟槽内无积水；全部预留孔（除预留进出水管外）应封堵坚固，不得渗水；管道两端堵板承载力经核算应大于水压力的合力。

3）闭水试验应符合下列规定：试验段上游设计水头不超过管顶内壁时，试验水头应以试验段上游管顶内壁加 2m 计；当上游设计水头超过管顶内壁时，试验水头应以上游设计水头加 2m 计；当计算出的试验水头小于 10m，但已超过上游检查井井口时，试验水头应以上游检查井井口高度为准。

2. 试验方法

在试验管段内充满水，并在试验水头作用下进行泡管（泡管时间不小于 24h，CU-PVC 管浸泡 12h 以上），然后再加水达到试验水头，观察 30min 的漏水量，观察期间应不断向试验管段补水，以保持试验水头恒定，该补水量即为漏水量。将该漏水量转化为每公里管道每昼夜的渗水量，如果该渗水量小于规范规定的允许渗水量，则表明该管道严密性符合要求。其渗水量的转化公式为：

$$Q = 48q \times \frac{1000}{L} \tag{9-5}$$

式中　Q——每千米管道每昼夜的渗水量，$m^3/(km \cdot d)$；

　　　q——试验管段 30min 的渗水量，m^3；

　　　L——试验管段长度，m。

十、土方回填

市政管道施工完毕并经检验合格后，应及时进行土方回填，以保证管道的位置正确，避免沟槽坍塌，尽早恢复地面交通。

回填前，应建立回填制度。回填制度是为了保证回填质量而制定的回填操作规程。如根据管道特点和回填密实度要求，确定回填土的土质、含水量、还土虚铺厚度、压实后厚度、夯实工具、夯击次数及走夯形式等。

回填施工一般包括还土、摊平、夯实、检查四道工序。

（一）还土

管道应在该管段施工全部完成，并经严密性试验和分部工程、隐蔽工程验收合格后及时回填土方。回填时沟槽内砖、石、木块等杂物应清除干净、沟槽内不得有积水。

用土回填时，槽底至管顶以上 500mm 内，不得回填淤泥、腐植土、有机物、冻土及大于 50mm 砖、石等硬块；在抹带接口处、防腐绝缘层周围应用细粒土回填。

冬期回填时，管顶以上 500mm 范围以外可均匀掺入冻土，其数量不得超过填土总体积的 15%，且冻块尺寸不得大于 10cm，回填土的含水量，宜按土类和采用的压实工具控制在最佳含水率±2%范围内。高含水量时可采用晾晒或加白灰掺拌等方法使其达到最佳含水量；低含水量时则应洒水。

采用石灰土、砂、砂砾等材料回填时，其质量要符合按设计要求或有关标准规定。

管道两侧和管顶以上 500mm 范围内的回填材料，应由沟槽两侧同时对称均匀分层回填，填土时不得将土直接回填在管道上，更不得直接砸在管道抹带接口上；还土不应带水进行，沟槽应继续降水，防止出现沟槽坍塌和管道漂浮事故。采用明沟排水时，还土应从两相邻集水井的分水岭处开始向集水井延伸。雨期施工时，必须及时回填。

（二）摊平

每还土一层，都要采用人工将土摊平，每一层都要接近水平，每次还土厚度应尽量均匀。每层土的虚铺厚度应根据压实机具表 9-4 规定选取。

回填土每层的虚铺厚度　　　　　　表 9-4

压实机具	虚铺厚度（mm）	压实机具	虚铺厚度（mm）
木夯、铁夯	≤200	压路机	200～300
轻型压实设备	200～250	振动压路机	≤400

（三）夯实

沟槽回填土压实时，管道两侧应对称逐层进行，分段回填时，相邻段的接茬应呈台阶形。

刚性管道两侧和管顶以上 500mm 范围内胸腔夯实，应采用轻型压实机具，管道两侧压实面的高差不应超过 300mm 柔性管道从管底基础部位开始到管顶以上 500mm 范围内，必须用人工回填，管顶 500mm 以上部位，可用机械从管道轴线两侧同时夯实；每层回填厚度应不大于 200mm。

管道基础为弧土基础时应填实管道支撑角范围内腋角部位，联合槽双排管基础底面高程不同时，先回填基底较低的沟槽。

压实通常采用人工夯实和机械夯实两种方法。

1. 人工夯

人工夯实主要采用木夯和铁夯两种。人工夯实每次虚铺厚度不宜超过 20cm。人工夯实劳动强度高，效率低。目前已不采用，只有在工程量小或工作面小、机械不便操作时才采用。

2. 机械夯

机械夯实有：蛙式夯、内燃打夯机、履带式打夯机、振动压实机、轻型压路机和振动压路机等。

（1）蛙式夯

蛙式打夯机由夯头架、拖盘、电动机和传动减速机构组成，如图 9-51 所示。蛙式夯构造简单、轻便，在施工中广泛使用。

夯土时电动机经皮带轮二级减速，使偏心块转动，摇杆绕拖盘上的连接铰转动，使拖盘上下起落。夯头架也产生惯性力，使夯板作上下运动，夯实土方。同时

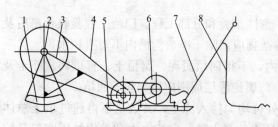

图 9-51　蛙式夯构造示意
1—偏心块；2—前轴装置；3—夯头架；4—传动装置；
5—托盘；6—电动机；7—操纵手柄；8—电器控制设备

蛙式夯利用惯性作用自动向前移动。一般而言，采用功率2.8kW的蛙式夯，在最佳含水量条件下，虚铺厚度200mm，夯击3~4遍，回填土密实度便可达到95%左右。

（2）振动压实机、振动压路机

当回填土至管顶以上500mm时，可用振动压实机、振动压路机进行碾压，碾压时行驶速度不得超过2km/h。有关压实方案及要求与道路相同。

（四）检查

主要是检查回填土的密实度。

每层土夯实后，均应检测密实度。多采用环刀法和灌砂法进行检测。检测时，应确定取样的数目和地点。由于表面土常易夯碎，每个土样应在每层夯实土的中间部分切取。土样切取后，根据自然密度、含水量、干密度等数值，即可算出密实度。沟槽回填土的密实度要求如图9-52所示。

图9-52 沟槽回填土密实度要求

十一、管道工程施工质量控制应符合下列规定

1. 各分项工程应按照施工技术标准进行质量控制，每分项工程完成后，必须进行检验；

2. 相关各分项工程之间，必须进行交接检验，所有隐蔽分项工程必须进行隐蔽验收，未经检验或验收不合格不得进行下道分项工程；

3. 通过返修或加固处理仍不能满足结构安全或使用功能要求的分部（子分部）工程、单位（子单位）工程，严禁验收。

第三节 排水管道不开槽施工

一、概述

排水管道穿越障碍物或城市干道而又不能中断交通时，常采用不开槽法施工。不开槽铺设的排水管道多为圆形预制管道，也可为方形、矩形和其他非圆形的预制钢筋混凝土管沟。

管道不开槽施工与开槽施工法相比，不开槽施工减少了施工占地面积和土方工程量，不必拆除地面上和浅埋于地下的障碍物；管道不必设置基础和管座；不影响地面交通和河道的正常通航；工程立体交叉时，不影响上部工程施工；施工不受季节影响且噪声小，有利于文明施工；降低了工程造价。因此，不开槽施工在排水管道工程施工中得到了广泛应用。

不开槽施工一般适用于非岩性土层。在岩石层、含水层施工，或遇有地下障碍物时，都需要采取相应的措施。因此，施工前应详细地勘察施工地段的水文地质条件和地下障碍物等情况，以便于操作和安全施工。

排水管道的不开槽施工，常采用掘进顶管法。此外，还有挤压施工、牵引施工、盾构施工、定向钻等方法，应根据管道的材料、尺寸、土层性质、管线长度等因素确定。掘进顶管法的施工过程，如图9-53所示。施工前先在管道两端开挖工作坑，再按照设计管线的位置和坡度,在起点工作坑内修筑基础、安装导轨,把管道安放在导轨上顶进。顶进前,在管前端开挖坑道,然后用千斤顶将管道顶入。一节顶完,再连接一节管道继续顶进,直到将管道顶入终点工作坑为止。在顶进过程中,千斤顶支承于后背,后背支承于原土后座墙或人工后座墙上。

根据管道前端开挖坑道的不同方式,掘进顶管法可分为人工取土掘进顶管和机械取土掘进顶管两种方法。

二、人工取土掘进顶管法

人工取土掘进顶管法是依靠人力在管内前端掘土,然后在工作坑内借助顶进设备,把敷设的管道按设计中线和高程的要求顶入,并用小车将前方挖出的土从管中运出,如图9-53所示。这是目前应用较为广泛的施工方法,适用于管径不小于800mm的大口径管道的顶进施工,否则人工操作不便。

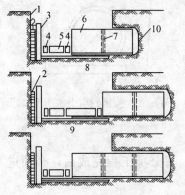

图9-53 掘进顶管示意

1—后座墙;2—后背;3—立铁;4—横铁;5—千斤顶;6—管子;7—内胀圈;8—基础;9—导轨;10—掘进工作面

(一)顶管施工的准备工作

1. 制订施工方案

施工前,应对施工地带进行详细的勘察研究,进而编制可行的施工方案。其内容有:

(1)确定工作坑的位置和尺寸,进行后背的结构计算;

(2)确定掘进和出土方法、下管方法、工作平台的支搭形式;

(3)进行顶力计算,选择顶进设备以及考虑是否采用长距离顶进措施以增加顶进长度;

(4)遇有地下水时,采用的降水方法;

(5)工程质量和安全保证措施。

2. 工作坑的布置

工作坑是掘进顶管施工的工作场所,应根据地形、管道设计、地面障碍物等因素布置。尽量选在有可利用的坑壁原状土作后背处和检查井处;与被穿越的障碍物应有一定的安全距离且距水源和电源较近处;应便于排水、出土和运输,并具有堆放少量管材和暂时存土的场地;单向顶进时应选在管道下游以利排水。

3. 工作坑的种类及尺寸

工作坑有单向坑、双向坑、转向坑、多向坑、交汇坑、接受坑之分,如图9-54所示。

只向一个方向顶进管道的工作坑称为单向坑。向一个方向顶进而又不会因顶力增大而导致管端压裂或后背破坏所能达到的最大长度,称为一次顶进长度。双向坑是向两个方向

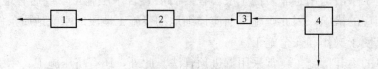

图9-54 工作坑种类

1—单向坑;2—双向坑;3—交汇坑;4—多向坑

顶进管道的工作坑，因而可增加从一个工作坑顶进管道的有效长度。转向坑是使顶进管道改变方向的工作坑。多向坑是向多个方向顶进管道的工作坑。接收坑是不顶进管道，只用于接收管道的工作坑。若几条管道同时由一个接收坑接收，则这样的接收坑称为交汇坑。

工作坑的平面形状一般有圆形和矩形两种。圆形工作坑的占地面积小，一般采用沉井法施工，竣工后沉井可作为管道的附属构筑物，但需另外修筑后背。矩形工作坑是顶管施工中常用的形式，其短边与长边之比一般为2∶3。此种工作坑的后背布置比较方便，坑内空间能充分利用，覆土厚度深浅均可使用。

工作坑应有足够的空间和工作面，以保证顶管工作正常进行。工作坑的底宽 W 和深度 H，如图 9-55 所示。

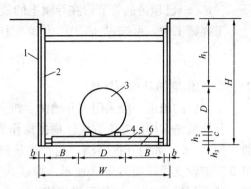

图 9-55 工作坑的底宽和深度
1—撑板；2—支撑立木；3—管道；
4—导轨；5—基础；6—垫层

工作坑的底宽按式（9-6）计算：

$$W = D + 2(B + b) \quad (9\text{-}6)$$

式中　W——工作坑底宽，m；
　　　D——被顶进管道的外径，m；
　　　B——管道两侧操作宽度，m，一般每侧为 1.2～1.6m；
　　　b——撑板与立柱厚度之和，m，一般采用 0.2m。

工程施工中，可按式（9-7）估算工作坑的底宽（均以 m 为单位）：

$$B \approx D + 2.5 \sim 3.0 \quad (9\text{-}7)$$

工作坑的深度按式（9-8）计算：

$$H = h_1 + D + c + h_2 + h_3 \quad (9\text{-}8)$$

式中　H——工作坑开挖深度，m；
　　　h_1——管道覆土厚度，m；
　　　D——管道外径，m；
　　　c——管道外壁与基础顶面之间的空隙，一般为 0.01～0.03m；
　　　h_2——基础厚度，m；
　　　h_3——垫层厚度，m。

工作坑的坑底长度如图 9-56 所示，按式（9-9）计算：

$$L = a + b + c + d + e + f + g \quad (9\text{-}9)$$

式中　L——工作坑坑底长度，m；
　　　a——后背宽度，m；
　　　b——立铁宽度，m；
　　　c——横铁宽度，m；
　　　d——千斤顶长度，m；

e——顺铁长度，m；
f——单节管长，m；
g——已顶进的管节留在导轨上的最小长度，混凝土管取 0.3m。

工程施工中，可按式（9-10）估算工作坑的长度（均以 m 为单位）：

$$L \approx f + 2.5 \tag{9-10}$$

4. 工作坑的基础与导轨

工作坑的施工一般采用有开槽法、沉井法和连续墙法等。

开槽法是常用的施工方法。根据操作要求，工作坑最下部的坑壁应为直壁，其高度一般不少于 3m。如需开挖斜槽，则管道顶进方向的两端应为直壁。土质不稳定的工作坑，坑壁应加设支撑，如图 9-57 所示。撑杠到工作坑底的距离一般不小于 3.0m，工作坑的深度一般不超过 7.0m，以便于操作施工。

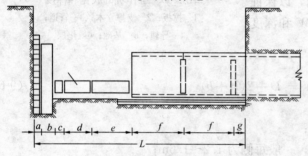

图 9-56 工作坑底的长度
a—后背宽度；b—立铁宽度；c—横铁宽度；d—千斤顶长度；
e—顺铁长度；f—单节管长；g—已顶进的管节留在导轨上的最小长度

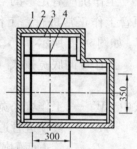

图 9-57 工作坑壁支撑
1—坑壁；2—撑板；
3—横木；4—撑杠

在地下水位下修建工作坑，如不能采取措施降低地下水位，可采用沉井法施工。即首先预制不小于工作坑尺寸的钢筋混凝土井筒，然后在钢筋混凝土井筒内挖土，随着不断挖土，井筒靠自身的重力就不断下沉，当沉到要求的深度后，再用钢筋混凝土封底。在整个下沉的过程中，依靠井筒的阻挡作用，消除地下水对施工的影响。

连续墙式工作坑，即先钻深孔成槽，用泥浆护壁，然后放入钢筋网，浇筑混凝土时将泥浆挤出来形成连续墙段，再在井内挖土封底而形成工作坑。连续墙法比沉井法工期短，造价低。

为了防止工作坑地基沉降，导致管道顶进误差过大，应在坑底修筑基础或加固地基。基础的形式取决于坑底土质、管节重量和地下水位等因素。一般有以下三种形式：

（1）土槽木枕基础。适用于土质较好，又无地下水的工作坑。这种基础施工操作简便、用料少，可在方木上直接铺设导轨，如图 9-58 所示。

（2）卵石木枕基础。适用于砂质粉土地基并有少量地下水时的工作坑。为了防止施工过程中扰动地基，可铺设厚为 100~200mm 的卵石或级配砂石，在其上安装木轨枕，铺设导轨，如图 9-59 所示。

（3）混凝土木枕基础。适用于工作坑土质松软、有地下水、管径大的情况。基础采用不低于 C10 的混凝土，如图 9-60 所示。

该基础宽度应比管外径大 400mm，厚度为 200~300mm，长度至少为单节管长的 1.2

~1.3倍。轨枕应埋设在混凝土中，一般采用150mm×150mm的方木，长度为2~4m，间距为400~800mm。

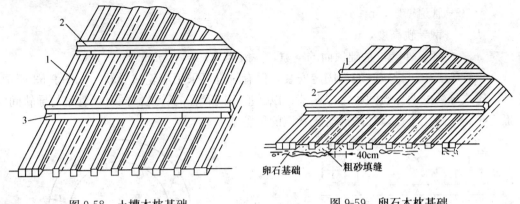

图 9-58 土槽木枕基础
1—方木；2—导轨；3—道钉

图 9-59 卵石木枕基础
1—导轨；2—方木

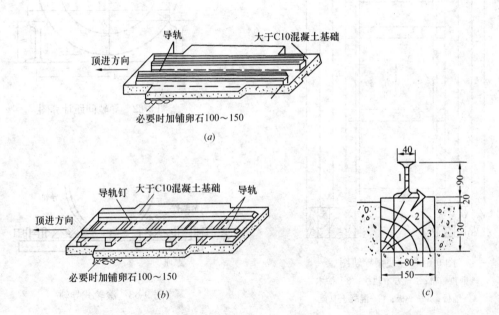

图 9-60 混凝土木枕基础
(a) 纵铺混凝土木枕基础；(b) 横铺混凝土木枕基础；
(c) 木轨枕卧入混凝土的深度

导轨的作用是保证管道在将要入土时的位置正确。安装时应满足如下要求：

(1) 宜采用钢导轨。钢导轨有轻轨和重轨之分，管径大时采用重轨。轻便钢导轨的安装如图9-61所示。

(2) 导轨用道钉固定于基础的轨枕上，两导轨应平行、等高，其高程应略高于该处管道的设计高程，坡度与管道坡度一致。

(3) 安装应牢固，不得在使用过程中产生位移，并应经常检查校核。

(4) 两导轨间的净距A可按式（9-11）计算，如图9-62所示。

$$A = 2\sqrt{(d+2t)(h-c)-(h-c)^2} \tag{9-11}$$

式中　　A——两导轨净距，m；
　　　　d——管道内径，m；
　　　　t——管道壁厚，m；
　　　　h——钢导轨高度，m；
　　　　c——管道外壁与基础顶面的空隙，一般为 0.01～0.03m。

在顶管施工中，导轨一般都固定安装，但有时也可采用滚轮式导轨，如图 9-63 所示。这种滚轮式导轨的两导轨间距可以调节，以适应不同管径的管道。同时，管道与导轨间的摩擦力小，一般用于大口径的混凝土管道的顶管施工。

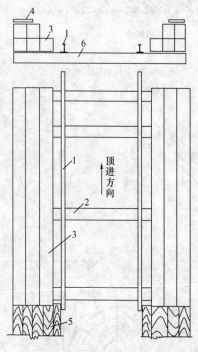

图 9-61　轻便钢导轨图
1—钢轨导轨；2—方木轨枕；3—护木；
4—铺板；5—平板；6—混凝土基础

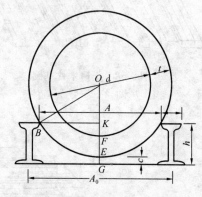

图 9-62　导轨间距计算图

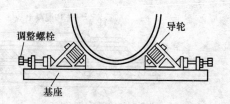

图 9-63　滚轮式导轨

导轨安装好后，应按设计检查轨面高程和坡度。首节管道在导轨上稳定后，应测量导轨承受荷载后的变化，并加以纠正，确保管道在导轨上不产生偏差。

5. 后座墙与后背

后座墙与后背是千斤顶的支承结构，在顶进过程中始终承受千斤顶顶力的反作用力，该反作用力称为后坐力。顶进时，千斤顶的后坐力通过后背传递给后座墙。因此，后背和后座墙要有足够的强度和刚度，以承受此荷载，保证顶进工作顺利进行。

后背是紧靠后座墙设置的受力结构，一般由横排方木、立铁和横铁构成，如图 9-64 所示，其作用是减少对后座墙单位面积的压力。

后背设置时应满足下列要求：

（1）后座墙土壁应铲修平整，并使土壁墙面与管道顶进方向相垂直。

（2）在平直的土壁前，横排 150mm×150mm 的方木，方木前设置立铁，立铁前再横向叠放横铁。当土质松软或顶力较大时，应在方木前加钢撑板，方木与土壁以及撑板与土壁间要接触紧密，必要时可在土壁与撑板间灌砂捣实。

（3）方木应卧到工作坑底以下 0.5~1.0m，使千斤顶的着力点高度不小于方木后背高度的 $\frac{1}{3}$。

（4）方木前的立铁可用 200mm×400mm 的工字钢，横铁可用两根 150mm×400mm 的工字钢。

（5）后背的高度和宽度，应根据后坐力大小及后座墙的允许承载力，经计算确定。一般高度可选 2~4m，宽度可选 1.2~3.0m。

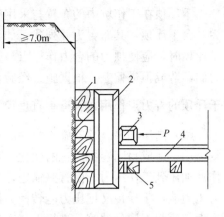

图 9-64　原土后座墙与后背
1—方木；2—立铁；3—横铁；
4—导轨；5—导轨方木

后座墙有原土后座墙和人工后座墙两种，经常采用原土后座墙，如图 9-64 所示。原土后座墙修建方便，造价低。黏土、粉质黏土均可作原土后座墙。根据施工经验，管道覆土厚度为 2~4m 时，原土后座墙的长度一般需 4~7m。选择工作坑位置时，应考虑有无原土后座墙可以利用。

当无法建立原土后座墙时，可修建人工后座墙。即用块石、混凝土、钢板桩填土等方法构筑后背，或加设支撑来提高后座墙的强度，如图 9-65 所示。

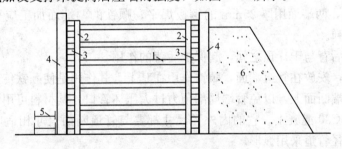

图 9-65　人工后座墙
1—撑杠；2—立柱；3—后背方木；4—立铁；5—横铁；6—填土

6. 顶进设备

顶进设备主要包括千斤顶、高压油泵、顶铁、下管与运土设备等。

（1）千斤顶。目前多采用液压千斤顶。液压千斤顶的构造形式分活塞式和柱塞式两种，作用方式有单作用液压千斤顶和双作用液压千斤顶，如图 9-66 所示。液压千斤顶按其驱动方式分为手压泵驱动、电泵驱动和引擎驱动三种方式。在顶管施工中一般采用双作用活塞式液压千斤顶，电泵驱动或手压泵驱动。

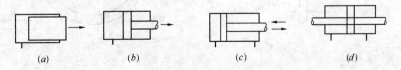

图 9-66　液压千斤顶
(a) 柱塞式单作用千斤顶；(b) 活塞式单作用千斤顶；
(c) 活塞式单杆千斤顶；(d) 活塞式双杆千斤顶

千斤顶在工作坑内的布置与采用的个数有关。如为1台千斤顶,其布置为单列式;如为2台千斤顶,其布置为并列式;如为多台千斤顶,宜采用环周式布置。使用2台以上的千斤顶时,应使顶力的合力作用点与管壁反作用力作用点在同一轴线上,以防止产生顶进力偶,造成顶进偏差。根据施工经验,采用人工挖土,管道上半部管壁与土壁有间隙时,千斤顶的着力点作用在管道垂直直径的 $\frac{1}{5} \sim \frac{1}{4}$ 处。

(2) 高压油泵。顶管施工中的高压油泵一般采用轴向柱塞泵,借助柱塞在缸体内的往复运动,造成封闭容器体积的变化,不断吸油和压油。施工时电动机带动油泵工作,把工作油加压到工作压力,由管路输送,经分配器和控制阀进入千斤顶。电能经高压油泵转换为压力能,千斤顶又把压力能转换为机械能,进而顶入管道。机械能输出后,工作油以一个大气压状态回到油箱,进行下一次顶进。

(3) 顶铁。顶铁的作用是延长短冲程千斤顶的顶程、传递顶力并扩大管节断面的承压面积。要求它能承受顶力而不变形,并且便于搬动。顶铁由各种型钢焊接而成。根据安放位置和传力作用的不同,可分为横铁、顺铁、立铁、弧铁和圆铁等。

横铁安放在千斤顶与顺铁之间,将千斤顶的顶力传递到两侧的顺铁上。

顺铁安放在横铁和被顶的管道之间,使用时与顶力方向平行,起柱的作用。在顶管过程中,顺铁还起调节间距的作用,因此顺铁的长度取决于千斤顶的顶程、管节长度和出口设备等。通常有100mm、200mm、300mm、400mm、600mm等几种长度,横截面为250mm×300mm,两端面用厚25mm的钢板焊平。顺铁的两端面加工应平整且平行,防止作业时顶铁外弹。

立铁安放在后背与千斤顶之间,起保护后背的作用。

弧铁和圆铁,安放在管道端面,顺铁作用在其上。其作用是使顺铁传递的顶力较均匀地分布到被顶管端断面上,以免管端局部顶力过大压坏管口。其材料可用铸钢或用钢板焊接成形,内灌注C30混凝土,它的内外径尺寸都要与管道断面尺寸相适应。大口径管道采用圆形,小口径管道采用弧形。

(4) 刃脚。刃脚是装于首节管前端,先贯入土中以减少贯入阻力,并防止土方坍塌的设备。一般由外壳、内环和肋板三部分组成,如图9-67所示。外壳以内环为界分成两部分,前面为遮板,后面为尾板。遮板端部呈20°~30°角,尾部长度为150~200mm。

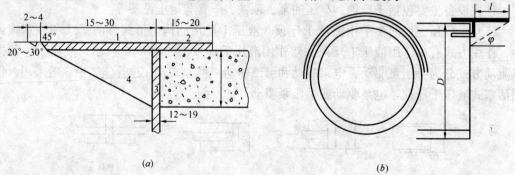

图 9-67 刃脚和管檐
(a) 刃脚(单位:cm);(b) 管檐
1—遮板;2—尾板;3—环梁;4—肋板

对于半圆形的刃脚，则称为管檐，它是防止塌方的保护罩。檐长常为 600～700mm，外伸 500mm，顶进时至少贯入土中 200mm，以避免塌方。

(5) 其他设备。工作坑上设活动式工作平台，平台一般用 30 号槽钢或工字钢作梁，上铺 150mm×150mm 方木，中间留出下管和出土的方孔为平台口，在平台口上设活动盖板。平台口的平面尺寸与管道的外径和长度有关。一般平台口长度比单节管长大 0.8m，宽度比管道外径大 0.8m。在工作平台上架设起重架，上装电动葫芦或其他起重设备，其起重量应大于管道重量。工作坑上应搭设工作棚，以防雨雪，保证施工顺利进行。

为保证顶管施工的顺利进行，还应备有内胀圈、硬木楔、水平尺和出土小车，以及水准仪、经纬仪等测量仪器。

(二) 顶进施工

准备工作完毕，经检查各部位处于良好状态后，即可进行顶进施工。

1. 下管就位

首先用起重设备将管道由地面下到工作坑内的导轨上，就位以后装好顶铁，校测管中心和管底标高是否符合设计要求，满足要求后即可挖土顶进。

2. 管前挖土与运土

管前挖土是保证顶进质量和地上构筑物安全的关键，挖土的方向和开挖的形状，直接影响到顶进管位的准确性。因此应严格控制管前周围的超挖现象。对于密实土质，管端上方可有不超过 15mm 的间隙，以减少顶进阻力，管端下部 135°范围内不得超挖，保持管壁与土基表面吻合，也可预留 10mm 厚土层，在管道顶进过程中切去，这样可防止管端下沉。在不允许上部土层下沉的地段顶进时，管周围一律不得超挖。

管前挖土深度，一般等于千斤顶冲程长度，如土质较好，可超越管端 300～500mm。超挖过大，不易控制土壁开挖形状，容易引起管位偏差和土方坍塌。在铁路道轨下顶管，不得超越管端以外 100mm，并随挖随顶，在道轨以外最大不得超过 300mm，同时应遵守管理单位的规定。

在松软土层或有流砂的地段顶管时，为了防止土方坍落、保证安全和便于挖土操作，应在首节管前端安装管檐，管檐伸出的长度取决于土质。施工时，将管檐伸入土中，工人便可在管檐下挖土。

管内人工挖土，工作条件差，劳动强度大，应组织专人轮流操作。

管前挖出的土，应及时外运，避免管端因堆土过多下沉而引起施工误差，并可改善工作环境。管径大于 800mm 时，可用四轮土车推运；管径大于 1500mm 时，采用双轮手推车推运；管径较小时，应采用双筒卷扬机牵引四轮小车出土。土运至管外，再用工作平台上的起重设备提升到地面，运至他处或堆积于地面上。

3. 顶进

顶进是利用千斤顶出镐，在后背不动的情况下，将被顶进的管道推向前进。其操作过程如下：

(1) 安装好顶铁并挤牢，当管前端已挖掘出一定长度的坑道后，启动油泵，千斤顶进油，活塞伸出一个工作冲程，将管道向前推进一定距离；

(2) 关闭油泵，打开控制阀，千斤顶回油，活塞缩回；

(3) 添加顶铁，重复上述操作，直至安装下一整节管道为止；

(4) 卸下顶铁，下管，在混凝土管接口处放一圈麻绳，以保证接口缝隙和受力均匀；

(5) 管道接口；

(6) 重新装好顶铁，重复上述操作。

顶进时应遵守"先挖后顶，随挖随顶"的原则，连续作业，避免中途停止，造成阻力增大，增加顶进的困难。

顶进开始时，应缓慢进行，待各接触部位密合后，再按正常顶进速度顶进。顶进过程中，要及时检查并校正首节管道的中线方向和管内底高程，确保顶进质量。如发现管前土方坍落、后背倾斜、偏差过大或油泵压力骤增等情况，应停止顶进，查明原因排除故障后，再继续顶进。

4. 顶管测量与偏差校正

顶管施工比开槽施工复杂，容易产生施工偏差，因此对管道中心线和顶管的起点、终点标高等都应精确地确定，并加强顶进过程中的测量与偏差校正。

5. 顶管接口

顶管施工中，一节管道顶完后，再将另一节管道下入工作坑，继续顶进。继续顶进前，相邻两管间要连接好，以提高管段的整体性和减少误差。

钢筋混凝土管的连接分临时连接和永久连接两种。顶进过程中，一般在工作坑内采用钢内胀圈进行临时连接。钢内胀圈是用 6～8mm 厚的钢板卷焊而成的圆环，宽度为 260～380mm，环外径比钢筋混凝土管内径小 30～40mm。接口时将钢内胀圈放在两个管节的中间，先用一组小方木插入钢内胀圈与管内壁的间隙内，将内胀圈固定。然后两个木楔为一组，反向交错地打入缝隙内，将内胀圈牢固地固定在接口处。该法安装方便，但刚性较差。为了提高刚性，可用肋板加固。为可靠地传递顶力，减小局部应力，防止管端压裂，并补偿管道端面的不平整度，应在两管的接口处加衬垫。衬垫一般采用麻辫或 3～4 层油毡，企口管垫于外榫处，平口管应偏于管缝外侧放置，使顶紧后的管内缝有 10～20mm 的深度，便于顶进完成后填缝。

顶进完毕，检查无误后，拆除内胀圈进行永久性内接口。常用的内接口有以下方法。

(1) 平口管。先清理接缝，用清水湿润，然后填打石棉水泥或填塞膨胀水泥砂浆，填缝完毕及时养护，如图 9-68 所示。

(2) 企口管。先清理接缝，填打 $\frac{1}{3}$ 深度的油麻，然后用清水湿润缝隙，再填打石棉水泥或塞捣膨胀水泥砂浆；也可填打聚氯乙烯胶泥代替油毡，如图 9-69 所示。

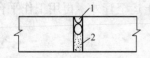

图 9-68 平口钢筋混凝土
管油麻石棉水泥内接口
1—麻辫或塑料圈或绑扎绳；
2—石棉水泥

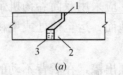 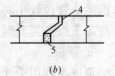

图 9-69 企口钢筋混凝土管内接口
1—油毡；2—油麻；3—石棉水泥或膨胀水泥砂浆；
4—聚氯乙烯胶泥；5—膨胀水泥砂浆

目前，可用弹性密封胶代替石棉水泥或膨胀水泥砂浆。弹性密封胶应采用聚氨酯类密封胶，要求既防水又和混凝土有较强的黏着力，且寿命长。

钢筋混凝土管采用传统的临时连接和永久连接，施工操作麻烦，工期长。随着管道加工技术的不断改进，钢筋混凝土管也可在工作坑内进行一次接口。常用的接口方法主要有以下几种：

对钢筋混凝土企口管采用橡胶圈接口，其施工做法与开槽施工相同，一般用于较短距离的顶管。

对钢筋混凝土平口管采用"T"形接口，其施工做法与开槽施工相同。这种接口在小管径的直线管道的顶进中效果较好，但在顶进出现偏差或在曲线地段施工时，由于横向力的出现，两管端间可能发生相对错动使钢套管倾斜，导致顶力迅速增加，最终撕裂钢套管，停止施工。

对大中管径的钢筋混凝土管和曲线地段顶管，现在偏向于采用"F"形接口，其施工做法与开槽施工相同。

三、机械取土掘进顶管法

管前人工挖土劳动强度大、效率低、劳动环境恶劣，管径小时工人无法进入挖土。采用机械取土掘进顶管法就可避免上述缺点。

机械取土掘进与人工取土掘进除掘进和管内运土方法不同外，其余基本相同。机械取土掘进顶管法是在被顶进管道前端安装机械钻进的挖土设备，配以机械运土，从而代替人工挖土和运土的顶管方法。

机械取土掘进一般分为切削掘进、水平钻进、纵向切削挖掘和水力掘进等方法。

（一）切削掘进

该方法的钻进设备主要由切削轮和刀齿组成。切削轮用于支承或安装切削臂，固定于主轮上，并通过主轮旋转而转动。切削轮有盘式和刀架式两种。盘式切削轮的盘面上安装刀齿，刀架式是在切削轮上安装悬臂式切削臂，刀架做成锥形。

切削掘进设备有两种安装方式，一种是将机械固定在工具管内，把工具管安装在被顶进的管道前端。工具管是壳体较长的刃脚，称为套筒式装置。工作时刃脚起切土作用并保护钢筋混凝土管，同时还起导向作用。

另一种是将机械直接固定在被顶进的首节管内，顶进时安装，竣工后拆卸，称为装配式装置。

套筒式钻机构造简单，现场安装方便，但一机只适用于一种管径，顶进过程中遇到障碍物，只能开槽取出，否则无法顶进。

装配式钻机自重大，适用于土质较好的土层。在弱土层中顶进时，容易产生顶进偏差；在含水土层内顶进，土方不易从刀架上卸下，使顶进工作发生困难。

切削掘进一般采用输送带连续运土或车辆往复循环运土。

（二）纵向切削挖掘

纵向切削挖掘设备的掘进机构为球形框架或刀架，刀架上安装刀臂，切齿装于刀臂上。切削旋转的轴线垂直于管中心线，刀架纵向掘进，切削面呈半球状。这种装置的电动机装在工具管内顶上，增大了工作空间。该设备构造简单，拆装维修方便，挖掘效率高，便于调向，适用于在粉质黏土和黏土中掘进。

（三）水力掘进

水力掘进是利用高压水枪射流将切入工具管管口的土冲碎，水和土混合成泥浆状态输送至工作坑。

水力掘进的主要设备是在首节管前端安装一个三段双铰型工具管，工具管内包括封板、喷射管、真空室、高压水枪和排泥系统等。

三段双铰型工具管的前段为冲泥舱，冲泥舱的后面是操作室。操作人员在操作室内操纵水枪冲泥，通过观察窗和各种仪表直接掌握冲泥和排泥情况。中段是校正环，在校正环内安装校正千斤顶和校正铰，从而调整掘进方向。后段是控制室，根据设置在控制室的仪表可以了解工具管的纠偏和受力纠偏状态以及偏差、出泥、顶力和压浆等情况，从而发出纠偏、顶进和停止顶进等指令。

水力掘进法适用于在高地下水位的流砂层和弱土层中掘进。该法生产效率高，冲土和排泥连续进行；设备简单，成本低廉；改善了劳动条件，减轻了劳动强度。但需耗用大量的水，并需有充足的储泥场地；顶进时，方向不易控制，易发生偏差。

机械取土掘进顶管改善了工作条件，减轻了劳动强度，但操作技术水平要求高，其应用受到了一定限制。

四、长距离顶管技术简介

顶管施工的一次顶进长度取决于顶力大小、管材强度、后背强度和顶进操作技术水平等因素。一般情况下，一次顶进长度不超过 60~100m。在排水管道施工中，有时管道要穿越大型的建筑群或较宽的道路，此时顶进距离可能超过一次顶进长度。因此，需要了解长距离顶管技术，提高在一个工作坑内的顶进长度，从而减少工作坑的个数。长距离顶管一般有中继间顶进、泥浆套顶进和覆蜡顶进等方法。

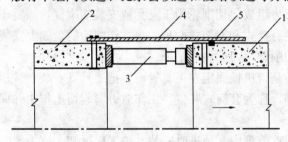

图 9-70 中继间
1—中继间前管；2—中继间后管；3—中继间千斤顶；
4—中继间外套；5—密封环

（一）中继间顶进

中继间是一种在顶进管段中设置的可前移的顶进装置，它的外径与被顶进管道的外径相同，环管周等距或对称非等距布置中继间千斤顶，如图 9-70 所示。

采用中继间施工时，在工作坑内顶进一定长度后，即可安设中继间。中继间前面的管道用中继间千斤顶顶进，而中继间及其后面的管道由工作坑内千斤顶顶进，如此循环操作，即可增加顶进长度，如图 9-71 所示。顶进结束后，拆除中继间千斤顶，而中继间钢外套环则留在坑道内。

（二）泥浆套顶进

该法又称为触变泥浆法，是在管壁与坑壁间注入触变泥浆，形成泥浆套，以减小管壁与坑壁间的摩擦阻力，从而增加顶进长度。一般情况下，可比普通顶管法的顶进长度增加 2~3 倍。长距离顶管时，也可采用中继间—泥浆套联合顶进。

（三）覆蜡顶进

覆蜡顶进是用喷灯在管道外表面熔蜡覆盖，从而提高管道表面平整度，减少顶进摩擦力，增加顶进长度。

根据施工经验，管道表面覆蜡可减少20%的顶力。但当熔蜡分布不均时，会导致新的"粗糙"，增加顶进阻力。

五、管道牵引不开槽铺设

（一）普通牵引法

该法是在管前端用牵引设备将管道逐节拉入土中的施工方法。施工时，先在欲铺设管线地段的两端开挖工作坑，在两工作坑间用水平钻机钻成通孔，孔径略大于穿过的钢丝绳直径，在孔内安放钢丝绳。在后方工作坑内进行安管、挖土、出土、运土等

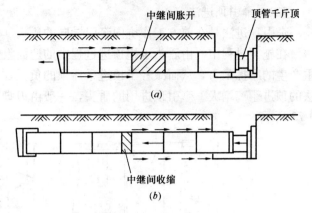

图 9-71　中继间顶进
(a) 开动中继间千斤顶，关闭顶管千斤顶；
(b) 关闭中继间千斤顶，开动顶管千斤顶

工作，操作与顶管法相同，但不需要设置后背设施。在前方工作坑内安装张拉千斤顶，用千斤顶牵引钢丝绳把管道拉向前方，不断地下管、锚固、牵引，直到将全部管道牵引入土为止，如图9-72所示。

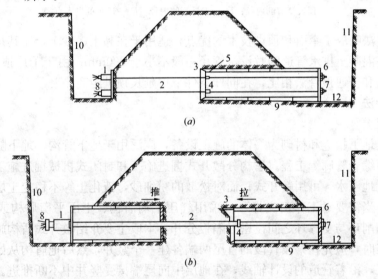

图 9-72　管道牵引铺设
(a) 单向牵引；(b) 相互牵引
1—张拉千斤顶；2—钢丝绳；3—刃角；4—锚具；5—牵引板；6—紧固板；
7—锥形锚；8—张拉锚；9—牵引管节；10—前工作坑；11—后工作坑；12—导轨

普通牵引法适用于直径大于800mm的钢筋混凝土管、短距离穿越障碍物的钢管的敷设。在地下水位以上的黏性土、粉土、砂土中均可采用，施工误差小、质量高，是其他顶进方法所难以比拟的。

该法把后方顶进管道改为前方牵引管道，因此不需要设置后背和顶进设备，施工简便，可增加一次顶进长度，施工偏差小；但钻孔精度要求严格，钢丝绳强度及锚具质量要求高，以免发生安全和质量事故。

（二）牵引顶进法

牵引顶进法是在前方工作坑内牵引导向的盾头，而在后方工作坑内顶入管道的施工方法。在施工过程中，由盾头承担顶进过程中的迎面阻力，而顶进千斤顶只承担由土压及管重产生的摩擦阻力，从而减轻了顶进千斤顶的负担，在同样条件下，可比管道牵引及顶管法的顶进距离增大。牵引顶进用的盾头，一般由刃脚、工具管、防护板及环梁组成，如图9-73所示。

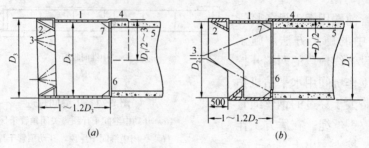

图 9-73 牵引盾头
(a) 平刃式刃脚；(b) 半刃式刃脚
1—工具管；2—刃脚；3—钢索；4—防护板；5—首节管；6—环梁；7—肋板
D_1—顶入管节的内径；D_2—工具管的内径；D_3—盾头的贯入直径

牵引顶进法吸取了牵引和顶进技术的优点，适用于在黏土、砂土，尤其是较硬的土质中，进行钢筋混凝土排水管道的敷设，管径一般不小于800mm。由于千斤顶负担的减轻，与普通牵引法和普通顶管法相比，在同样条件下可延长顶进距离。

六、盾构法

1. 盾构法

盾构是集地下掘进和衬砌为一体的施工设备，广泛用于地下管沟、地下隧道、水底隧道、城市地下综合管廊等工程。盾构分敞开式掘进施工和封闭式机械掘进施工两大类。当土质稳定，无地下水，可用敞开式；而对松散的粉细砂，液化土等不稳定土层时，应采用封闭式盾构；当需要对工作面支撑，可采用气压平衡盾构、土压平衡盾构或泥水平衡盾构，这时在切削环与支撑环之间设置密封隔板分开。本段主要介绍敞开式盾构施工。

盾构施工时，应先在某段管段的首尾两端各建一个竖井，然后把盾构从始端竖井的开口处推入土层，沿着管道的设计轴线，在地层中向尾端接受竖井中不断推进。盾构借助支撑环内设置的千斤顶提供的推力不断向前移动。千斤顶推动盾构前移，千斤顶的反力由千斤顶传至盾构尾部已拼装好的预制管道的管壁上，继而再传至竖井的后背上。当砌完一环砌块后，以已砌好的砌块作后背，由千斤顶顶进盾构本身，开始下一循环的挖土和衬砌。

盾构法施工的主要优点是：

①盾构施工时所需要顶进的是盾构本身，故在同一土层中所需顶力为一常数，因此盾构法施工不受顶进长度限制。

②盾构断面形状可以任意选择，而且可以成曲线走向顶进。

③操作安全，可在盾构结构的支撑下挖土和衬砌。

④可严格控制正面开挖，加强衬砌背面空隙的填充，可控制地表的沉降。

(1) 盾构构造

盾构是一个钢质的筒状壳体，共分三部分，前部为切削环，中部为支撑环，尾部为衬砌环，如图9-74所示。

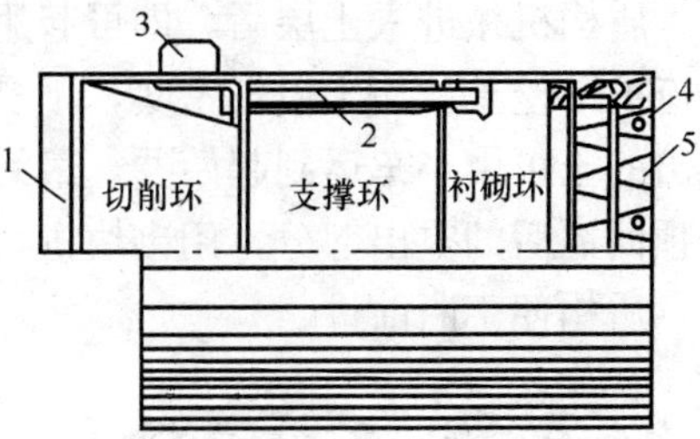

1) 切削环

切削环位于盾构的最前端，其前面为挖土工作面，对工作面具有支撑作用。同时切削环也可作为一种保护罩，是容纳作业人员挖土或安装挖掘设备的部位。为了便于切土及减少对地层的扰动，在它的前端通常做成刃口型。

图9-74 盾构构造
1—刀刃；2—千斤顶；3—导向板；
4—灌浆口；5—砌块

2) 支撑环

支撑环位于切削环之后，处于盾构中间部位，是盾构结构的主体，承受着作用在盾构壳上的大部分土压力，在它的内部，沿壳壁均匀地布置千斤顶。大型盾构还将液压、动力设备、操作系统、衬砌机等集中布置在支撑环中。在中小型盾构中，也可把部分设备放在盾构后面的车架上。

3) 衬砌环

衬砌环位于盾构结构的最后，它的主要作用是掩护衬砌块的拼装，并防止水、土及注浆材料从盾尾与衬砌块之间进入盾构内。衬砌环应具有较强的密封性，其密封材料应耐磨损、耐撕裂并富有弹性。常用的密封形式有单纯橡胶型、橡胶加弹簧钢板型、充气型和毛刷型，但效果均不理想，故在实际工程中可采用多道密封或可更换的密封装置。

(2) 盾构法施工

1) 盾构工作坑

盾构施工也应设置工作坑。用于盾构开始顶进的工作坑叫起点井。施工完毕后，需将盾构从地下取出，这种用于取出盾构设备的工作坑叫做终点井。如果顶距过长，为了减少土方及材料的地下运输距离或中间需要设置检查井等构筑物时，需设中间井。

盾构工作坑宜设在管道检查井等构筑物的位置，工作坑的形式及尺寸的确定方法与顶管工作坑相同，应根据具体情况选择沉井、钢板桩等方法修建。后背及后座墙应坚实平整，能有效地传递顶力。

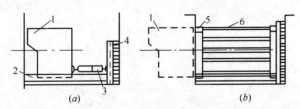

图9-75 始顶工作坑
(a) 盾构在工作坑始顶；(b) 始顶段支撑结构
1—盾构；2—导轨；3—千斤顶；4—后背；5—木环；6—撑木

2) 盾构顶进

盾构设置在工作坑的导轨上顶进。盾构自起点井开始至其完全进入土中的这一段距离是借另外的液压千斤顶顶进的，如图9-75 (a) 所示。

盾构正常顶进时，千斤顶是以砌好的砌块为后背推进的。只有当砌块达到一定长度后，才足以支撑千斤顶。在此之前，应用临时支撑进行顶进。为此，在起点井后背前与盾构衬砌环内，各设置一个直径与衬砌环相等的圆形木环，两个木环之间用圆木支撑，如图9-75 (b) 所示。第一圈衬砌材料紧贴木环砌筑。当衬砌环的长度达到30～50m时，才能起到后背作用，方可拆除圆木。

盾构机械进入土层后,即可起用盾构本身千斤顶,将切削环的刃口切入土中,在切削环掩护下挖土。当土质较密实,不易坍塌,也可以先挖 0.6~1.0m 的坑道,而后再顶进。挖出的土可由小车运到起始井,最终运至地面。在运土的同时,将盾构块运至盾构内,千斤顶回镐后的空出部分,用砌块拼装砌筑。再以衬砌环为后背,启动千斤顶,重复上述操作,盾构便不断前进。

3) 衬砌和灌浆

盾构砌块一般由钢筋混凝土或预应力钢筋混凝土制成,其形状有矩形、梯形和中缺形等,如图 9-76 所示。矩形砌块形状简单,容易砌筑,产生误差时易纠正,但整体性差;梯形砌块整体性比矩形砌块好。为了提高砌块环的整体性,也可采用中缺形砌块,但安装技术水平要求较高,且产生误差后不易调整。砌块的边缘有平口和企口两种,连接方式有用胶粘剂粘结及螺栓连接。常用的胶粘剂有沥青玛琋脂、环氧胶泥等。

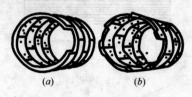

图 9-76 盾构砌块
(a) 矩形砌块;(b) 中缺砌块

衬砌时,先由操作人员砌筑下部两侧砌块,然后用圆弧形衬砌托架砌筑上部砌块,最后用砌块封圆。各砌块间的黏结材料应厚度均匀,以免各千斤顶的顶程不一,造成盾构位置误差。对于砌块接缝应进行表面防水处理。螺栓和螺栓孔之间应加防水垫圈,并拧紧螺栓。

衬砌完毕后应进行注浆。注浆的目的在于使土层压力均匀分布在砌块环上,提高砌块的整体性和防水性,减少变形,防止管道上方土层沉降,以保证建筑物和路面的稳定。常用的注浆材料有水泥砂浆、细石混凝土等。

为了在衬砌后便于注浆,有一部分砌块带有注浆孔,通常每隔 3~5 个环有一注浆孔环,该环上设有 4~10 个注浆孔,注浆孔直径应不小于 36mm。注浆应多点同时进行,按要求注入相应的注浆量,使孔隙全部填实。

4) 二次衬砌

在一次衬砌质量完全合格的情况下,可进行二次衬砌,二次衬砌随使用要求而定,一般浇筑细石混凝土或喷射混凝土,对在砌块上留有螺栓孔的螺栓连接砌块,也应进行二次衬砌。

参 考 文 献

[1] 楼丽风. 道路工程施工. 北京：中国建筑工业出版社，2006.
[2] 王云江，邢鸿燕. 桥梁施工技术. 北京：中国建筑工业出版社，2003.
[3] 张奎. 给水排水管道工程技术. 北京：中国建筑工业出版社，2005.
[4] 边喜龙. 给水排水工程施工技术. 北京：中国建筑工业出版社，2005.
[5] 孙连溪. 实用给水排水工程施工手册. 北京：中国建筑工业出版社，1998.
[6] 王云江. 市政工程概论. 北京：中国建筑工业出版社，2007.